混凝土结构施工图识读与算量辅导书

平法识图与钢筋计算综合实训

李晓红 著

中国电力出版社
CHINA ELECTRIC POWER PRESS

内 容 提 要

本书为混凝土结构施工图识图与算量辅导书。全书共 7 个单元：单元 1 讲述了平法钢筋长度计算概述；单元 2～单元 7 分别讲述了柱、梁、板、剪力墙、楼梯及基础的平法识图和钢筋计算综合实训；书后提供了钢筋混凝土建筑结构施工图实例。书中通过案例介绍的平法钢筋计算方法，是作者总结十多年的结构设计经验并在多年的平法教学中摸索出来的一种简便实用方法，对读者深入理解建筑结构施工图中的钢筋标准配筋构造，熟练掌握平法国标图集 G101 和 G901 有非常大的帮助。

本书可供普通高等院校、高职高专院校土建施工类、工程管理类、建筑设计类、市政工程类等土建类专业学生使用，也可供建筑行业相关从业人员学习参考。

图书在版编目（CIP）数据

平法识图与钢筋计算综合实训/李晓红著. —北京：中国电力出版社，2016.6（2024.2 重印）

混凝土结构施工图识读与算量辅导书

ISBN 978 - 7 - 5123 - 8142 - 1

Ⅰ.①平… Ⅱ.①李… Ⅲ.①钢筋混凝土结构－建筑构图－识别 ②钢筋混凝土结构－钢筋－计量 Ⅳ.①TU375

中国版本图书馆 CIP 数据核字（2015）第 183160 号

中国电力出版社出版、发行

（北京市东城区北京站西街 19 号 100005 http://www.cepp.sgcc.com.cn）

北京雁林吉兆印刷有限公司印刷

各地新华书店经售

*

2016 年 6 月第一版 2024 年 2 月北京第八次印刷

787 毫米×1092 毫米 16 开本 16 印张 385 千字

定价 **40.00** 元

前　言

　　笔者 2010 年在中国电力出版社编写出版了《混凝土结构平法识图》，2013 组织修订出版了第二版，该书对土建类专业的课程建设和教学改革起到了积极的推动作用。编者通过对多年的平法教学实践的总结，又鉴于本学科的知识更新和对人才培养的要求，今年还即将修订出版第三版。另外为方便老师教学和同学们练习，2014 年又出版了与《混凝土结构平法识图》配套的工程实例，效果反响都非常好。

　　为了进一步帮助学生熟练掌握平法国标图集 11G101 和 12G901 中的内容，使其对钢筋标准配筋构造有更透彻的理解和更灵活的应用，笔者今年编著了本书。在本书中增加了柱、梁、板、剪力墙、楼梯及基础的平法钢筋计算综合实训案例，供读者参考学习。书中的平法钢筋计算的案例是编者根据设计院十多年的结构设计经验并在多年的平法教学中逐渐摸索出来的一种简便实用方法，希望对读者有所帮助。

　　本书有以下几个特点：

　　1. 它是一本系统讲解钢筋设计长度、造价长度和施工下料长度的实用书籍。

　　2. 在各类构件上直接计算钢筋设计（造价）长度的过程和步骤是笔者在平法教学实践中摸索出来的一种实用方法。这种在剖面或平面图上直接计算钢筋设计（造价）长度的方法是本书的一大特色。

　　3. 书中单元 1 详细讲解了钢筋施工下料长度计算的原理并将钢筋施工下料长度的练习穿插在后续单元大量的钢筋计算综合实训案例中，这种新颖的教学和练习一体化的形式是本书的又一特色。

　　由于时间仓促，加上能力水平所限，书中错误和欠缺在所难免，恳请同行给予批评指正，以携手共同促进平法教学登上更高的台阶！

2015 年 12 月

目 录

单元1 平法钢筋长度计算概述

1.1 钢筋设计尺寸和施工下料尺寸概述

1. 钢筋设计尺寸

在平法结构施工图中，根据11G101图集中的标准配筋构造算出的钢筋尺寸，标注在钢筋上，这个尺寸就是设计尺寸（即造价尺寸），见图1-1中最外层的尺寸标注。显然，设计尺寸是钢筋外轮廓水平方向投影长度（水平直线段 $yz+cd$）和钢筋外轮廓竖直方向投影长度（竖向直线段 $ab+xy$）之和，即该钢筋的设计（造价）总尺寸为 $ab+xy+yz+cd$。

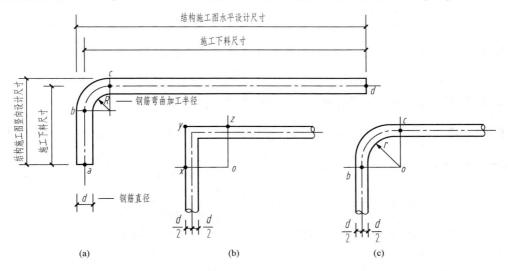

图1-1 钢筋设计长度和施工下料长度示意

（a）钢筋下料尺寸与设计尺寸；（b）90°弯弧外皮尺寸 $xy+yz$；（c）$\overset{\frown}{bc}$ 弧线的弧长

2. 钢筋施工下料尺寸

钢筋施工下料长度的计算，是以"钢筋中心线的长度在加工变形以后是不改变的"为假定前提的。所以计算钢筋下料长度，就是计算钢筋中心线的长度。如图1-1（a）所示中钢筋加工下料的总尺寸是 ab（直线段）$+\overset{\frown}{bc}$（弧线长）$+cd$（直线段）。

图1-1（b）是平法结构施工图上90°弯折处的钢筋（11G101中钢筋弯折处标注的尺寸均为水平和竖向的正投影长度），它是沿着钢筋外皮 $xy+yz$ 度量尺寸的；而图1-1（c）弯

曲处的钢筋，则是沿着钢筋的中和轴（钢筋被弯曲后既不伸长也不缩短的钢筋中心轴线）$\overparen{bc}$ 弧线的弧长度量尺寸的。

通过分析图 1-1，我们可以直观地看到，结构施工图的设计（造价）尺寸和施工加工下料尺寸完全不是一回事。图 1-1 中钢筋的施工图设计（造价）总尺寸 $ab+xy+yz+cd$，减去钢筋加工下料的总尺寸 $ab+\overparen{bc}$（弧线）$+cd$，实际上就是钢筋 90°弯曲处的外皮尺寸 $xy+yz$ 与 $\overparen{bc}$ 弧线的弧长之间的差值，通常被称为"外皮差值"，见表 1-1。

表 1-1　　　　　　　　　　　　钢筋外皮尺寸的差值表

弯曲角度	$R=1.25d$	$R=1.75d$	$R=2d$	$R=2.5d$	$R=4d$	$R=6d$	$R=8d$
30°	0.29d	0.296d	0.299d	0.305d	0.323d	0.348d	0.373d
45°	0.49d	0.511d	0.522d	0.543d	0.608d	0.694d	0.78d
60°	0.765d	0.819d	0.846d	0.9d	1.061d	1.276d	1.491d
90°	1.751d	1.966d	2.073d	2.288d	2.931d	3.79d	4.648d
135°	2.24d	2.477d	2.595d	2.831d	3.539d	4.484d	5.428d
180°	3.502d	3.932d	4.146d	4.576d	—	—	—

注　1. 平法框架主筋 $d\leqslant25$mm 时，$R=4d$（$6d$）；$d>25$mm 时，$R=6d$（$8d$）。括号内为顶层边节点要求。

　　2. 弯曲角度 $R=2.5d$ 常用于箍筋和拉筋。

　　3. 弯曲角度 $R=1.75d$ 常用于轻骨料中 HPB300 级主筋。

依据表 1-1 中的"外皮差值"，我们就可以根据结构施工图的钢筋设计尺寸来计算钢筋的施工下料尺寸了。

3. 根据钢筋设计尺寸简图计算钢筋的造价长度和施工下料长度

【例 1-1】　图 1-2 为平法结构施工图中的单根钢筋设计尺寸简图。该钢筋牌号为 HRB400，直径 $d=22$mm，钢筋加工弯曲半径 $R=4d$。求该钢筋的造价长度及加工弯曲前所需切下的施工下料长度。

图 1-2　钢筋设计尺寸简图

解　1. 计算钢筋的造价长度

造价长度 ＝ 设计长度 ＝ 5350＋330＋330 ＝ 6010(mm)

2. 计算钢筋的施工下料长度

（1）查表 1-1 求外皮差值。

由图 1-2 可知，该钢筋弯钩为 90°，且有两个。根据弯曲半径 $R=4d$ 和弯曲角度 90°查表 1-1，得到外皮差值为 2.931d。

（2）求施工下料长度。

施工下料长度 ＝ 设计长度 － 外皮差值 ＝ 6010－2.931×22×2 ≈ 5881(mm)

【例 1-2】　图 1-3 为平法结构施工图中的单根钢筋设计尺寸简图。该钢筋牌号为 HRB335，直径 $d=20$mm，钢筋加工弯曲半径 $R=4d$。求该钢筋的造价长度及加工弯曲前所需切下的施工下料长度。

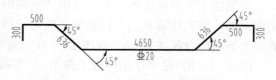

图 1-3　钢筋设计尺寸简图

解   1. 计算钢筋的造价长度

造价长度 = 设计长度 = $4650 + 300 \times 2 + 500 \times 2 + 636 \times 2 = 7522$(mm)

2. 计算钢筋的施工下料长度

(1) 查表 1-1 求外皮差值。

由图 1-3 可知，该钢筋有两个 90°弯钩和 4 个 45°弯折处。根据弯曲半径 $R = 4d$ 和弯曲角度 90°查表 1-1，得到外皮差值为 $2.931d$；根据弯曲半径 $R = 4d$ 和弯曲角度 45°查表 1-1，得到外皮差值为 $0.608d$。

(2) 施工下料长度。

施工下料长度 = 设计长度 - 外皮差值 = $7522 - 2.931 \times 20 \times 2 - 0.608 \times 20 \times 4$
$$\approx 7356(\text{mm})$$

通过以上两个例题的计算可以看出，如果知道了钢筋的设计尺寸，造价长度和下料长度的计算就成为一件很简单的事情。根据平法施工图计算钢筋的设计长度的方法和步骤将在单元 2～单元 7 中结合案例进行详细介绍。

1.2   箍筋外皮设计尺寸计算

为了方便理解后续单元中的钢筋计算案例，此处先通过箍筋和拉筋长度的计算来阐述弯钩处钢筋长度计算的原理和方法。

1. 计算外围箍筋的外皮设计尺寸 L_1、L_2、L_3 及 L_4

1) 外箍弯钩的相关规定

外围箍筋，简称外箍，11G101 图集中称为非复合箍筋，有时还被称为普通箍筋。

众所周知，梁柱混凝土保护层厚度的含义由原来的"箍筋内表面到混凝土表面的距离"变成目前的"箍筋外表面到混凝土表面的距离"。例如，某梁断面尺寸为 B（宽）$\times H$（高），那么梁宽 B 减掉 2 倍的旧保护层厚度，刚好等于梁宽方向的箍筋内皮尺寸。因此原先除了箍筋标注的是内皮尺寸，其余的钢筋均标注外皮尺寸。

根据保护层的新含义，梁或柱的断面边长减掉 2 倍的保护层厚度，恰好等于箍筋的外皮尺寸。因此，我们需要摒弃"箍筋标注内皮尺寸"这种过时的做法，应与时俱进，箍筋及其他所有钢筋的设计标注尺寸均统一标注"外皮尺寸"。本书中钢筋长度计算方面，统一采用标注箍筋外皮尺寸的做法。

现行规范规定：箍筋和拉筋的弯弧内直径不应小于箍筋直径的 4 倍，尚应不小于纵向受力钢筋的直径。目前工地上的箍筋和拉筋的弯弧内半径，一般取 2.5 倍箍筋直径。箍筋和拉筋弯钩弯后平直部分长度：对非抗震结构，不应小于箍筋直径的 5 倍；对有抗震、抗扭等要求的结构，不应小于箍筋直径的 10 倍和 75mm 的较大值。

2) 外箍外皮设计尺寸的标注

图 1-4（a）是已经加工后的梁柱中的外围箍筋，图 1-4（b）是将图 1-4（a）中的弯钩展开后的图形，图中 L_1、L_2、L_3 及 L_4 标注的是箍筋四个框的外皮设计尺寸。图 1-4（c）是图 1-4（a）箍筋的设计简图，并将算出的 L_1、L_2、L_3 及 L_4 的数值标注在箍筋四个框的外侧，代表箍筋外皮尺寸，这也是以前为了区分箍筋外皮尺寸和内皮尺寸所做的标注规定。

因为本书箍筋统一采用的是外皮尺寸，所以无论 L_1、L_2、L_3 及 L_4 的数值标注在箍筋四个框的外侧或内侧，均表示外皮尺寸。

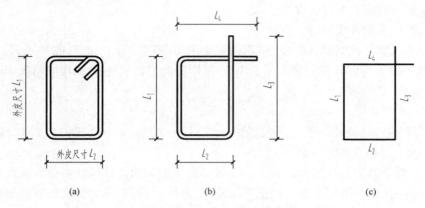

图 1-4　外围箍筋的外皮设计尺寸标注（箍筋设计简图）

2. 外箍下料长度的计算原理

为了便于计算箍筋的下料长度，假想图 1-5（a）是由两个部分组成：一个是图 1-5（b）；一个是图 1-5（c）。图 1-5（b）是一个闭合的矩形，但是四个角是以 $R=2.5d$ 为半径的弯曲圆弧。图 1-5（c）是弯钩及其末尾直线部分，而图 1-5（d）为图 1-5（c）的放大图。从放大图里可以看出图中有一个半圆和两个相等的直线段，长度就等于半圆的中心线的弧长再加上两段相等的直线段。

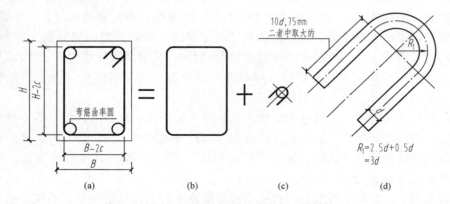

图 1-5　封闭箍筋下料长度计算原理图

根据图 1-5（b）和图 1-5（c），分别计算，加起来就是箍筋的下料长度。推导过程略，这里仅给大家提供一种计算箍筋下料长度的思路。

将图 1-4（c）中箍筋的 4 个外皮尺寸加起来，再减掉 3 个 90° 的外皮差值，就是箍筋的下料长度。因此如何计算箍筋用作弯曲加工的外皮尺寸 L_1、L_2、L_3 及 L_4 就成为我们学习的关键。

3. 外箍外皮尺寸 L_1、L_2、L_3 及 L_4 的计算原理和方法

图 1-6 和图 1-7 是放大了的箍筋上框、右框及其展开图，据此我们可以很容易地计算出箍筋上框 L_4 和右框 L_3 的数值。箍筋的四个框尺寸中，没有弯钩的左框 L_1 和下框 L_2 的外皮尺寸计算较简单，因为它们就是根据保护层 c 间的距离来标注的。

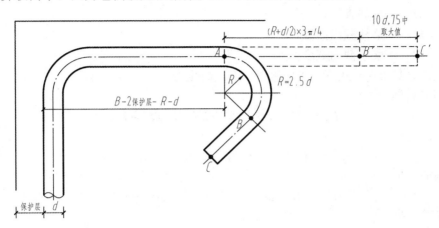

图 1-6　计算 L_4 的原理图

左框 L_1 和下框 L_2 的公式如下：

箍筋左框

$$L_1 = H - 2c \qquad (1-1)$$

箍筋下框

$$L_2 = B - 2c \qquad (1-2)$$

由图 1-6 可知，箍筋的上框（L_4）外皮尺寸是由三部分组成：箍筋左框外皮到钢筋弯曲中心，加上 135°弯曲钢筋中心线长度，再加上钢筋末端直线段长度。

由图 1-7 可知，箍筋的右框（L_3）外皮尺寸也是由三部分组成：箍筋下框外皮到钢筋弯曲中心，加上 135°弯曲钢筋中心线长度，再加上钢筋末端直线段长度。

由图 1-6 和图 1-7，得到右框 L_3 和上框 L_4 的公式如下：

箍筋右框

$$L_3 = H - 2c - R - d + (R + d/2)3\pi/4 + 10d$$
$$(10d > 75) \qquad (1-3)$$

箍筋右框

$$L_3 = H - 2c - R - d + (R + d/2)3\pi/4 + 75$$
$$(75 > 10d) \qquad (1-4)$$

箍筋上框

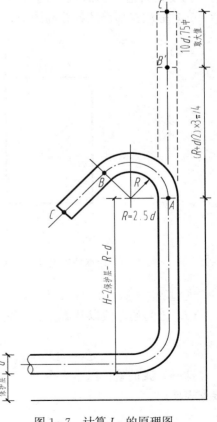

图 1-7　计算 L_3 的原理图

$$L_4 = B - 2c - R - d + (R + d/2)3\pi/4 + 10d \quad (10d > 75) \qquad (1\text{-}5)$$

箍筋上框

$$L_4 = B - 2c - R - d + (R + d/2)3\pi/4 + 75 \quad (75 > 10d) \qquad (1\text{-}6)$$

以上各式中　c——保护层厚度；

　　　　　　R——弯曲半径；

　　　　　　d——箍筋直径；

　　　　　　H——梁柱截面高度；

　　　　　　B——梁柱截面宽度。

现在把式（1-3）～式（1-6）整理一下，简化为：

箍筋右框

$$L_3 = H - 2c + 13.569d \quad (10d > 75) \qquad (1\text{-}3a)$$

箍筋右框

$$L_3 = H - 2c + 3.569d + 75 \quad (10d < 75) \qquad (1\text{-}4a)$$

箍筋上框

$$L_4 = B - 2c + 13.569d \quad (10d > 75) \qquad (1\text{-}5a)$$

箍筋上框

$$L_4 = B - 2c + 3.569d + 75 \quad (10d < 75) \qquad (1\text{-}6a)$$

为了观察这些公式更加的直观和方便，将式（1-3a）、式（1-4a）、式（1-5a）、式（1-6a）标注在箍筋的计算简图上，见图1-8。

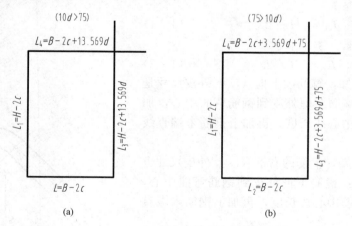

图1-8　计算外皮尺寸 L_1、L_2、L_3 及 L_4 的箍筋计算简图（$R = 2.5d$，135°弯钩）

通过观察图1-8分析，当 $R = 2.5d$ 不变的情况下，可以发现图1-8（a）和（b）中的 L_1 与 L_3 之间的差值以及 L_2 与 L_4 之间的差值分别为：

$$L_3 - L_1 = L_4 - L_2 = 13.569d \quad (10d > 75) \qquad (1\text{-}7)$$

$$L_3 - L_1 = L_4 - L_2 = 3.569d + 75 \quad (10d < 75) \qquad (1\text{-}8)$$

这样，我们就可以事先令 $R = 2.5d$，当 d 为不同数值时，列出表1-2，以方便计算时直接查表使用。

表 1-2　　　　　　　　　　　　箍筋外皮尺寸 L_3、L_4 比 L_1、L_2 多出的数值

d （mm）	L_3 比 L_1 或者 L_4 比 L_2 多出的数值 公式	L_3 比 L_1 或者 L_4 比 L_2 多出的数值 （mm）
6	3.569d＋75	96
6.5		98
8		109
10	13.569d	136
12		163

注　本表适用于弯曲半径 $R=2.5d$，135°弯钩。

【例 1-3】　已知某抗震框架结构的梁宽 $B=300\text{mm}$，梁高 $H=500\text{mm}$；保护层厚度 $c=25\text{mm}$；箍筋直径 $d=8\text{mm}$，末端 135°弯钩；弯曲半径 $R=2.5d$。求出箍筋的外皮尺寸，并注写在箍筋简图上；同时求出它的造价尺寸和下料尺寸。参见图 1-9（a）。

解法一： 直接套用公式来计算箍筋外皮尺寸 L_1、L_2、L_3 及 L_4

因为箍筋直径 $d=8\text{mm}$，弯曲半径 $R=2.5d$，而 $10d=10\times 8\text{mm}=80\text{mm}>75\text{mm}$，所以直接套用式（1-1）、式（1-2）、式（1-3a）、式（1-5a），得到：

（1）箍筋外皮尺寸。

$$L_1 = H - 2c = 500 - 50 = 450(\text{mm})$$
$$L_2 = B - 2c = 300 - 50 = 250(\text{mm})$$
$$L_3 = H - 2c + 13.569d = 500 - 50 + 13.569 \times 8 = 558.6 \approx 559(\text{mm})$$
$$L_4 = B - 2c + 13.569d = 300 - 50 + 13.569 \times 8 = 358.6 \approx 359(\text{mm})$$

将以上计算结果标注在图 1-9（b）计算简图上。

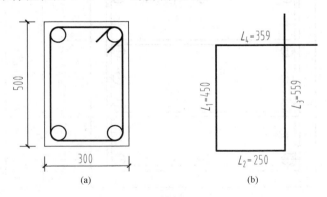

图 1-9　梁的断面和箍筋外皮尺寸简图
（a）梁断面简图；（b）箍筋外皮尺寸简图

（2）造价长度计算。

$$造价长度 = L_1 + L_2 + L_3 + L_4 = 450 + 250 + 559 + 359 = 1618(\text{mm})$$

（3）施工下料长度计算。

查表 1-1，得到 $R=2.5d$ 时，90°弯钩外皮尺寸的差值为 2.288d，观察图 1-9（b），有 3 个 90°弯钩。

所以，下料长度＝ $L_1+L_2+L_3+L_4-2.288d\times 3$

$$=450+250+559+359-2.288\times 8\times 3$$

$$=1563(\text{mm})$$

解法二： 用查表 1-2 的方法来计算箍筋外皮尺寸 L_3 和 L_4

首先套用式（1-1）、式（1-2）计算：

$$L_1=H-2c=500-50=450(\text{mm})$$

$$L_2=B-2c=300-50=250(\text{mm})$$

因为弯曲半径 $R=2.5d$，查表 1-2 中箍筋直径 $d=8$mm 这一行，得到 L_3 比 L_1、L_4 比 L_2 多出的数值，均为 109mm。

所以，有 $L_3=L_1+109=559(\text{mm})$

$$L_4=L_2+109=359(\text{mm})$$

该箍筋造价和施工下料长度的解法及数值同解法一，此处略。

4. 计算内箍的设计标注尺寸

局部箍筋又称内部小套箍，简称内箍。它的设计标注尺寸是根据外围箍筋和局部箍筋之间的比例关系进行计算的，图 1-10 所示为柱横向局部箍筋计算原理图。

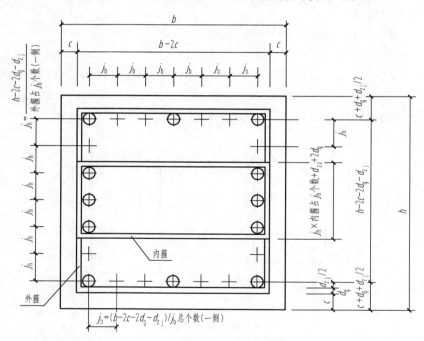

图 1-10　柱横向局部箍筋计算原理图

d_g—箍筋直径；d_{zj}—纵向受力钢筋角筋直径；d_{zz}—纵向受力钢筋相应一侧的中部直径；

j_b—b 边一侧所有纵筋等间距数值；j_h—h 边一侧所有纵筋等间距数值；

c—保护层厚度；b—柱宽；h—柱高

前面已经讲过，箍筋是标注外皮尺寸的。局部箍筋的外皮尺寸计算的前提是"纵筋的间隔必须是均匀的"。如柱横向局部箍筋计算原理图 1-10，它也是柱子的断面放大图。图中在纵筋的位置上画出了部分空心圆为代表，其余未画出，而是用十字交叉线的交点代表纵筋位置。为了使图面更清晰，纵向的局部箍筋及箍筋弯钩均未画出，只画出了横向的局部箍筋详图。

按图1-10计算横向局部箍筋的设计标注尺寸，步骤如下：

（1）外箍右框h边上下角筋中心线间的距离为

$$h-2c-2d_g-d_{zj}$$

（2）外箍右框h边相邻纵筋中心线间的距离j_h为

$$j_h=(h-2c-2d_g-d_{zj})/外箍h边纵筋等间距的个数$$

（3）横向局部箍筋右框h边上下角筋中心线间的距离为

$$J_h\times内箍h边纵筋等间距的个数$$

（4）横向局部箍筋右框h边外皮尺寸为

$$j_h\times内箍h边纵筋等间距的个数+d_{zz}+2d_g$$

（5）横向局部箍筋下框b边外皮尺寸为$b-2c$

通过上面的计算步骤，得到了没有弯钩的b边和h边的外皮尺寸。再根据前面讲的外围箍筋的计算步骤，就很容易计算出带弯钩的b边和h边的外皮尺寸。这样我们也可以计算横向局部箍筋的施工下料尺寸了。

纵向的局部箍筋计算原理与横向的局部箍筋计算原理是相同的，不再赘述。梁内小套箍的计算原理也可参照此图，但应按梁复合箍筋实际排布构造情况进行计算。

【例1-4】　如图1-11所示，柱截面内由三个箍筋（①外围箍筋、②竖向局部箍筋、③横向局部箍筋）组成的4×4复合矩形箍筋。箍筋端钩$135°$，弯曲半径$R=2.5d$；保护层厚度$c=25$mm；箍筋的直径$d=6$mm；纵向受力钢筋直径$d_z=22$mm；柱子截面尺寸$b\times h=450$mm$\times600$mm。求三个箍筋各自的L_1、L_2、L_3、L_4的外皮尺寸以及造价、施工下料尺寸。

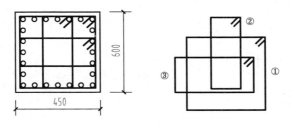

图1-11　柱截面纵筋及箍筋示意图

解　1. 计算外围箍筋①

由式（1-1）、式（1-2）、式（1-4a）及式（1-6a）得

$$L_1=h-2c=600-50=550(\text{mm})$$

$$L_2=b-2c=450-50=400(\text{mm})$$

$$L_3=h-2c+3.569d+75=550+3.569\times6+75\approx646(\text{mm})$$

$$L_4=b-2c+3.569d+75=400+3.569\times6+75\approx496(\text{mm})$$

查表1-1，得到弯曲半径$R=2.5d$和$90°$弯钩外皮尺寸的差值为$2.288d$，所以造价、施工下料尺寸分别为：

$$造价长度 = L_1 + L_2 + L_3 + L_4 = 550 + 400 + 646 + 496$$
$$= 2092(mm)$$
$$下料长度 = L_1 + L_2 + L_3 + L_4 - 3 \times 2.288d = 550 + 400 + 646 + 496 - 41.18$$
$$\approx 2051(mm)$$

2. 计算竖向局部箍筋②

$$L_1 = h - 2c = 600 - 50 = 550(mm)$$
$$L_2 = [(b - 2c - 2d_g - d_{zi})/外箍 h 边纵筋等间距的个数] \times$$
$$内箍 h 边纵筋等间距的个数 + d_{zz} + 2d_g$$
$$= [(450 - 50 - 2 \times 6 - 22)/6] \times 2 + 22 + 2 \times 6$$
$$= 156(mm)$$
$$L_3 = L_1 + 3.569d + 75 = 550 + 3.569 \times 6 + 75 \approx 646(mm)$$
$$L_4 = L_2 + 3.569d + 75 = 156 + 3.569 \times 6 + 75 \approx 252(mm)$$

所以造价及施工下料尺寸分别为：

$$造价长度 = L_1 + L_2 + L_3 + L_4 = 550 + 156 + 646 + 252 = 1604(mm)$$
$$下料长度 = L_1 + L_2 + L_3 + L_4 - 3 \times 2.288d \approx 550 + 156 + 646 + 252 - 41.18$$
$$\approx 1563(mm)$$

3. 计算横向局部箍筋③

计算横向局部箍筋③过程参考竖向局部箍筋②，请同学们自己计算，并将结果补充到表1-3中的空白处。

将上面箍筋①和②的计算结果汇总到表1-3中。

表1-3　　　　　　　　　　　　箍筋①②③材料明细表汇总

钢筋编号	钢筋简图	规格	造价长度(mm)	下料长度(mm)	数量
①		Φ6	2092	2051	88
②		Φ6	1604	1563	88
③		Φ6			88

1.3   拉筋外皮设计尺寸计算

1. 拉筋的样式和设计尺寸 L_1 和 L_2 的标注方式

（1）拉筋的样式。

拉筋在梁、柱构件中用来钩住纵向受力钢筋，是固定纵向受力钢筋，防止移位用的。并且还经常遇到拉筋同时钩住箍筋的情况，见图 1-12 中（b）和（c）。同时钩住箍筋的这种拉筋，其外皮尺寸长度，比只钩住纵向受力钢筋的拉筋，长两个拉筋直径。

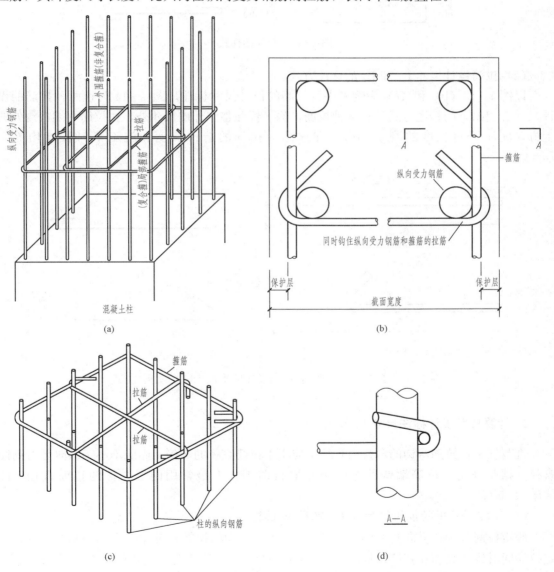

图 1-12   拉筋在构件中的位置和样式示意

拉筋的端钩,有 90°、135°、180°三种。两端端钩的角度,可以相同,也可以不同。两端端钩的方向,可以同向,也可以不同向。拉筋的样式见图 1-13。

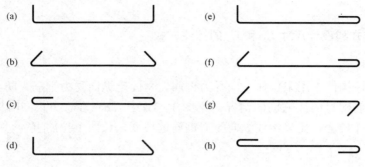

图 1-13 拉筋的样式

(2) 拉筋设计尺寸 L_1 和 L_2 的标注方式。

以图 1-13(b)和(c)为例来讲解拉筋的设计尺寸标注。图 1-14 为这两种拉筋的设计尺寸 L_1 和 L_2 的标注方式。这两种拉筋,除了标注整体外皮尺寸外,在拉筋两端弯钩处的上方,标注下料长度的剩余部分。即这两种拉筋的造价长度和施工下料长度均等于 L_1+2L_2。

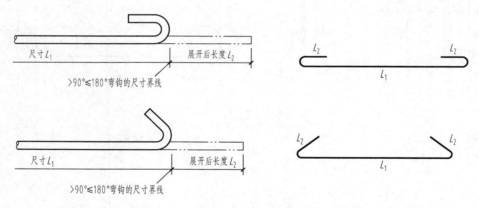

图 1-14 135°和 180°端钩的拉筋设计尺寸 L_1 和 L_2 的标注方式

2. 计算拉筋设计标注尺寸 L_1 和 L_2

规范规定,拉筋弯钩的弯弧内直径不应小于拉筋直径的 4 倍,尚应不小于纵向受力钢筋直径。据此规定,拉筋端钩的弯曲半径取目前工地上最常用的 2.5 倍的拉筋直径,即取 $R=2.5d$。

(1) 135°端钩的拉筋设计尺寸 L_1 和 L_2 的计算。

假定拉筋只钩住纵向受力钢筋,见图 1-12(a)中的拉筋,设计尺寸 $L_1=$边长$-2c$。假定拉筋同时钩住纵筋和箍筋,见图 1-12(b)和(c)中的拉筋,设计尺寸 $L_1=$边长$-2c+2d_g$(d_g 为拉筋的直径)。

图 1-15(a)所示为图 1-15(b)的右端弯钩处的放大展开图,也是 135°端钩的拉筋计

算 L_2 的原理图。从图中可看到

$$L_2 = \widehat{AB}(弯弧中心线) + BC - (R+d)$$

$$L_2 = (R+d/2)135° \times \pi/180° + 10d - (R+d) \quad (10d > 75) \qquad (1\text{-}9)$$

$$L_2 = (R+d/2)135° \times \pi/180° + 75 - (R+d) \quad (10d < 75) \qquad (1\text{-}10)$$

当 $R = 2.5d$ 时，把式（1-9）和式（1-10）整理一下，简化为

$$L_2 = 13.569d \quad (10d > 75) \qquad (1\text{-}11)$$

$$L_2 = 3.569d + 75 \quad (10d < 75) \qquad (1\text{-}12)$$

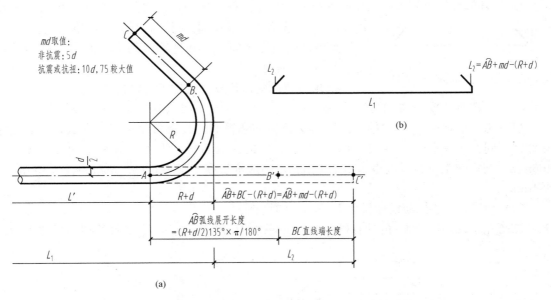

图 1-15　135°弯钩的拉筋计算 L_2 的原理图和设计简图的标注

（a）135°弯钩的拉筋计算 L_2 的原理图；（b）设计简图的标注

这样，我们就可以事先令 $R = 2.5d$，当 d 为不同数值时，列出表 1-4，以方便计算时直接查表使用。

表 1-4　　　135°端钩的拉筋设计标注尺寸 L_2（外皮尺寸标注法且 $R = 2.5d$）

d（mm）	L_2 的数值公式	L_2 数值（mm）
6	3.569d+75	96
6.5		98
8		109
10	13.569d	136
12		163

对比表 1-4 和表 1-2，会发现箍筋和拉筋 135°端钩处增加的数值是一致的。

【例 1-5】　已知某抗震框架结构的柱子，柱宽 $b = 500\text{mm}$，柱高 $h = 550\text{mm}$；保护层厚度 $c = 25\text{mm}$；外箍末端 135°弯钩；拉筋直径 $d = 8\text{mm}$，两端均 135°弯钩；弯曲半径取 $R =$

2.5d。另拉筋仅钩住纵筋，求与b边平行的拉筋外皮设计标注尺寸L_1和L_2，并标注在拉筋计算简图上；同时求出它的造价及下料长度。

解 1. 求拉筋外皮设计标注尺寸L_1和L_2

因为拉筋仅钩住纵筋，所以首先计算与b边平行的拉筋外皮设计标注尺寸L_1

$$L_1 = b - 2c = 500 - 2 \times 25 = 450(\text{mm})$$

然后，将拉筋直径$d=8$mm，带入式（1-11）得

$$L_2 = 13.569d = 13.569 \times 8 \approx 109(\text{mm})$$

L_2的具体数值也可以根据拉筋直径$d=8$mm，查表1-4，直接得到$L_2=109$mm，与用式（1-11）计算的结果相同。显然，后者更简单一些。

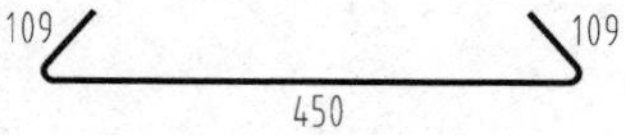

画该拉筋的设计简图，并把算出的L_1和L_2具体数值标注在上面，见图1-16。

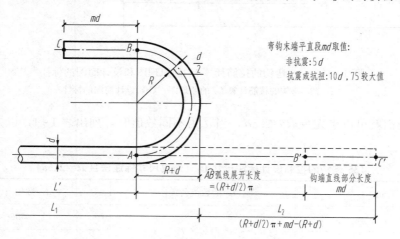

图1-16 拉筋的设计简图

2. 求该拉筋的造价长度及施工下料长度

$$\text{造价长度} = \text{施工下料长度} = L_1 + 2L_2 = 450 + 2 \times 109 = 668(\text{mm})$$

想一想，如果例1-5中的拉筋同时钩住纵筋和箍筋，其余条件不变。那么，计算结果有什么不同？（答案：L_2不变，L_1多出了2倍的拉筋直径，即$L_1=450$mm$+2\times8$mm$=466$mm；同样施工下料长度也多出了16mm，则造价长度＝下料长度＝668mm$+2\times8$mm＝684mm）。

（2）180°端钩的拉筋设计尺寸L_1和L_2的计算。

拉筋外皮设计尺寸L_1的计算同前，180°端钩的拉筋设计尺寸L_2的计算原理见图1-17。

图1-17 180°端钩的拉筋计算L_2的原理图

从图1-17中可得到

$$L_2 = \overset{\frown}{AB}(\text{弯弧中心线}) + BC - (R+d)$$

$$L_2 = (R+d/2)\pi + 10d - (R+d) \quad (10d > 75) \qquad (1-13)$$

$$L_2 = (R+d/2)\pi + 75 - (R+d) \quad (10d < 75) \qquad (1-14)$$

当$R=2.5d$时，把式（1-13）和式（1-14）整理一下，简化为

$$L_2 = 15.925d \quad (10d > 75) \qquad (1-15)$$

$$L_2 = 5.925d + 75 \quad (10d < 75) \qquad (1-16)$$

这样，令 $R=2.5d$，当 d 为不同数值时，列出表 1 - 5，以方便计算时直接查表使用。

表 1 - 5　　　　180°端钩的拉筋设计标注尺寸 L_2（外皮尺寸标注法且 $R=2.5d$）

d（mm）	L_2 的数值公式	L_2 数值（mm）
6	5.925d＋75	111
6.5		114
8		127
10	15.925d	159
12		191

【例 1 - 6】　已知某抗震框架梁，梁宽 $b=300\text{mm}$，梁高 $h=600\text{mm}$；保护层厚度 $c=30\text{mm}$；外箍末端 135°弯钩；拉筋直径 $d=8\text{mm}$，两端均 180°弯钩；弯曲半径取 $R=2.5d$。另拉筋钩住纵筋和箍筋，求拉筋外皮设计标注尺寸 L_1 和 L_2，同时求出它的造价长度及下料长度。

解　1. 求拉筋外皮设计标注尺寸 L_1 和 L_2

根据拉筋钩住纵筋和箍筋，所以首先计算拉筋外皮设计标注尺寸 L_1

$$L_1 = b - 2c + 2d_\text{g} = 300 - 2 \times 30 + 2 \times 8 = 256(\text{mm})$$

然后，将拉筋直径 $d=8\text{mm}$ 带入式（1 - 15）得到

$$L_2 = 15.925d = 15.925 \times 8 \approx 127(\text{mm})$$

L_2 的数值也可以根据拉筋直径 $d=8\text{mm}$，直接查表 1 - 5，得到 $L_2=127\text{mm}$，与用式（1 - 15）计算的结果相同。显然后者更简单一些。

2. 求该拉筋的造价长度和施工下料长度

$$\text{造价长度} = \text{施工下料长度} = L_1 + 2L_2 = 256 + 2 \times 127 = 510(\text{mm})$$

【例 1 - 7】　设纵向受力钢筋直径为 d 加工 180°端部弯钩；弯弧内半径 $R=1.25d$，钩末端直线段部分为 $3d$，则在施工图上，L_2 的数值是多少？

解　将相关的已知数据带入图 1 - 17 的 L_2 式子中，则有

$$L_2 = (R+d/2)\pi + md - (R+d)$$
$$= (1.25d + 0.5d)\pi + 3d - (1.25d + d)$$
$$= 1.75d\pi + 3d - 2.25d$$
$$\approx 6.25d$$

HPB300 光圆钢筋弯曲加工后的 180°端部弯钩，标注的尺寸就是大家都熟知的 $6.25d$。［例 1 - 7］的计算过程就是"$6.25d$"的推导过程。

1.4　HPB300 级钢筋末端 180°弯钩增加长度

HPB300 级光圆钢筋，由于钢筋表面光滑，只靠摩阻力锚固，锚固强度很低，一旦发生滑移即被拔出。因此实际工程中若为受拉钢筋，其末端应该做 180°的弯钩，做受压钢筋时可不做弯钩。

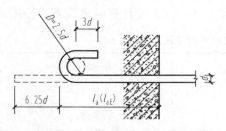

图 1-18 钢筋 180°弯钩增加长度示意图

HPB300 级钢筋末端 180°弯钩，其弯后平直段长度不应小于 $3d$，弯弧内直径 $2.5d$，180°弯钩需增加长度为 $6.25d$，见图 1-18。

板中分布钢筋（不作为抗温度收缩钢筋使用），或者按构造详图已经设有 $\leqslant 15d$ 直钩时，可不再设 180°弯钩。

表 1-6 为不同直径 HPB300 级钢筋末端 180°弯钩增加长度实用表格。

表 1-6   **180°弯钩增加长度实用表格**

项目	钢 筋 直 径								
	6	8	10	12	14	16	18	20	22
弯弧内直径 $2.5d$	15	20	25	30	35	40	45	50	55
平直段长度 $3d$	18	24	30	36	42	48	54	60	66
弯钩增加长度 $6.25d$	38	50	63	75	88	100	113	125	138

【例 1-8】 设纵向受力钢筋直径为 18mm，加工 180°端部弯钩；弯弧内半径 $R=1.25d$，钩末端直线部分为 $3d$，问在施工图上，L_2 的数值是多少？

解 根据受力钢筋直径为 18mm，直接查表 1-6 得到，弯钩增加长度 L_2 为 113mm。

本节中的表 1-1、表 1-2、表 1-4～表 1-6 对计算钢筋的造价长度和施工下料长度是非常有用的，在后面单元的钢筋长度计算中可直接使用这些表格。

 识图和钢筋计算

1. 计算钢筋材料明细表 1-7 中钢筋的设计（造价）长度和下料长度。

表 1-7   **钢 筋 材 料 明 细 表**

钢筋编号	钢筋简图	设计（造价）长度	施工下料长度	备注
①	4980 500 460 45° 620 460			⊈ 16
②	6200 500 400			⊈ 18
③	6360 480			⊈ 16

钢筋编号	钢筋简图	设计（造价）长度	施工下料长度	备注
④	410 460 135°弯钩 $R=2.5d$ 抗震			Φ 10
⑤	276 抗震 135°弯钩 $R=2.5d$			Φ 6
⑥	8044			Φ 22

2. 如图 1-19 所示，柱截面内由三个箍筋（①外围箍筋，②竖向局部箍筋，③横向局部箍筋）组成的 8×8 复合矩形箍筋。箍筋端钩 135°，弯曲半径 $R=2.5d$；保护层厚度 $c=30mm$；箍筋的直径 $d=10mm$；纵向受力钢筋直径 $d_z=22mm$；柱子截面尺寸 $b\times h=900mm\times900mm$。求三个箍筋各自的 L_1、L_2、L_3、L_4 的外皮尺寸的数值以及造价、施工下料尺寸。

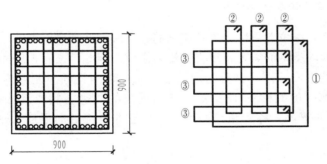

图 1-19 柱截面纵筋和箍筋示意图

3. 已知某抗震框架梁，梁宽 $b=250mm$，梁高 $h=600mm$；保护层厚度 $c=30mm$；外围箍筋末端 135°弯钩；拉筋直径 $d=6mm$，一端设置 135°弯钩，另一端设置 180°弯钩；弯曲半径 $R=2.5d$。另拉筋钩住纵筋和箍筋，求拉筋外皮设计标注尺寸 L_1、L_2 和 L_3，同时求出它的造价和下料长度。

4. 设纵向受力钢筋直径为 16mm，加工 180°端部弯钩；弯弧内半径 $R=1.25d$，钩末端直线部分为 $5d$，问在施工图上，弯钩增加长度 L_2 的数值是多少？

5. 设纵向受力钢筋直径为 14mm，加工 180°端部弯钩；弯弧内半径 $R=1.25d$，钩末端直线部分为 $3d$，问在施工图上，弯钩增加长度 L_2 的数值是多少？

单元 2   柱平法识图和钢筋计算综合实训

平法经过近二十年的完善和发展，现已成为我国结构设计、施工领域普遍应用的主导技术。针对同一根梁的平法施工图，设计、施工、造价及监理各方人员均使用 11G101 图集进行工作，平法将建筑工程结构设计、施工、造价及监理各方都统一在一个系统内。

为了帮助学生消化、理解和掌握柱子标准配筋构造，书中通过柱子钢筋计算案例，阐明了柱子钢筋长度计算的思路和方法。书中柱子钢筋设计长度及施工下料计算的方法和思路是笔者根据十多年的结构设计经验并在多年的平法教学实践中摸索出来的，希望能对读者有所帮助和启发。

2.1   中柱、边柱和角柱柱顶钢筋立体图

1. 向梁筋、远梁筋和向边筋介绍

框架柱中的钢筋，按位置可区分为顶层钢筋、中层钢筋和底层钢筋。规范规定相邻纵筋接头要相互错开，即同类钢筋需要长短交错排列摆放，因此，又有长筋和短筋之分。柱顶层钢筋根据它所弯向的方向不同，又分为向梁筋（就近弯向梁的一侧或内边钢筋弯向柱外）、远梁筋（弯向远离那一侧的梁）、向边筋（弯向远离的外边一侧或者从内边弯向外边的钢筋）。位于柱角处的向梁筋，称为角部向梁筋，位于非角部的向梁筋，则称为中部向梁筋。其他以此类推。

向梁筋、远梁筋和向边筋见图 2-1～图 2-3。

2. 中柱柱顶的钢筋立体图

图 2-1 是中柱柱顶的钢筋立体图。柱中长筋和短筋是人为确定的，但是长、短各半和长短相间却是固定不变的。顶筋的长和短，是表现在钢筋的下端。

仔细观察不难发现，柱的截面宽度比梁的截面宽度通常要宽。这时顶部的向梁筋，梁中容纳不下，剩下的可插入板中。

中柱顶筋类别划分的目的是讲解各类钢筋的部位摆放。对于加工及其尺寸来说，只有两种，即长向梁筋和短向梁筋。

3. 边柱柱顶的钢筋立体图

图 2-2 是边柱柱顶的钢筋立体图。与中柱相比，由于边柱有一个侧面是外边缘，边柱中的钢筋种类，多了远梁筋和向边筋。远梁筋和向梁筋是摆放在上部第一排，而向边筋是摆

放在第二排。

需要注意的是，远梁筋是从柱子的外侧向里侧弯折，而且还是位于最上排。至于向边筋，则是从柱子里侧向外侧弯折，属于第二排。图 2-2 中远梁筋和向边筋各两根。

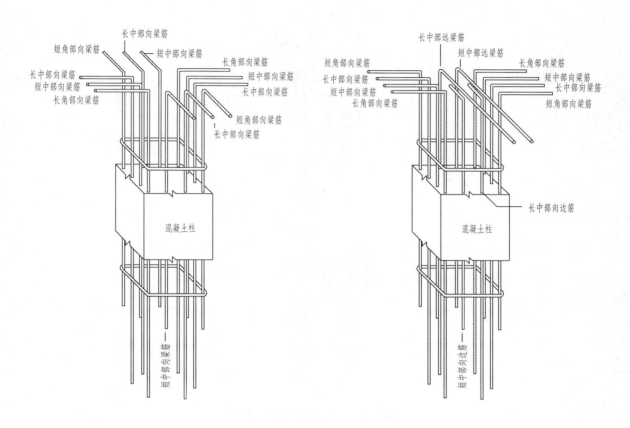

图 2-1 中柱柱顶的钢筋立体图   图 2-2 边柱柱顶的钢筋立体图

4. 角柱柱顶的钢筋立体图

图 2-3 是角柱柱顶的钢筋立体图。由于角柱中的钢筋，弯折方向复杂，安放层次又多，应特别注意。角柱两侧有外边缘，位于外边缘的钢筋，都分别向自己的里侧方向弯折。这样，两侧外边缘的钢筋，一侧安放在最上第一排，另一侧安放在第二排。剩下的两个里侧钢筋，分别顺势安放在第三排和第四排。

角柱顶筋中的弯筋分为四层，因而自上而下二、三、四排筋竖向要分别缩短，见图 2-4。

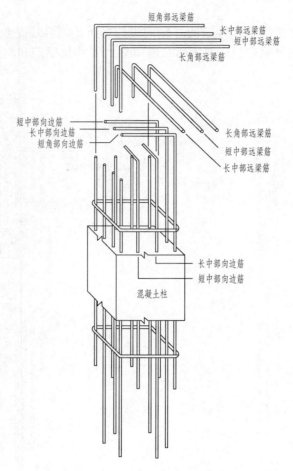

图 2-3　角柱柱顶的钢筋立体图

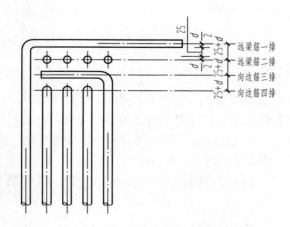

图 2-4　角柱柱顶钢筋的正投影图

2.2　柱实训案例要用到的钢筋标准构造

1. 抗震 KZ 箍筋的加密区范围和柱箍筋沿柱纵向排布构造详图（见图 2 - 5）

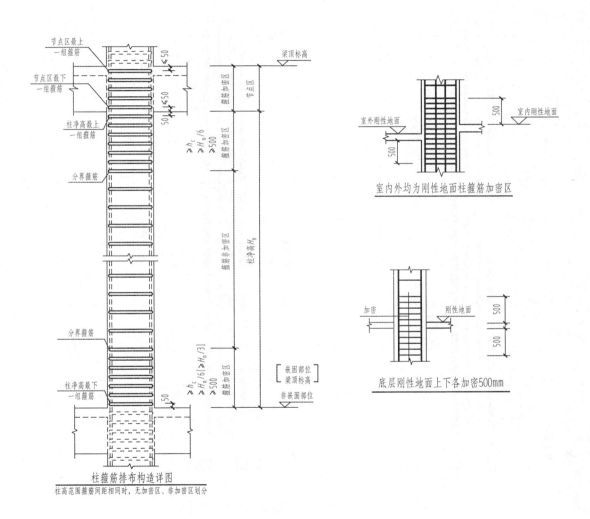

图 2 - 5　抗震 KZ 箍筋的加密区范围和柱箍筋沿柱纵向排布构造详图

2. 抗震框架柱纵筋连接位置示意图（见图 2-6）

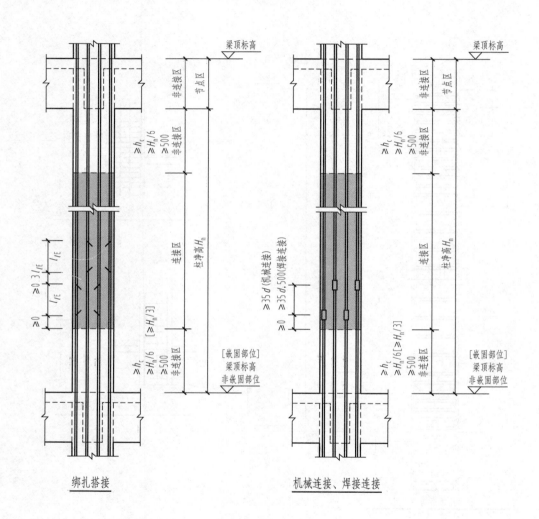

绑扎搭接　　　　　　　　机械连接、焊接连接

图 2-6　抗震框架柱纵筋连接位置示意图

3. 柱插筋在各类基础内的锚固构造（见图 2-7）

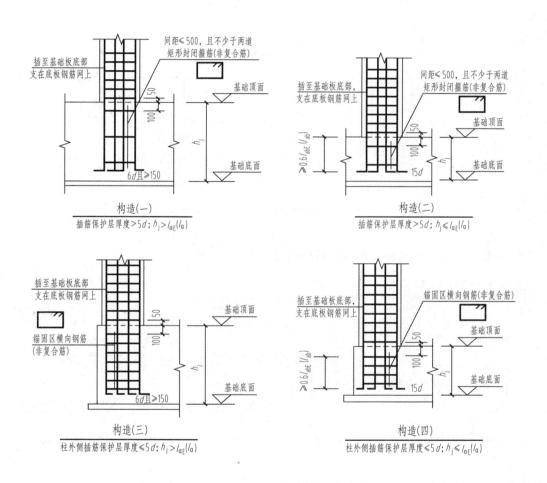

图 2-7　柱插筋在基础内的锚固构造

4. 抗震框架柱中柱柱顶纵筋构造（见图 2-8）

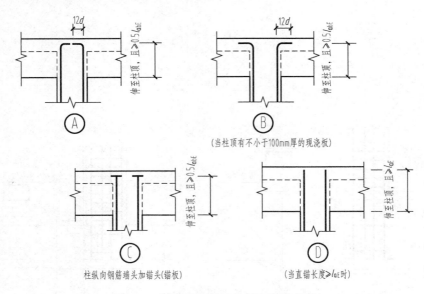

图 2-8　抗震框架柱中柱柱顶纵筋构造

5. 抗震 KZ 边柱和角柱柱顶纵向钢筋构造（见图 2-9）

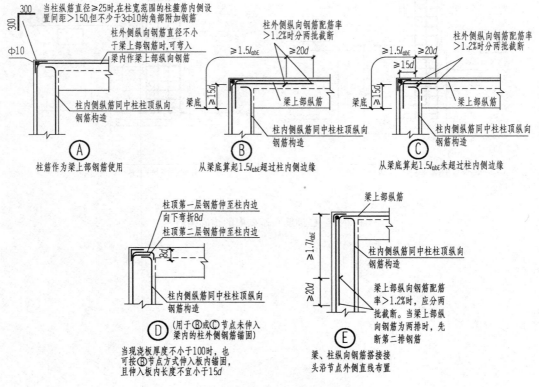

图 2-9　抗震 KZ 边柱和角柱柱顶纵向钢筋构造

2.3 柱平法识图和钢筋计算综合实训案例

本节将通过对抗震框架中柱 KZ3 和边柱 KZ8 平法施工图的识读，讲述绘制框架柱的纵向剖面配筋图的步骤和方法；通过对基础、柱顶、非连接区等关键部位钢筋长度的计算，来巩固、理解并最终能熟练灵活运用抗震 KZ 纵筋和箍筋构造；通过计算该柱各种钢筋的造价总长度，进一步认识柱纵筋沿着高度方向的钢筋直径、根数、截面等的变化情况；通过进行施工下料方面的钢筋计算，使我们对该柱钢筋有深刻而全方位的掌握，最终使读者达到正确识读柱平法施工图并能绘制钢筋材料明细表的目的。

【柱综合实训案例 ❶ ——抗震框架中柱】

某办公楼工程的柱平法施工图采用的是截面注写方式绘制的，规定柱子纵筋采用焊接连接。以其中较简单且比较典型的中柱 KZ3 为例，将与其相关的信息找出来，汇总成工程信息表 2-1，KZ3 的平法施工图见图 2-10。试识读 KZ3 平法施工图，计算柱子钢筋的造价及下料长度并绘制钢筋材料明细表。

表 2-1   中柱 KZ3 工程信息汇总表

层号	结构标高	结构层高	梁截面高度 X 向/Y 向	
屋面	10.750	—	600/600	环境类别：一类；
3	7.150	3.6	600/600	抗震等级：四级；
2	3.550	3.6	600/600	混凝土：C30；
1	−0.050	3.6	—	现浇板厚：100mm； 柱下独基底板双向钢筋直径均为 12mm；
基顶	−1.050	1	—	没有其他特殊锚固条件
基底	−1.650	0.6	—	

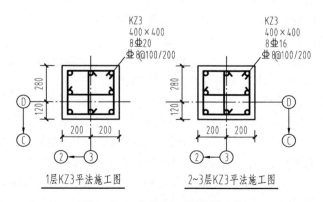

图 2-10 中柱 KZ3 平法施工图

1. 识读抗震框架中柱 KZ3 平法施工图

对图 2-10 的解读：中柱 KZ3 位于 D 轴和③轴相交处，总共 3 层。层高、结构标高、嵌固部位、抗震等级、环境类别等信息见表 2-1；柱子为等截面柱，尺寸为 400mm×400mm；1 层柱纵筋为 8 根直径 20mm 的 HRB400 级钢筋，2、3 层柱纵筋为 8 根直径 16mm 的 HRB400 级钢筋；箍筋为直径 8mm 的 HRB400 级的 3×3 肢箍，加密区间距为 100mm，非加密区间距为 200mm。

2. 计算中柱 KZ3 的纵筋造价长度并绘制 KZ3 钢筋材料明细表

计算钢筋并绘制钢筋材料明细表的过程通常可按几个步骤依次进行：首先绘制 KZ3 纵向剖面模板图并计算柱净高的上、下端箍筋加密区高度；绘制 KZ3 的纵筋并计算关键部位和关键数据；绘制 KZ3 上部结构的箍筋并计算箍筋道数；然后计算 KZ3 不同直径钢筋的造价总长度；最后绘制 KZ3 钢筋施工下料的排布示意图并绘制 KZ3 钢筋材料明细表。

下面将对上述各步骤分别进行详细讲述。

（1）绘制 KZ3 纵向剖面模板图并计算柱净高的上、下端箍筋加密区高度。

1）绘制 KZ3 纵向剖面模板图。

根据表 2-1 中的层数、层高、各层楼面的结构标高，基顶和基底标高，楼面梁高度，现浇板厚度等，初步绘制 KZ3 纵向剖面的模板图，见图 2-11。图中左侧有三道尺寸线：最外侧的尺寸线标注各层层高和基础高度；中间尺寸线标注各层柱的净高和各层楼面梁的高度；内侧尺寸线主要标注纵筋的连接区和非连接区高度，这同时也是箍筋加密区和非加密区的高度。

2）计算柱净高上、下端箍筋加密区高度。

本步骤需要对照图 2-5 进行计算。

1 层柱上端：$\max(H_n/6, h_c, 500) = \max(4000/6, 400, 500) \approx 667$，实取 750mm。

解释：从图 2-5 中可看到，柱净高范围最下一组箍筋距底部梁顶 50mm，最上一组箍筋距顶部梁底 50mm；从题目中又知道箍筋的加密区间距为整数 100mm。根据工地实际情况，取值 750mm，以后遇到此类情况以此类推，不再赘述。

1 层柱下端：$H_{n1}/3 = 4000/3 \approx 1333$，实取 1350mm。

2、3 层柱上、下端：$\max(3000/6, 400, 500) = 500$，实取 550mm。

（2）绘制 KZ3 的纵筋并计算关键部位和关键数据。

1）初步绘制 KZ3 的纵筋。

将步骤（1）中算出的箍筋加密区数值补充到图 2-11 中，并根据图 2-10 柱平法施工图，初步绘制 KZ3 的纵筋。在图 2-11 模板图中粗绘纵筋时，钢筋变直径处可先不予考虑，如图 2-12 所示。图中纵筋柱顶构造及其在基础内的锚固构造，要通过相关计算来确定。在不确定的情况下可以先不绘制，或者画成虚线待定。本例即画成了虚线。

注意：计算纵筋的造价长度时，纵筋直径不变化的楼层焊接接头的位置不影响钢筋长度的计算；而钢筋直径变化处，焊接接头的位置却影响钢筋长度的计算。若要进行钢筋的施工下料计算，无论纵筋和截面是否变化，通常会在每个楼层的连接区有纵筋接头，接头位置以尽量节省钢筋为原则来设置。

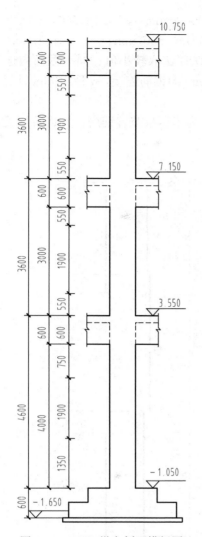

图 2-11　KZ3 纵向剖面模板图

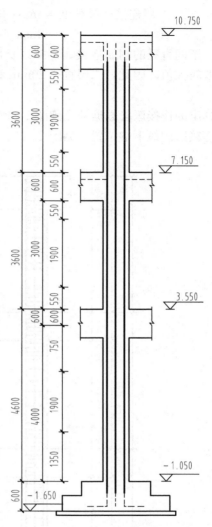

图 2-12　粗绘 KZ3 纵向剖面配筋图

2) 关键部位和关键数据的计算。

①计算各层焊接接头的连接区段长度。

本步骤需要对照图 2-6 进行计算。

计算各层柱纵筋焊接接头的连接区段长度，就是计算两批交错摆放的长筋和短筋接头之间的距离。

1 层：只有直径为 20mm 一种钢筋进行连接，则有：

$$1 层连接区段长度 = \max(35d, 500) = \max(35 \times 20, 500)$$
$$= \max(700, 500) = 700mm$$

2 层：钢筋直径为 16mm，与下层直径为 20mm 的钢筋连接，则有：

$$2 层连接区段长度 = \max(35d, 500) = \max(35 \times 16, 500)$$
$$= \max(560, 500) = 560mm$$

3 层：只有直径为 16mm 一种钢筋进行连接，则有：

$$3 层连接区段长度 = \max(35d, 500) = \max(35 \times 16, 500)$$
$$= \max(560, 500) = 560(\text{mm})$$

解释：不同直径的钢筋连接，连接区长度计算时 d 取较小值；同一截面内连接区长度不同时，取较大值。因此，二层直径 20mm 和 16mm 的钢筋连接，d 取 16mm 计算连接区长度。

将计算出的连接区段数据补充到图 2-12 中。为了尽量节省钢筋，并将每层短筋的截断位置定在连接区的最下端位置，见图 2-13。

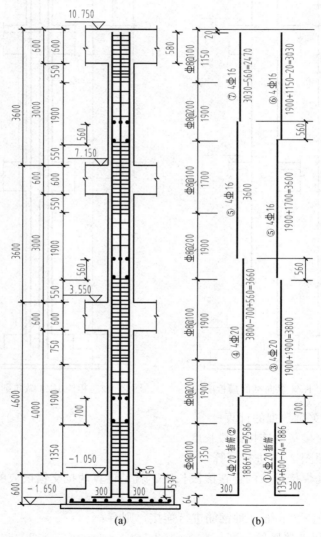

(a)　　　　　　　　(b)

图 2-13　KZ3 纵向剖面配筋图和钢筋施工下料的排布示意

（a）KZ3 纵向剖面配筋图；（b）KZ3 钢筋施工下料排布图

②柱插筋在基础内的锚固计算。

本步骤需要对照图 2-7 进行计算。

首先根据混凝土强度 C30、四级抗震等级、HRB400 级钢筋、钢筋直径 20mm、无特殊锚固等条件查表 2-2，得：$l_{abE}=35d$；查表 2-3，得到 $\zeta_a=1.0$，则有 $l_{aE}=\zeta_a\times l_{abE}=35d$；查表 2-4，得柱的混凝土保护层厚度 $c=20mm$，基础的混凝土保护层为 40mm。

表 2-2 受拉钢筋的基本锚固长度 l_{ab}、l_{abE}

钢筋种类	抗震等级	混凝土强度等级								
		C20	C25	C30	C35	C40	C45	C50	C55	≥C60
HPB300	一、二级（l_{abE}）	45d	39d	35d	32d	29d	28d	26d	25d	24d
	三级（l_{abE}）	41d	36d	32d	29d	26d	25d	24d	23d	22d
	四级（l_{abE}）非抗震（l_{ab}）	39d	34d	30d	28d	25d	24d	23d	22d	21d
HRB335 HRBF335	一、二级（l_{abE}）	44d	38d	33d	31d	29d	26d	25d	24d	24d
	三级（l_{abE}）	40d	35d	31d	28d	26d	24d	23d	22d	22d
	四级（l_{abE}）非抗震（l_{ab}）	38d	33d	29d	27d	25d	23d	22d	21d	21d
HRB400 HRBF400 RRB400	一、二级（l_{abE}）	—	46d	40d	37d	33d	32d	31d	30d	29d
	三级（l_{abE}）	—	42d	37d	34d	30d	29d	28d	27d	26d
	四级（l_{abE}）非抗震（l_{ab}）	—	40d	35d	32d	29d	28d	27d	26d	25d
HRB500 HRBF500	一、二级（l_{abE}）	—	55d	49d	45d	41d	39d	37d	36d	35d
	三级（l_{abE}）	—	50d	45d	41d	38d	36d	34d	33d	32d
	四级（l_{abE}）非抗震（l_{ab}）	—	48d	43d	39d	36d	34d	32d	31d	30d

表 2-3 受拉钢筋锚固长度修正系数 ζ_a

锚固条件		ζ_a	
带肋钢筋的公称直径大于 25		1.10	
环氧树脂涂层带肋钢筋		1.25	—
施工过程中易受扰动的钢筋		1.10	
锚固区保护层厚度	3d	0.80	注：中间时按内插值，d 为锚固钢筋直径
	5d	0.70	

表 2-4　　　　　　　　　　纵向受力钢筋的混凝土保护层最小厚度　　　　　　　　　　（mm）

环境类别	板、墙	梁、柱
一	15	20
二 a	20	25
二 b	25	35
三 a	30	40
三 b	40	50

注　1. 表中混凝土保护层厚度指最外层钢筋外边缘至混凝土表面的垂直距离，适用于设计使用年限为 50 年的混凝土结构。

2. 构件中受力钢筋的保护层厚度不应小于钢筋的公称直径。

3. 设计使用年限为 100 年的混凝土结构，一类环境中，最外层钢筋的保护层厚度不应小于表中数值的 1.4 倍；二、三类环境中，应采取专门的有效措施。

4. 混凝土强度等级不大于 C25 时，表中保护层厚度数值应增加 5。

5. 基础底面钢筋的保护层厚度，有混凝土垫层时应从垫层顶面算起，且不应小于 40mm。

接续计算 $l_{aE}=35d=35\times20mm=700mm>600mm$（基础厚度）。所以选用图 2-7 中的构造（二），将插筋向下延伸弯折并支在基础底板的钢筋网上，弯钩水平段的投影长度为 $15d=15\times20mm=300mm$。

最后还要验算插筋在基础内的垂直投影长度是否满足要求。

$$插筋在基础内的垂直投影长度 = h_j - 基础保护层 - 基础底板的两向钢筋直径$$
$$= 600-40-12-12$$
$$= 536（mm）$$

插筋垂直投影长度 $536mm \geqslant 0.6l_{abE}=0.6\times35\times20mm=420mm$，因此满足要求。

③基础内非复合箍筋道数计算。

对照图 2-7 构造（二），基础内的非复合箍有这样的要求：间距≤500，且不少于两道箍筋；基础内最上一道箍筋距离基顶标高为 100mm。

因为，基础厚度 $600-100-64=336$（mm）＜规定数值 500mm，所以基础内设置上、下 2 道非复合箍即可。

将 2 道非复合箍筋补充绘制到图 2-13 中。

④柱顶钢筋的锚固计算。

本步骤需要对照图 2-8 进行计算。

首先计算柱顶钢筋的抗震锚固长度，验算采用图 2-8 中的哪种构造。

因为，$l_{aE}=35d=35\times16mm=560mm＜h_b-柱保护层=600-20=580$（mm）

所以选用图 2-8 中的①直锚构造，将钢筋伸到柱顶即可。

根据计算的结果，将柱插筋和柱顶钢筋补充绘制完整，并将相关数据标注在图 2-13 上。

（3）绘制 KZ3 上部结构的箍筋并计算箍筋道数。

本步骤需要对照图 2-5 进行计算。

1）通过上面的计算和补充绘图，在图 2-13（b）的右侧再补画一道尺寸线，主要标注箍筋的加密区、非加密区长度以及箍筋的具体数值。这道尺寸线，是为计算箍筋道数和下一步绘制柱子的施工钢筋截断点位置做准备。

　　2）计算 KZ3 从基顶到柱顶的箍筋道数 N。

　　$N=$ 箍筋加密区长度 / 加密间距 + 箍筋非加密区长度 / 非加密间距 + 1

　　　　$= (1350-50)/100 + 1900/200 + 1900/100 + 1900/200 + 1700/100 + 1900/200 +$

　　　　$(1150-50)/100 + 1$

　　　　$= 13 + 10(不是 9.5) + 19 + 10(不是 9.5) + 17 + 10(不是 9.5) + 11 + 1$

　　　　$= 91(道)$

　　解释：上式中的每个"商"，其意义是柱箍筋在加密区或非加密区的间隔数目。所以每个商的数值要取整数，小数只入不舍。

　　箍筋道数 N 是根据图 2-12 右侧那道尺寸线，先从下往上计算箍筋的间隔数目，最后加上 1 得出的。

　　算出上部结构柱的箍筋总数，别忘记前面已计算出的 2 道基础内的非复合箍。两者汇总后，填到后面的钢筋材料明细表 2-5 中。

　　（4）计算 KZ3 不同直径钢筋的造价总长度。

　　纵筋直径不变化的楼层，焊接接头的位置不影响钢筋长度的计算；而钢筋直径变化的楼层，焊接接头的位置却影响钢筋长度的计算。另外我们知道，柱中长筋和短筋是人为确定的，但是长、短各半和长短相间却是固定不变的。基础插筋的长和短，表现在钢筋的上端；而顶筋的长和短，是表现在钢筋的下端。

　　计算 KZ3 不同直径钢筋的造价总长度需要对照图 2-12（a）纵向剖面配筋详图来进行。

　　对于 1 层直径为 20mm 的钢筋总长度 $L(20)$ 计算如下：

　　　　$L(20) = (4600+600-64+550) \times 8 + 560 \times 4 + 300 \times 8 = 50\,128(mm)$

　　对于 2、3 层直径为 16mm 的钢筋总长度 $L(16)$ 计算如下：

　　　　$L(16) = (3600 \times 2 - 550 - 560 - 20) \times 8 + 560 \times 4 = 50\,800(mm)$

　　（5）绘制 KZ3 钢筋施工下料的排布示意图。

　　通过步骤（4）的造价长度计算得出结论：只要知道了钢筋直径变化处（第 2 层）的长、短筋断点位置，就能够完成对 KZ3 钢筋造价总长度的计算。钢筋直径不变处（第 1 层和第 3 层）的长、短筋断点位置，我们却并不需要知道。

　　如果要胜任钢筋翻样下料的工作，就需要学会手工完成钢筋施工下料的钢筋材料明细表。要想完成此表，就需要绘制施工下料的钢筋排布示意图，如图 2-13（b）中分离出来的钢筋便是。此种绘制方式，是笔者根据多年设计和平法教学经验总结出来的。读者在不熟练的情况下，建议可将柱子的周边纵筋顺次展开，来绘制下料钢筋排布图。

　　绘制钢筋施工下料排布图的步骤简述如下：

　　1）定出每层的长、短筋断点位置。

　　2）将每层的钢筋均从长、短筋断点位置处断开。遵照长、短各半和长短相间的原则，画出纵筋施工下料的纵向排布示意图，并在图上仅标注钢筋的根数和直径。

　　3）KZ3 仅钢筋直径在第 2 层变小了。此时，从下往上画或倒过来画都是可以的。如果柱子的上层钢筋根数减少了，而且又是边柱或角柱，可以先从柱顶着手绘制。应特别注意钢筋根数减少后的长、短筋断点位置。

　　4）计算每层断开的钢筋竖直方向的投影长度，将计算过程和数值标注在钢筋旁边，同时要标注顶层弯钩和插筋弯钩的水平段的投影长度。

5）最后根据钢筋的直径、长度、形状变化情况，从下往上顺次对钢筋进行编号。

（6）绘制 KZ3 钢筋材料明细表。

通过前面绘制纵筋施工下料的排布图和对钢筋进行计算和编号的过程，我们对纵筋在柱内的情况就比较清楚了。按图 2-13 右侧纵筋排布图上的编号，依次把所有钢筋汇总到钢筋材料明细表 2-5 中。因为箍筋较简单，没有专门分离绘制，编号见表 2-5；若箍筋较复杂就需要专门绘制复合箍筋分离图并编号。

表 2-5　　　　　　　　　　　　　KZ3 钢筋材料明细表

编号	钢筋简图	规格	设计长度	下料长度	数量
①	300 ⌐ 1886	Φ 20	2186	2127	4
②	300 ⌐ 2586	Φ 20	2886	2827	4
③	3800	Φ 20	3800	3800	4
④	3660	Φ 20	3660	3660	4
⑤	3600	Φ 16	3600	3600	8
⑥	3030	Φ 16	3030	3030	4
⑦	2470	Φ 16	2470	2470	4
⑧	360 360 469 469	Φ 8	1658	1603	93
⑨	109 376 109	Φ 8	594	594	182

1）计算①号、②号钢筋的下料长度。

① 号钢筋下料长度 $= 2186 - 2.931 \times 20 \approx 2127$（mm）

② 号钢筋下料长度 $= 2886 - 2.931 \times 20 \approx 2827$（mm）

解释：根据图集 11G101-1 的规定，柱子纵筋弯弧内半径 $R = 4d$，所以查表 1-1，得到 90°弯钩的外皮差值为 $2.931d$。后面遇到此种情况，以此类推，不再赘述。

2）计算箍筋的 L_1、L_2、L_3 和 L_4。

$$L_1 = L_2 = 400 - 20 \times 2 = 360（mm）$$

查表 1-2，得　　　　　　　$L_3 = L_4 = 360 + 109 = 469（mm）$

箍筋的设计长度 $= L_1 + L_2 + L_3 + L_4 = 1658 (\text{mm})$

箍筋的施工下料长度 $= 1658 - 2.288 \times 8 \times 3 \approx 1603 (\text{mm})$

解释：根据工地实际情况，箍筋和拉筋弯弧内半径取 $R = 2.5d$，所以查表 1-1，得到 90°弯钩的外皮差值为 $2.288d$。

3）计算拉筋的标注尺寸（拉筋同时拉住纵筋和箍筋）。

$$L_1 = 400 - 20 \times 2 + 8 \times 2 = 376 (\text{mm})$$

查表 1-4 得到，$L_2 = 109 (\text{mm})$

拉筋的施工下料长度 $= L_1 + 2L_2 = 376 + 2 \times 109 = 594 (\text{mm})$

汇总表 2-5 中直径 20mm 和 16mm 钢筋的设计长度如下：

$$L(20) = (2186 + 2886 + 3800 + 3660)\text{mm} \times 4 = 50\ 128\text{mm}$$

$$L(16) = 3600\text{mm} \times 8 + (3030 + 2470)\text{mm} \times 4 = 50\ 800\text{mm}$$

$L(20)$ 和 $L(16)$ 的设计长度计算与前面步骤（4）的计算结果刚好吻合。

箍筋总长度 $= 1658\text{mm} \times 93 = 154\ 194\text{mm}$

拉筋总长度 $= 594\text{mm} \times 182 = 108\ 108\text{mm}$

求钢筋总质量的公式如下：

钢筋总长度(m) × 单根钢筋理论质量(kg/m) = 钢筋总质量(kg)

可见，有了钢筋总长度，可查阅表 2-6 得到单根钢筋理论质量（kg/m），二者相乘很容易得到钢筋总质量，这也就是建筑工程造价专业求钢筋造价用到的数据。

表 2-6　　　　　　　　　钢筋的公称直径、公称截面面积及理论质量

公称直径（mm）	不同根数钢筋的公称截面面积（mm²）									单根钢筋理论质量（kg/m）
	1	2	3	4	5	6	7	8	9	
6	28.3	57	85	113	142	170	198	226	255	0.222
8	50.3	101	151	201	252	302	352	402	453	0.395
10	78.5	157	236	314	393	471	550	628	707	0.617
12	113.1	226	339	452	565	678	791	904	1017	0.888
14	153.9	308	461	615	769	923	1077	1231	1385	1.21
16	201.1	402	603	804	1005	1206	1407	1608	1809	1.58
18	254.5	509	763	1017	1272	1527	1781	2036	2290	2.00 (2.11)
20	314.2	628	942	1256	1570	1884	2199	2513	2827	2.47
22	380.1	760	1140	1520	1900	2281	2661	3041	3421	2.98
25	490.9	982	1473	1964	2454	2945	3436	3927	4418	3.85 (4.10)
28	615.8	1232	1847	2463	3079	3695	4310	4926	5542	4.83
32	804.2	1609	2413	3217	4021	4826	5630	6434	7238	6.31 (6.65)
36	1017.9	2036	3054	4072	5089	6107	7125	8143	9161	7.99
40	1256.6	2513	3770	5027	6283	7540	8796	10 053	11 310	9.87 (10.34)
50	1963.5	3928	5892	7856	9820	11 784	13 748	15 712	17 676	15.42 (16.28)

注　括号内为预应力螺纹钢筋的数值。

【柱综合实训案例 2 ——抗震框架边柱】

某教学楼工程的柱平法施工图采用的是截面注写方式绘制的，规定柱子纵筋采用焊接连接。以其中较复杂的边柱 KZ8 为例，将与其相关的信息找出来，汇总成工程信息表 2-7，图 2-14 为 KZ8 的平法施工图。试首先识读 KZ8 平法施工图，然后计算柱子钢筋的造价及下料长度并绘制钢筋材料明细表。

表 2-7　　　　　　　　　　　边柱 KZ8 工程信息表

层号	结构标高	结构层高	梁截面高度 X 向／Y 向	
屋面	11.950	—	600/600	环境类别：一类；
3	8.050	3.9	600/600	抗震等级：四级；
2	4.150	3.9	600/600	混凝土强度：C25；
1	−0.050	4.2	—	现浇板厚：100mm； 基础平板筏基且筏板底部双向钢筋直径均
基顶	−1.350	1.3		为 18mm； 没有其他特殊锚固条件
基底	−2.250	0.9		

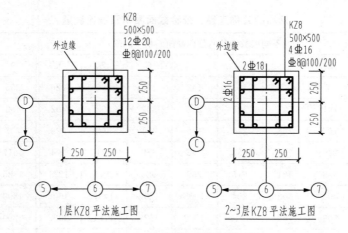

图 2-14　边柱 KZ8 平法施工图

1. 识读抗震框架边柱 KZ8 平法施工图

对图 2-14 的解读：边柱 KZ8 位于 D 轴和⑥轴相交处，外边缘位置见图示，总共 3 层。层高、结构标高、抗震等级等信息见表 2-7；柱子为等截面柱，尺寸为 500mm×500mm；1 层纵筋为 12 根直径 20mm 的 HRB400 级钢筋；2、3 层纵筋为：角筋加 h 边中部筋共 8 根直径 16mm 的 HRB400 级钢筋，b 边中部筋共 4 根直径 18mm 的 HRB400 级钢筋。箍筋为直径 8mm 的 HRB400 级钢筋，加密区间距为 100mm，非加密区间距为 200mm 的 4×4 肢箍。

2. 计算边柱 KZ8 的纵筋造价长度并绘制 KZ8 钢筋材料明细表

计算钢筋并绘制钢筋材料明细表的过程通常可按几个步骤依次进行：首先绘制 KZ8 纵向剖面模板图并计算柱净高的上、下端箍筋加密区高度；绘制 KZ8 的纵筋并计算关键部位和关键数据；绘制 KZ8 上部结构的箍筋并计算箍筋道数；接着计算 KZ8 不同直径钢筋的造价总长度；最后绘制 KZ8 钢筋施工下料的排布示意图并绘制 KZ8 钢筋材料明细表。

下面将对上述各步骤分别进行详细讲述。

（1）绘制 KZ8 纵向剖面模板图并计算柱净高的上、下端箍筋加密区高度。

与前面讲述的 KZ3 基本相同，下面仅就不同处进行讲解，相同处省略。

1）绘制 KZ8 纵向剖面的模板图（参照案例 1 自行练习绘制），此处略。

2）计算柱净高的上、下端箍筋加密区高度。

本步骤需要对照图 2-5 进行计算。

1 层柱上端：$\max(H_n/6,\ h_c,\ 500)=\max(4900/6,\ 500,\ 500)\approx817$（mm），实取 850mm。

1 层柱下端：$H_{n1}/3=4900/3\approx1633$（mm），实取 1650mm。

2、3 层柱上、下端：$\max(3300/6,\ 500,\ 500)=550$（mm），实取 550mm。

（2）绘制 KZ8 的纵筋并计算关键部位和关键数据。

1）绘制 KZ8 的纵筋。将算出的箍筋加密区数值补充到所绘制的图中，并根据图 2-14 柱平法施工图，初步绘制纵筋。

2）关键部位和关键数据的计算。

①计算各层焊接接头的连接区段长度。

1 层：只有直径为 20mm 一种钢筋进行连接，则有

$$\max(35d,500)=\max(35\times20,500)=\max(700,500)=700(\text{mm})$$

2 层：钢筋直径有 18mm 和 16mm 两种，与下层直径为 20mm 的钢筋连接。则有

$$\max(35d,500)=\max(35\times18,500)=\max(630,500)=630(\text{mm})$$

3 层：相同直径的钢筋连接，但同一截面内有 18mm 和 16mm 两种钢筋。则有

$$\max(35d,500)=\max(35\times18,500)=\max(630,500)=630(\text{mm})$$

将计算出的连接区段数据补充到所绘制的图中。为了尽量节省钢筋，并将每层的第一批截断点位置定在连接区的最下端，见图 2-15。

②柱插筋在基础内的锚固计算。

本步骤需要对照图 2-7 进行计算。

首先，根据混凝土强度 C25、四级抗震等级、HRB400 级钢筋、钢筋直径 20mm、无特殊锚固等条件查表 2-2 得到 $l_{abE}=40d$；然后查阅表 2-3，取 $\zeta_a=1.0$。则有 $l_{aE}=\zeta_a\times l_{abE}=40d$；最后查表 2-4，得到柱的混凝土保护层厚度 $c=25$mm，基础的混凝土保护层厚度为 40mm。

计算 $l_{aE}=40d=40\times20\text{mm}=800\text{mm}<900\text{mm}$（基础厚度）。所以选用图 2-7 中的构造（一），将插筋向下延伸弯折并支在基础底板的钢筋网上，弯钩水平段的投影长度为

$$\max(6d,150)=\max(6\times20,150)=150(\text{mm})$$

③基础内非复合箍筋道数计算。

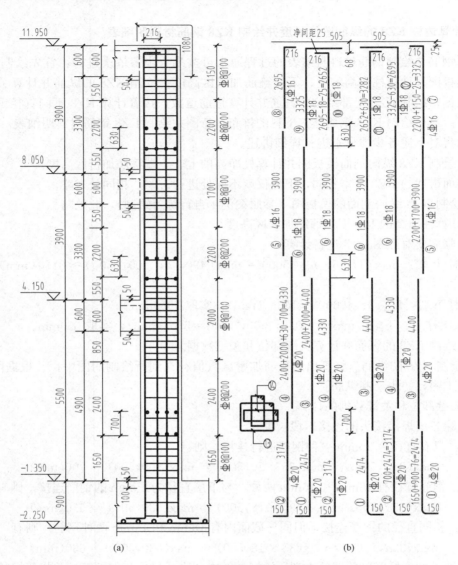

图 2-15 KZ8 纵向剖面配筋图及钢筋施工下料排布图

（a）KZ8 纵向剖面配筋图；（b）KZ8 钢筋施工下料排布图

对照图 2-7 构造（一），基础内的非复合箍有这样的要求：间距≤500mm，且不少于两道箍筋；基础内最上一道箍筋距离基顶标高为 100mm。

因为基础厚度 900－100－76mm＝724mm＞规定数值 500mm，所以基础内设置上、中、下 3 道非复合箍即可。

将 3 道非复合箍筋补充绘制到图 2-15 中。

④柱顶钢筋的锚固计算。

本步骤需要对照图 2-8 和图 2-9 进行计算。

因为 KZ8 为较复杂的边柱，请对照图 2-2：柱顶外边缘有两根 18mm 的远梁筋；其对面是两根 18mm 的向边筋；剩下的 8 根为 16mm 的向梁筋。其中两根 18mm 的向边筋摆放在上部第二排，其余均摆放在上部第一排，两排间的净间距取 25mm。

外边缘两根 18mm 的远梁筋，选用图 2-9 的 B 或 C 构造；而其余内侧的钢筋选用图 2-8 的构造。

首先计算柱顶钢筋的抗震锚固长度，验算选用图 2-8 的哪种构造。

因为，$l_{aE} = 40d = 40 \times 18 = 720\text{mm} > h_b -$ 柱保护层 $= 600 - 25\text{mm} = 575\text{mm}$

所以选用图 2-8 中的 A 或 B 弯锚构造。

同时验算弯锚垂直段投影长度是否符合图 2-8 中 $\geqslant 0.5l_{abE}$ 的要求。

$0.5l_{abE} = 0.5 \times 40 \times 18 = 360 < h_b -$ 柱保护层 $= 600 - 25\text{mm} = 575\text{mm}$，因此满足要求。

两根 18mm 的远梁筋构造计算：

$$1.5l_{abE} = 1.5 \times 40 \times 18 = 1080(\text{mm})$$

远梁筋水平段的投影长度 $= 1080 - 600 + 25 = 505$（mm），刚超过柱内侧边缘。所以选用图 2-9 的 B 构造。

根据计算的结果，将柱插筋和柱顶钢筋补充绘制完成，并将相关数据标注在图 2-15 中。

（3）绘制 KZ8 上部结构的箍筋并计算箍筋道数。

本步骤需要对照图 2-5 进行计算。

1）通过上面的计算和绘图，最后在图 2-15（a）的右侧再补画一道尺寸线，主要标注箍筋的加密区、非加密区长度以及箍筋的具体数值。这道尺寸线，是为计算箍筋道数和下一步绘制柱子的施工钢筋排布示意图做准备。

2）计算 KZ8 从基顶到柱顶的箍筋道数 N。

$N =$ 箍筋加密区长度 / 加密间距 + 箍筋非加密区长度 / 非加密间距 + 1

$\quad = (1650 - 50)/100 + 2400/200 + 2000/100 + 2200/200 + 1700/100 + 2200/200 +$

$\qquad (1150 - 50)/100 + 1$

$\quad = 16 + 12 + 20 + 11 + 17 + 11 + 11 + 1$

$\quad = 99(\text{道})$

算出上部结构柱的箍筋总数，别忘记前面已计算出的 3 道基础内的非复合箍。两者汇总后，填到后面的钢筋材料明细表 2-8 中。

（4）计算 KZ8 不同直径钢筋的造价总长度。

计算 KZ8 不同直径钢筋的造价总长度需要对照图 2-15（a）纵向剖面配筋图来进行。

1 层直径为 20mm 的钢筋总长度 L（20）计算如下：

$\quad L(20) = (5500 + 900 - 76 + 550 + 150) \times 12 + 630 \times 6 = 88\ 068(\text{mm})$

2、3 层直径为 16mm 的钢筋总长度 L（16）计算如下：

$\quad L(16) = (3900 \times 2 - 550 - 630 - 25 + 216) \times 8 + 630 \times 4 = 57\ 008(\text{mm})$

2、3 层直径为 18mm 的钢筋总长度 L（18）计算如下：

$\quad L(18) = (3900 \times 2 - 550 - 630 - 25) \times 2 + 630 + 505 \times 2 +$

$\qquad (3900 \times 2 - 550 - 630 - 68) \times 2 + 630 + 216 \times 2$

$\qquad = 28\ 996(\text{mm})$

（5）绘制 KZ8 钢筋施工下料的排布图。

绘制钢筋施工下料排布图 2-15（b）的步骤简述如下：

1）定出每层的长、短筋断点位置，基础插筋的长短体现在上端，顶筋的长短体现在下端，同时牢记长、短各半和长短相间的原则。

2）KZ8 不仅是较复杂的边柱，而且钢筋在第 2 层直径变小。基础内的 12 根插筋中应该有 6 根长插筋和 6 根短插筋；接下来就需要上下一一对应着画出上部各层的纵筋。

3）正因为是边柱，我们可从柱顶着手绘制。参照图 2-2，根据直径、形状尺寸、长短的不同将顶筋分成 6 类：1 根长远梁筋、1 根短远梁筋；1 根长向边筋、1 根短向边筋；4 根长向梁筋、4 根短向梁筋。画出 6 类顶筋，记住其位置，并标注钢筋直径和根数。绘制完 6 类顶筋，往下接续绘制，最后与下端的 6 根长插筋和 6 根短插筋一一对应。

4）计算每层断开的钢筋竖直方向的投影长度，将计算过程和数值标注在钢筋旁边。同时要标注顶筋弯钩和插筋弯钩的水平方向的投影长度。

5）最后根据钢筋的直径、长度、形状变化情况，从下往上顺次对钢筋进行编号。

6）纵筋施工下料的排布示意图绘制完成后，检查一下图上钢筋是否均标注了根数、直径、编号和长度。相同编号的钢筋可在一根上标注长度，其他可省略不标注。

（6）绘制 KZ8 钢筋材料明细表。

按图 2-15（b）钢筋施工排布图上的编号，依次把钢筋汇总到钢筋材料明细表 2-8 中。

表 2-8 　　　　　　　　　　　　　　　　KZ8 钢筋材料明细表

编号	钢筋简图	规格	设计长度	下料长度	数量
①	150⌐ 2474	Φ 20	2624	2565	6
②	150⌐ 3174	Φ 20	3324	3265	6
③	4400	Φ 20	4400	4400	6
④	4330	Φ 20	4330	4330	6
⑤	3900	Φ 16	3900	3900	8
⑥	3900	Φ 18	3900	3900	4
⑦	216⌐ 3325（向梁筋）	Φ 16	3541	3494	4
⑧	216⌐ 2695（向梁筋）	Φ 16	2911	2864	4
⑨	505⌐ 3325（远梁筋）	Φ 18	3830	3754	1

编号	钢筋简图	规格	设计长度	下料长度	数量
⑩	216 | 2652 (向边筋)	Φ 18	2868	2815	1
⑪	216 | 3282 (向边筋)	Φ 18	3498	3445	1
⑫	505 | 2695 (远梁筋)	Φ 18	3200	3132	1
⑬	450 / 450 559 / 559	Φ 8	2018	1963	102
⑭	450 / 280 559 / 171	Φ 8	1460	1405	198

1）计算①号、②号钢筋的下料长度（$R = 4d$）。

① 号钢筋下料长度 $= 2624 - 2.931 \times 20 \approx 2565$（mm）

② 号钢筋下料长度 $= 3324 - 2.931 \times 20 \approx 3265$（mm）

2）计算⑦号、⑧号向梁筋的下料长度（$R = 4d$）。

⑦ 号钢筋下料长度 $= 3541 - 2.931 \times 16 \approx 3494$（mm）

⑧ 号钢筋下料长度 $= 2911 - 2.931 \times 16 \approx 2864$（mm）

3）计算⑩号、⑪号向边筋的下料长度（$R = 4d$）。

⑩ 号钢筋下料长度 $= 2868 - 2.931 \times 18 \approx 2815$（mm）

⑪ 号钢筋下料长度 $= 3498 - 2.931 \times 18 \approx 3445$（mm）

4）计算⑨号、⑫号远梁筋的下料长度（$R = 6d$）。

⑨ 号钢筋下料长度 $= 3830 - 3.79 \times 18 \approx 3754$（mm）

⑫ 号钢筋下料长度 $= 3200 - 3.79 \times 18 \approx 3132$（mm）

将以上计算结果填写到表 2-7 中。

表中箍筋的设计长度和下料长度计算，请读者根据前面单元 1 的相关内容自行复核，计算过程略。

 实操练习

上面介绍了两个柱子综合实训案例，请读者在书后附录的两个工程案例图中选取柱的平法施工图，实际操练柱钢筋造价长度和下料长度计算并给出钢筋材料明细表。

单元3 梁平法识图和钢筋计算综合实训

为了帮助学生消化、理解和掌握梁标准配筋构造，书中通过钢筋计算案例，阐明了梁钢筋长度计算的思路和方法。书中梁钢筋设计长度和施工下料长度计算的方法和思路是笔者根据多年的结构设计经验在平法教学实践中摸索出来的，希望能对读者有所帮助和启发。

3.1 梁上部通长筋、非通长筋和架立筋立体图

1. 上部通长筋、非通长筋的绑扎位置

图3-1中的梁下部纵筋通常均为贯通筋（或者称通长筋），而梁的上部纵筋却常有通长筋（也称贯通筋）和非通长筋（也称支座负筋）的区别。图3-1为单跨框架梁钢筋轴测投影示意图，图3-2为双跨框架梁钢筋轴测投影示意图。看了这两个图，上部通长筋和非通长筋就一目了然了。

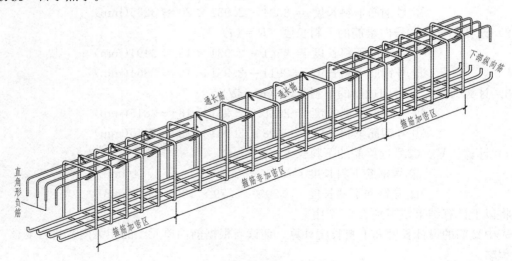

图3-1 单跨框架梁钢筋轴测投影示意图

图3-1中端支座上部非通长纵筋有90°的弯钩，所以称为直角形负筋；图3-2中间支座上部非通长纵筋为直线段，称为直线形负筋。因直线形负筋以中间支座的中心线为对称轴左右对称，故俗称"扁担筋"。

绝大多数抗震楼层框架梁内的钢筋配置和绑扎位置与图3-1和图3-2相类似，只不过梁的跨数、纵筋的直径、根数或排数等有可能不同而已。这两个图中上部通长筋均为两根，

相对应的箍筋应为双肢箍。这两个立体图是框架梁钢筋绑扎的标准模型,请同学们牢记在心里。这对学习梁平法施工图识读和配筋构造是非常有好处的,可以达到事半功倍的效果。

2. 梁上部架立筋的设置条件和摆放位置

图 3-2 中梁上部通长筋为两根,所以相对应的箍筋应为双肢箍。如果规定图 3-2 下部纵筋为 4 根,而梁的箍筋规定为四肢箍,是否可行?如果不可行,该如何使其可行呢?

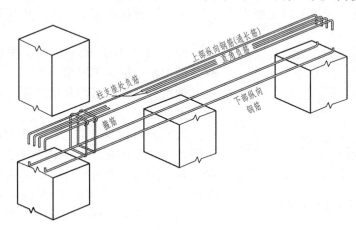

图 3-2 双跨框架梁钢筋轴测投影示意图

看图 3-2 梁第一跨和第二跨上方的中间部位,有两根通长筋通过双肢箍的角部。如果改为了四肢箍,我们会发现此位置四肢箍内的小套箍角部没有钢筋通过,这违反了"箍筋角部必须有纵筋通过"的基本常识。所以由双肢箍改为四肢箍是不可行的。如果将跨中上方位置增加两根构造筋与支座上方的非通长负筋搭接,如图 3-3 所示,此时改为四肢箍就完全可行了。梁跨上方的中间部位新增加的这两根构造筋常被称为架立筋。可见,梁上方的架立筋是不受力

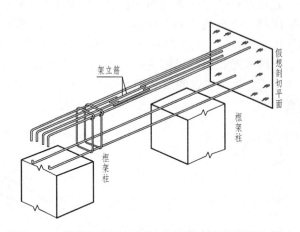

图 3-3 梁的非通长筋与架立筋搭接轴测投影示意图

的,是为了与箍筋绑扎到一起形成牢固的钢筋骨架而设置的构造筋。

3. 梁的原位标注内容解读

梁原位标注的内容有四项,分别是梁支座上部纵筋、梁下部纵筋、附加箍筋及吊筋和修正集中标注中某项或某几项不适用于本跨的内容。

梁在原位标注时,应注意各种数字符号的注写位置。顾名思义,"原位标注"是指在哪个位置标注的数据就属于哪个位置,我们只需要搞清楚各种数字符号的注写位置表达的是梁的上部钢筋还是下部钢筋即可。

下面我们从最简单的单跨框架梁（图3-4）入手，来解读梁的原位标注所表达的意图。从投影角度通常规定：标注在 X 向梁的后面表示梁的上部配筋，标注在 X 向梁的前面表示梁的下部配筋；标注在 Y 向梁的左侧表示梁的上部配筋，标注在 Y 向梁的右侧表示下部配筋。例如，图3-4中原位标注的"4Φ16"，其标注在 X 向梁的后面，所以表示梁的上部配筋；"2Φ16"标注在梁的前面，表示梁的下部配筋。如果规定纸面的 Y 向表示上、下方位，那么图中的数值表示上部纵筋还是下部纵筋就一目了然了。例如，"4Φ16"标注在梁的上方靠近支座的位置，表示梁的上部钢筋；"2Φ16"标注在梁的下方跨中位置，表示梁的下部配筋。

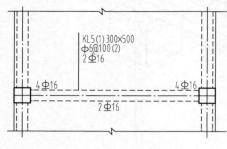

图3-4　KL5平法施工图

图3-4 为 KL5 的平法施工图平面注写方式示例，图中集中标注了四项内容，其余标注在梁周边的其他所有这些数值都是梁的原位标注内容，其他梁也是如此。

我们来解读梁 KL5 原位标注的这些数值时，要特别关注集中标注的第四项有关"上部通长筋"的内容，因为这项内容与原位标注的钢筋是有密切关联的。图3-5 是 KL5 的配筋立体图，与图3-4 相对照，这些原位标注数值的意图就很容易理解和掌握了。

先看左柱的梁端上方所标注的"4Φ16"，是表示梁左端上方的全部纵筋。而集中标注的第四项"上部通长筋"仅有"2Φ16"，这说明梁左端上方的"4Φ16"的纵筋包含了集中标注里"2Φ16"的上部通长筋。"4Φ16"减掉"2Φ16"，剩余的"2Φ16"自然就是梁左端上方的非通长筋，见图3-5中梁左端上方的非通长直角筋"2Φ16"。梁右端上方标注的"4Φ16"，其所代表的意义和左端的一样。梁的中间下方所标注的"2Φ16"，是下部的 U 形通长筋。

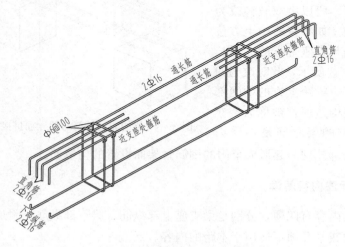

图3-5　KL5 的配筋立体图

3.2　梁实训案例要用到的钢筋标准构造

1. 抗震楼层框架梁 KL 纵筋标准构造（见图 3 - 6）

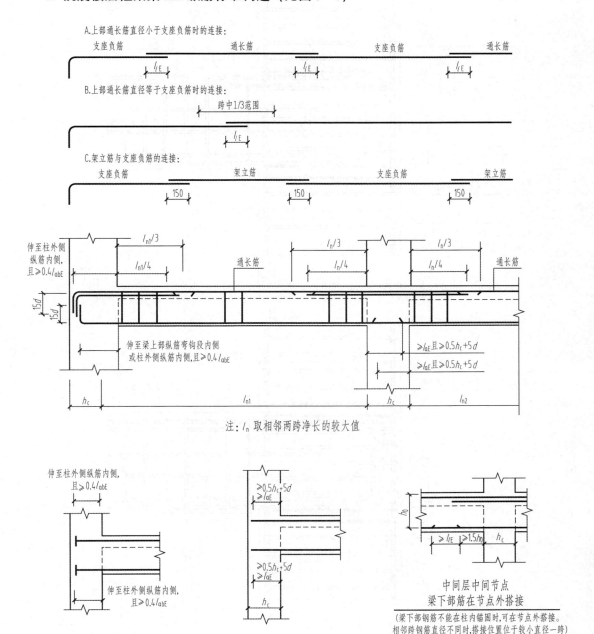

图 3 - 6　抗震楼层框架梁 KL 纵筋标准构造

2. 抗震楼层框架梁 KL 端节点弯锚构造钢筋排布图（见图 3 - 7）

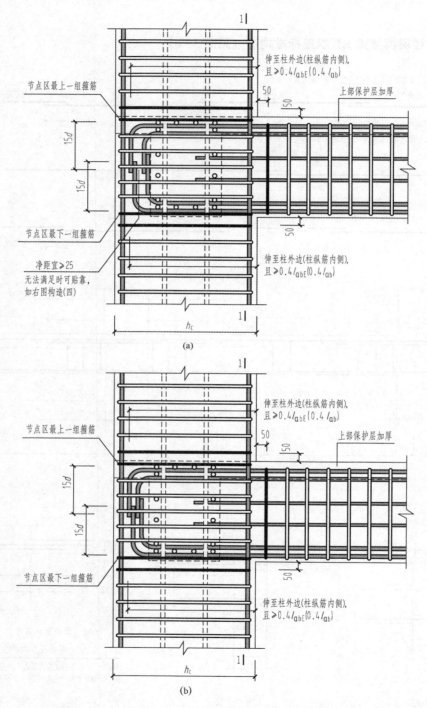

图 3 - 7　楼层框架梁 KL 端节点弯锚构造钢筋排布图（一）

（a）弯锚段重叠，内外排不贴靠；（b）弯锚段重叠，内外排贴靠

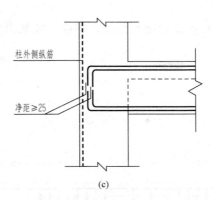

图 3-7　楼层框架梁 KL 端节点弯锚构造钢筋排布图（二）

(c) 上、下纵筋弯折段不重叠

3. 抗震屋面框架梁 WKL 纵筋标准配筋构造（见图 3-8）

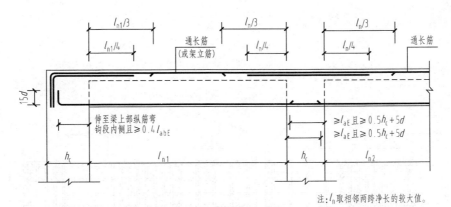

图 3-8　抗震屋面框架梁 WKL 纵筋构造

4. 抗震框架梁 KL、WKL 箍筋加密区范围及箍筋、拉筋沿梁纵向排布构造（见图 3-9）

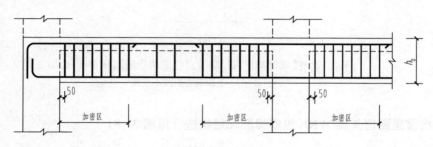

加密区：抗震等级为一级：≥2.0h_b且≥500
抗震等级为二~四级：≥1.5h_b且≥500

(a)

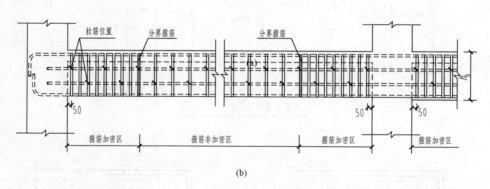

(b)

图 3-9　抗震框架梁 KL、WKL 的箍筋加密区范围及梁箍筋、拉筋排布构造详图
（a）抗震框架梁 KL、WKL 的箍筋加密区范围；（b）梁箍筋、拉筋排布构造详图

5. 纯悬挑梁和各类梁的悬挑端配筋构造（见图3-10）

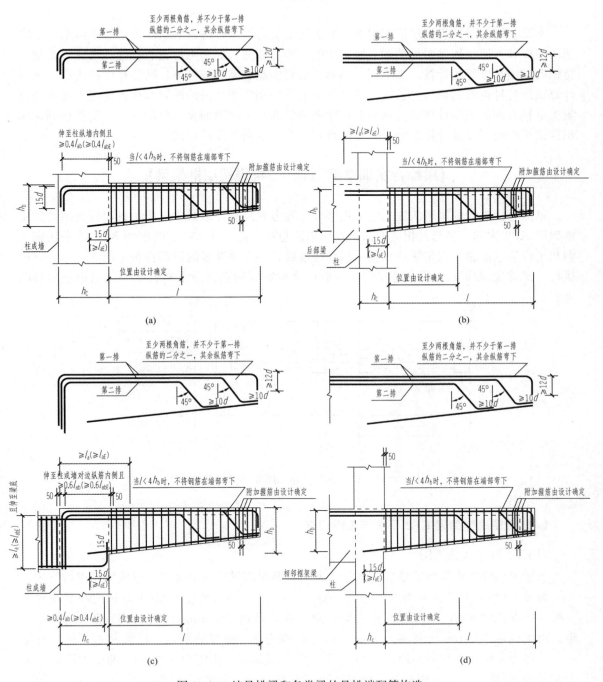

图 3-10　纯悬挑梁和各类梁的悬挑端配筋构造

（a）纯悬挑梁钢筋排布构造；（b）梁悬挑端钢筋构造（一）；

（c）梁悬挑端钢筋构造（二）；（d）梁悬挑端钢筋构造（三）

3.3　梁平法识图和钢筋计算综合实训案例

本节将通过对抗震楼层框架梁 KL 平法施工图的识读，讲述绘制框架梁的纵向剖面配筋图的步骤和方法；通过对梁的端支座、中间支座、非通长筋断点位置、箍筋加密区等关键部位钢筋锚固长度等的计算，来巩固、理解并最终能熟练掌握抗震 KL 纵筋和箍筋构造；通过计算该梁各种钢筋的造价总长度，进一步了解各类钢筋在梁内的配置和排布情况；通过进行施工下料方面的钢筋计算，使我们对该梁内的钢筋有了深刻而全方位的掌握，最终达到正确识读梁平法施工图和计算钢筋设计（造价）长度及下料长度的目的。

【梁综合实训案例 1 ——抗震楼层框架梁】

某综合楼工程的梁平法施工图采用平面注写方式绘制，以其中较简单且比较典型的楼层框架梁 KL2 为例，将与其相关的信息找出来汇总在一起。图 3-11 所示为 KL2 的平法施工图和工程信息汇总。规定梁的纵筋采用焊接连接，端支座弯锚的钢筋排布按图 3-7 （a）（c）执行。试首先识读 KL2 平法施工图，然后计算梁钢筋的造价及下料长度并绘制钢筋材料明细表。

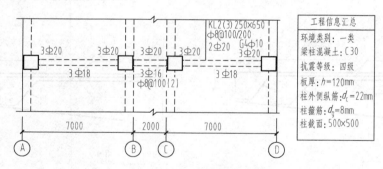

图 3-11　KL2 的平法施工图和工程信息汇总

1. 抗震楼层框架梁 KL2 平法施工图识读

对 KL2 的平法施工图 3-11 的识读如下：

该梁为四级抗震等级的楼层框架梁。下面主要对该梁的集中标注、原位标注进行解读。

编号 KL2（3）表示其为 2 号楼层框架梁，3 跨，无悬挑端；A 轴和 B 轴之间是该梁第一跨，跨度 7000mm；B 轴和 C 轴之间是第二跨，跨度 2000mm；C 轴和 D 轴之间是第三跨，跨度也是 7000mm。观察图上轴线和柱子的关系，很容易发现，该梁左右对称，且第一、三跨为大跨，中间为小跨。梁的截面宽度为 250mm，高度为 650mm；两个大跨的箍筋为直径 8mm 的 HPB300 级钢筋，加密区间距为 100mm，非加密区间距为 200mm 的双肢箍；小跨箍筋已原位标注成全跨加密至 100mm 的双肢箍。该梁上部有 2 根直径 20mm 的 HRB335 级通长角筋；梁的侧面共有 4 根直径 10mm 的 HPB300 级构造腰筋；第一跨的下部纵筋为 3 根直径 18mm 的 HRB335 级钢筋，第一跨左端上方有包括 2 Φ 20 通长筋在内的共

3Φ20的支座负筋，因此可判断出梁的左端上方有一根直径为20mm的非通长负筋；第二小跨的下部纵筋为3根直径16mm的HRB335级钢筋，第二跨上方仅在中间原位标注了3Φ20的钢筋，表示3Φ20的钢筋贯通小跨。第三跨与第一跨对称，不再赘述。

上面的解读只是对图面的内容进行了剖析，为了能进一步了解该梁内纵向钢筋的排布情况，笔者经过多年的平法教学总结了识读平法梁施工图的一个结论："集中标注的第四项上部通长筋，实为梁跨中上部 $l_{ni}/3$ 范围内的纵筋原位标注数值"。该结论对识读梁的平法施工图非常好用，事半功倍。

下面我们就使用这个结论在梁的平法施工图上给出剖切位置，直接绘制梁的截面配筋图。以此来加深对梁内钢筋的进一步了解，也正好来验证一下这个结论是否正确。

图3-11是KL2平法施工图的平面注写方式，梁的配筋信息就是梁的集中标注和原位标注。按照上面的"结论"将集中标注的第四项上部通长筋2Φ20，原位注写到两个大跨上方的中间位置（小跨上方已原位标注3Φ20），并用矩形框框起来以示区别，见图3-12。图中剖切位置有7个，剖面编号有3个，要求根据图3-12直接绘制梁的3个截面配筋图。

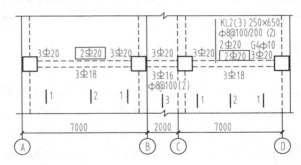

图3-12　KL2的平法施工图平面注写方式（原位注写上部通长筋后）

绘制剖面时，笔者摒弃了绘制梁截面的传统图样格式，省略了梁箍筋外的混凝土表面的轮廓线。这样绘制梁的剖面，既省事，图面又清晰，还提高了绘图效率，最终也达到了识图的效果。3个剖面配筋见图3-13。

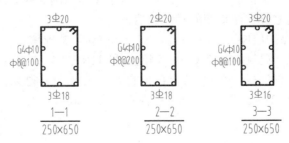

图3-13　图3-12中的1-1至3-3横剖面配筋图

2. 计算KL2的纵筋造价及下料长度并绘制KL2钢筋材料明细表

计算钢筋并绘制钢筋材料明细表的过程通常可按几个步骤依次进行：首先绘制 KL2 纵向剖面模板图并计算基础信息、关键数据及关键部位；接着绘制梁内钢筋及钢筋施工下料排布图；最后汇总 KL2 钢筋材料明细表并计算 KL2 不同直径钢筋的造价总长度。

下面将对上述各步骤分别进行详细讲述。

（1）绘制 KL2 纵向剖面模板图并计算基础信息、关键数据及关键部位。

1）初步绘制 KL2 的纵向剖面配筋图。

根据图 3-11 中的轴线位置、轴距、柱截面尺寸、梁高等等信息，初步画出 KL2 纵向剖面的模板图（可采用双比例绘图法绘制），见图 3-14。

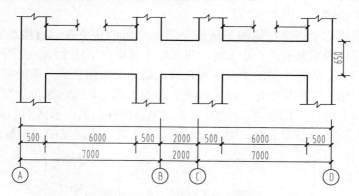

图 3-14　KL2 的纵向剖面模板图

图中下方画有三道尺寸线：最下面的尺寸线标注轴线之间的距离，如 7000、2000、7000mm；中间尺寸线标注柱子沿框架方向的边长 500mm 和各跨的净跨尺寸，如 6000、2000、6000mm；最上方的尺寸线主要是为标注梁箍筋的加密区和非加密区尺寸而提前画出的。梁上方未标注尺寸数字的尺寸线大致按梁净跨的 1/3 位置绘制，显然这是为了标注梁上方的非通长筋的截断点位置而准备的。为了图面的清晰，梁内表示现浇板的虚线可不绘制。

粗绘模板图时，梁下方的三道尺寸线和梁底标高之间留出一段距离，待最后把梁的下部钢筋分离出来，就画在梁下方的这个空白处。同样，梁的上方也应留有足够的位置，待以后绘制分离出来的上部纵筋使用。上部纵筋的种类一般比下部纵筋要多些，所以上方预留空白位置比下方要大一些。至于腰筋，可原位画出；为了图面清晰起见，无论有几排腰筋，画一排代表即可，可以在其上方标注腰筋的具体数值。

2）求梁、柱子的保护层厚度（c_b 和 c_c）及 l_{aE} 和 l_{abE} 等基础信息。

根据环境类别一类、混凝土强度 C30、钢筋牌号 HRB335、四级抗震等级、梁钢筋直径 20mm、柱子外侧纵筋直径 $d_z=22$mm 等基础信息，查表 2-4，得梁、柱的混凝土保护层厚度 $c_b=c_c=20$mm；查表 2-2，得 $l_{abE}=29d$；查表 2-3，取 $\zeta_a=1.0$。所以有 $l_{aE}=\zeta_a\times l_{abE}=29d$。

3）关键数据计算。

①计算梁上部非通长筋截断点的位置。

本步骤需要对照图 3-6 进行计算。因第二跨上部纵筋贯通设置，又知道第一跨和第三跨对称，所以只需计算第一跨和第二跨的关键数据即可。

计算第一跨梁上部非通长筋截断点的位置为：6000/3=2000（mm）。

将此数据补填到图 3-14 中，做到边计算边补填数据，下面以此类推，不再赘述。

②计算梁箍筋加密区的范围。

本步骤需要对照图 3-9（a）进行计算。

第一跨：$\max(1.5h_b，500)=\max(1.5\times650，500)=975$（mm），取 1050mm。

第二跨的箍筋已原位标注成全跨加密至 100mm。

在图 3-14 的下方最上面一道尺寸线上标注箍筋的加密区和非加密区长度以及箍筋的具体数值，见图 3-16。这道标注箍筋的尺寸线是为后面计算箍筋道数准备的。

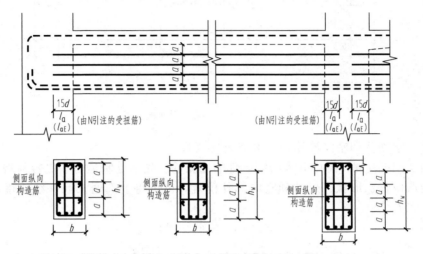

图 3-15　梁侧面纵向构造钢筋和拉筋构造

4）关键部位锚固长度的计算。

本步骤需要对照图 3-6 和图 3-7 进行计算。

①判断上部纵筋在端支座的锚固形式及锚固长度计算。

$500-c_c-d_g=500-20-8=472<l_{aE}=29d=29\times20mm=580mm$，所以选择弯锚构造。

弯钩垂直段长度：$15d=15\times20mm=300mm$。

验算弯钩水平段投影长度是否符合弯锚的构造要求。

$0.4l_{abE}=0.4\times29d=0.4\times29\times20mm=232mm<h_c-c_c-d_g-d_z-25=500-20-8-22-25=425$（mm），满足要求。

②判断第一跨下部纵筋在端支座和中间支座的锚固形式及锚固长度计算。

因下部纵筋在中间支座为直锚，首先计算直锚长度 $l_{aE}=29d=29\times18mm=522mm$

又因 $l_{aE}=29\times18=522>$ 柱子宽度 h_c，所以下部纵筋在端支座内需要选择弯锚构造。

弯钩垂直段长度：$15d=15\times18mm=270mm$。

③计算中间跨下部纵筋在柱内的直锚长度。

中间跨下部纵筋的直锚长度 $l_{aE}=29\times16mm=464mm$。

④计算腰筋在柱内的锚固长度。

本步骤需要对照图 3-15 进行计算。

$15d=15\times10mm=150mm$，腰筋可连续贯通绘制，见图 3-16。

（2）绘制梁内钢筋及钢筋施工下料排布图。

1）绘制上、下纵筋、箍筋和腰筋。

根据上面计算的关键部位的锚固及锚固长度数值等，在图 3-14 中绘制下部纵筋、上部

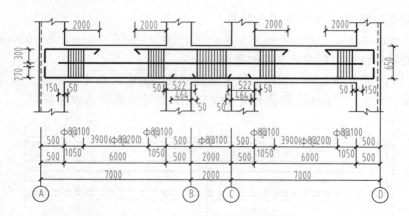

图 3-16　KL2 的纵向剖面配筋图

非通长纵筋、腰筋及加密区箍筋等，得到图 3-16。

　　观察图 3-16 发现，图中并未绘制上部的通长筋。先不绘制是为了更容易看清上部非通长筋的截断点位置、形状、尺寸和竖向绑扎位置。也可将上部通长筋补绘成虚线，以示区别，见图 3-17。

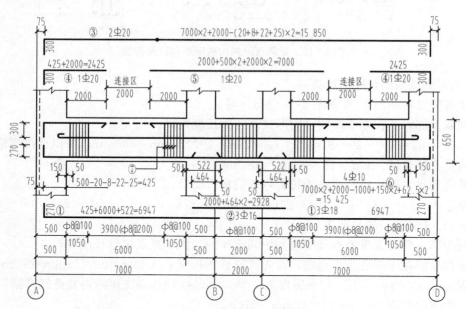

图 3-17　KL2 的纵向剖面配筋图及钢筋施工下料排布示意

　　2）绘制 KL2 钢筋施工下料的排布示意图。

　　首先将图 3-16 中的上、下纵筋分离出来，上部纵筋画在梁的上方，下部纵筋就近画在梁的下方。腰筋原位绘制一根作为代表即可。

　　绘制分离纵筋时注意竖向位置要对齐，这样就很容易计算其设计标注尺寸了。

　　接着，在分离出来的上、下纵筋上直接计算钢筋设计尺寸，并原位标注钢筋的根数和直径。

最后依据钢筋的直径、尺寸、形状、牌号等是否有变化，按照从下往上、从左到右的顺序对钢筋进行编号，见图 3-17。

（3）绘制 KL2 钢筋材料明细表。

通过前面绘制钢筋施工下料排布图和对钢筋进行编号的过程，我们对钢筋在梁内的配置情况应该比较清楚了。按图 3-17 中梁上、下方分离钢筋上的编号，依次把钢筋汇总到钢筋材料明细表 3-1 中。

表 3-1   KL2 钢筋材料明细表

编号	钢筋简图	规格	设计长度	下料长度	数量
①	6947 270	Φ 18	7217	7164	6
②	2928	Φ 16	2928	2928	3
③	300 15 850 300	Φ 20	16 450	16 333	2
④	300 2425	Φ 20	2725	2666	2
⑤	7000	Φ 20	7000	7000	1
⑥	62.5 15 300 62.5	Φ 10	15 425	15 425	4
⑦	319 610 719 210	Φ 8	1858	1803	102
⑧	109 226 109	Φ 6	444	444	73

对表中箍筋、拉筋及纵筋造价、下料长度等的计算，过程如下：

1）计算①号、③号、④号纵筋的造价和下料长度。

    ① 号钢筋造价长度 $= 6947 + 270 = 7217$（mm）

    ① 号钢筋下料长度 $= 7217 - 2.931 \times 18 \approx 7164$（mm）

    ③ 号钢筋造价长度 $= 15850 + 300 \times 2 = 16\,450$（mm）

    ③ 号钢筋下料长度 $= 16450 - 2.931 \times 20 \times 2 \approx 16\,333$（mm）

    ④ 号钢筋造价长度 $= 2425 + 300 = 2725$（mm）

    ④ 号钢筋下料长度 $= 2725 - 2.931 \times 20 \approx 2666$（mm）

2）计算箍筋下料长度和总道数。

①计算箍筋的 L_1、L_2、L_3、L_4 及下料长度。

    $L_1 = 650 - 20 \times 2 = 610$（mm）

$$L_2 = 250 - 20 \times 2 = 210(\text{mm})$$

查表 1-2，$L_3 = L_1 + 109 = 719(\text{mm})$；$L_4 = L_2 + 109 = 319(\text{mm})$

$$\text{箍筋的设计（造价）长度} = L_1 + L_2 + L_3 + L_4 = 1858(\text{mm})$$

$$\text{箍筋的施工下料长度} = 1858 - 2.288 \times 8 \times 3 \approx 1803(\text{mm})$$

②计算 KL2 的箍筋总道数 N（逐跨进行）。

$N =$ 箍筋加密区长度／加密间距 + 箍筋非加密区长度／非加密间距 + 1

$= (1050 - 50)/100 + 3900/200 + (1050 - 50)/100 + 1 + (2000 - 100)/100 + 1$

$+ (1050 - 50)/100 + 3900/200 + (1050 - 50)/100 + 1$

$= 10 + 20(\text{不是 } 19.5) + 10 + 1 + 19 + 1 + 10 + 20(\text{不是 } 19.5) + 10 + 1$

$= 102(\text{道})$

3）计算拉筋的标注尺寸（拉筋同时拉住腰筋和箍筋）和个数。

①计算拉筋的标注尺寸。

$$\text{拉筋的标注尺寸 } L_1 = 250 - 20 \times 2 + 8 \times 2 = 226(\text{mm})；L_2 = 109(\text{mm})$$

$$\text{拉筋的施工下料长度} = \text{造价长度} = L_1 + 2L_2 = 226 + 2 \times 109 = 444(\text{mm})$$

②计算⑧号拉筋的个数。

计算拉筋的个数需要对照图 3-9（b）进行。

根据图集 11G101-1 之 87 页注 4 的规定，拉筋直径应为 6mm，间距为 400mm。

两排拉筋的个数按跨计算：

第一跨的第一排个数 $= (6000 - 100)/400 + 1 = 15(14.75 \text{ 取整}) + 1 = 16(\text{个})$

第一跨的第二排个数 = 第一跨第一排个数 $- 1 = 16 - 1 = 15(\text{个})$

所以第一跨的个数 $N_1 = 16 + 15 = 31$

以此类推，第二跨的个数 $N_2 = (2000 - 100)/400 + 1 + (2000 - 100)/400$

$$= 5 + 1 + 5 = 11(\text{个})$$

因第三跨与第一跨对称，所以拉筋的总个数 $N = 2N_1 + N_2 = 2 \times 31 + 11 = 73(\text{个})$

4）计算⑥号腰筋的造价和下料长度。

$$\text{造价长度} = \text{下料长度} = 7000 \times 2 + 2000 - 1000 + 150 \times 2 + 62.5 \times 2$$

$$= 15\,300 + 125 = 15\,425(\text{mm})$$

（4）根据表 3-1 计算 KL2 不同直径钢筋的造价总长度。

题目规定纵筋采用焊接，焊接接头的位置不影响钢筋造价总长度的计算；而钢筋直径变化处，焊接接头的位置却影响钢筋长度的计算。

计算 KL2 不同直径钢筋的造价总长度，需要对照表 3-1 来进行。

钢筋直径有 20、18、16、10、8、6 共计 6 种规格，分别计算如下：

$$L(20) = 16\,450 \times 2 + 2725 \times 2 + 7000 = 45\,350(\text{mm})$$

$$L(18) = 7217 \times 6 = 43\,302(\text{mm})$$

$$L(16) = 2928 \times 3 = 8784(\text{mm})$$

$$L(10) = 15\,425 \times 4 = 61\,700(\text{mm})$$

$$L(8) = 1858 \times 102 = 189\,516(\text{mm})$$

$$L(6) = 444 \times 73 = 32\,412(\text{mm})$$

观察表中③号通长筋的长度，发现其已超过了钢筋出厂的下料长度 9m 或 12m。施工现场需要将③号筋截断，分成两段来下料。图 3 - 17 上方已标注出了上部通长筋连接区的位置，截断③号筋时，断点位置按规定在连接区内即可。笔者在③号筋上绘制了一个焊接点示意，见图 3 - 17。

【梁综合实训案例 **2** ——抗震屋面框架梁】

某科技公司办公楼工程的梁平法施工图采用平面注写方式绘制，以其中较复杂的屋面框架梁 WKL6 为例，将与其相关的信息找出来汇总在一起。规定梁的纵筋采用焊接连接，端支座弯锚的钢筋排布按图 3 - 8 执行。图 3 - 18 所示为 WKL6 的平法施工图和工程信息汇总。试首先识读 WKL6 平法施工图，然后计算梁钢筋的造价及下料长度并绘制钢筋材料明细表。

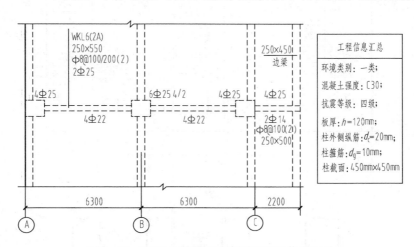

图 3 - 18　WKL6 的平法施工图和工程信息汇总

1. 识读抗震带悬挑屋面框架梁 WKL6 平法施工图

对 WKL6 的平法施工图 3 - 18 的解读如下：

该梁为四级抗震等级的屋面框架梁。编号 WKL6（2A）表示其为 6 号屋面框架梁，2 跨，右端带悬挑；A 轴和 B 轴之间是该梁第一跨，跨度 6300mm；B 轴和 C 轴之间是第二跨，跨度也是 6300mm；C 轴右侧是悬挑端，悬挑长度为 2200mm。观察图上轴线和柱子的关系，发现该梁如果没有悬挑，则两跨对称。梁的截面宽度为 250mm，高度为 550mm；箍筋为直径 8mm 的 HPB300 级钢筋，加密区为 100mm，非加密区为 200mm。悬挑端已做原位标注，箍筋加密至 100mm；截面宽度不变，高度减小为 500mm。

该梁上部有 2 根直径 25mm 的 HRB335 级通长角筋；梁的侧面没有腰筋；第一跨的下部纵筋为 4 根直径 22mm 的 HRB335 级钢筋，第一跨左端上方有包括 2Φ25 通长筋在内的共 4Φ25 的支座负筋，因此可判断出梁的左端上方有 2 根直径为 25mm 的非通长负筋；第一跨右端上方有包括 2Φ25 通长筋在内的共 6Φ25 的支座负筋（上排 4 根，下排 2 根），因此可判断出梁的右端上方有 4 根直径为 25mm 的非通长负筋（上排中部 2 根非通长负筋，下排 2 根非通长负筋）；第二跨与第一跨配筋对称，不再赘述。悬挑端下部有 2Φ14 的架立筋，上部有 4 Φ 25 的支座负筋。悬挑梁顶面与第二跨的框架梁顶面标高一致，第二跨右端上部钢筋与悬挑端上部钢筋相同，可以合用。

为了对 WKL6 的集中标注和原位标注有更进一步的认识，在图 3-18 WKL6 的平法施工图上给出了 7 个剖切位置，利用结论"集中标注的第四项上部通长筋实为梁上部跨中 $l_{ni}/3$ 范围内的原位标注纵筋数值"，将集中标注的第四项上部通长筋 2 Φ 25，原位注写到两跨上方的中间位置（悬挑端上方已原位标注 4 Φ 25），并用矩形框框起来以示区别，见图 3-19（a）。图中剖切位置有 7 个，剖面编号有 4 个，根据图 3-19（a）直接绘制梁的 4 个截面配筋图，见图 3-19（b）。

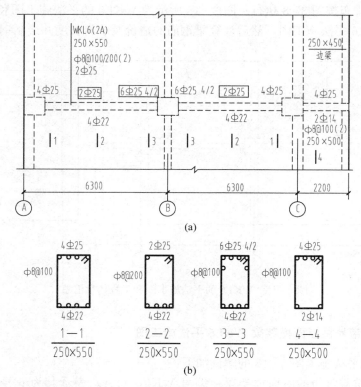

(a)

(b)

图 3-19　WKL6 的平法施工图及 1-1～4-4 横剖面配筋图
(a) WKL6 的平法施工图和剖切位置示意；(b) 1-1～4-4 横剖面配筋图

2. 计算 WKL6 的纵筋造价及下料长度并绘制钢筋材料明细表

计算钢筋并绘制钢筋材料明细表的过程通常可按几个步骤依次进行：首先绘制 WKL6 纵向剖面模板图并计算基础信息、关键数据及关键部位；然后绘制梁内钢筋及钢筋施工下料排布图；最后汇总 WKL6 钢筋材料明细表并计算 WKL6 不同直径钢筋的造价总长度。

下面将对上述各步骤分别进行详细讲述。

（1）绘制 WKL6 纵向剖面模板图并计算基础信息、关键数据及关键部位。

1）初步绘制 WKL6 纵向剖面的模板图。

根据图 3-18 中的轴线位置、轴距、柱截面尺寸、梁高等信息，初步画出 WKL6 纵向剖面的模板图（可采用双比例绘图法绘制），见图 3-20。与前面讲过的 KL2 类似，图中下方也画有三道尺寸线。与前面不同的是梁内绘制了表示现浇板的虚线。

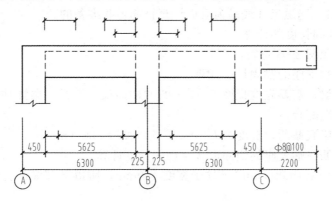

图 3-20　WKL6 的纵向剖面模板图

2）求梁、柱子的保护层厚度（c_b 和 c_c）及 l_{aE} 和 l_{abE} 等基础信息。

根据环境类别一类、混凝土强度 C30、钢筋牌号 HRB335、四级抗震等级、梁钢筋直径 25mm 等基础信息，查表 2-4，得梁、柱的混凝土保护层厚度 $c_b=c_c=20$mm；查表 2-2，得 $l_{abE}=29d$；查表 2-3，取 $\zeta_a=1.0$；则有 $l_{aE}=\zeta_a\times l_{abE}=29d$。

3）关键数据计算。

①计算梁上部非通长筋截断点的位置。

对照图 3-8 进行计算。5625/3=1875（mm），5625/4≈1406（mm）。

将此数据补填到图 3-20 中，做到边计算边补填数据，见图 3-21 后面以此类推。

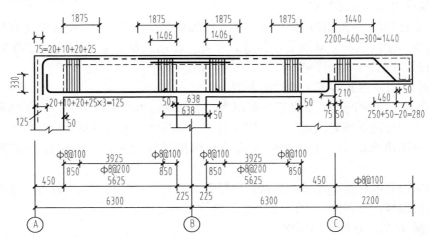

图 3-21　WKL6 的纵向剖面配筋图

②计算梁箍筋加密区的范围。

本步骤需要对照图 3-9 进行计算。

第一跨和第二跨相同：$\max(1.5h_b,500)=\max(1.5\times550,500)=825$（mm），取 850mm。

悬挑端的箍筋已原位标注加密至100mm。

在图3-20的下方最上面一道尺寸线上标注箍筋的加密区和非加密区长度以及箍筋的具体数值，见图3-21，这道尺寸线是为后面计算箍筋道数准备的。

4）关键部位锚固长度的计算。

本步骤需要对照图3-8进行计算。

①上部纵筋在端支座的锚固长度计算。

因是屋面框架梁，需要先选择图2-9中的"柱插梁"或是"梁插柱"构造。本步骤选择与"柱插梁"构造配合。

弯钩垂直段至梁底截断，长度为$h_b - c_b = 550 - 20 = 530$（mm）。

②判断下部纵筋在端支座的锚固形式及锚固长度计算。

$l_{aE} = 29d = 29 \times 22 = 638$（mm）＞柱子宽度450mm，所以下部纵筋在端支座需要选择弯锚构造。

$h_c - c_c - d_g - d_z - 25 - 25 - 25 = 450 - 20 - 10 - 20 - 75 = 325$(mm) ＞ $0.4l_{abE} = 0.4 \times 29d = 0.4 \times 29 \times 22 = 255.2$(mm)

满足弯锚水平段投影长度大于$0.4l_{abE}$的要求。

弯钩垂直段长度：$15d = 15 \times 22$mm $= 330$mm。

③下部纵筋在中间支座的直锚长度l_{aE}。

直锚长度$l_{aE} = 29d = 29 \times 22$mm $= 638$mm。

④计算悬挑端下部纵筋的锚固长度。

对照图3-10进行计算，锚固长度$= 15d = 15 \times 14$mm $= 210$mm。

（2）绘制梁内和悬挑端钢筋以及钢筋施工下料排布图。

1）绘制梁内和悬挑端钢筋。

根据上面计算的关键部位的锚固及锚固长度数值等，在图3-20中绘制下部纵筋、上部非通长纵筋及加密区箍筋、悬挑端钢筋等，并将上部通长筋绘制成虚线，得到WKL6的纵向剖面配筋图3-21。

2）绘制WKL6钢筋施工下料的排布图。

首先将图3-21中的上、下纵筋分离出来，上部纵筋画在梁的上方，下部纵筋就近画在梁的下方。绘制分离纵筋时注意竖向位置要对齐，这样就很容易计算其设计标注尺寸了。

接着在分离出来的上、下纵筋旁直接计算钢筋设计尺寸，并原位标注钢筋的根数和直径。

最后依据钢筋的直径、尺寸、形状、牌号等是否有变化，按照从下往上、从左到右的顺序对钢筋进行编号，见WKL6的钢筋施工下料排布示意图3-22。

（3）绘制WKL6钢筋材料明细表。

通过前面绘制钢筋排布图和对钢筋进行编号的过程，我们对钢筋在梁内的配置情况应该比较清楚了。按图3-22梁上、下方分离钢筋上的编号，依次把钢筋汇总到钢筋材料明细表3-2中。

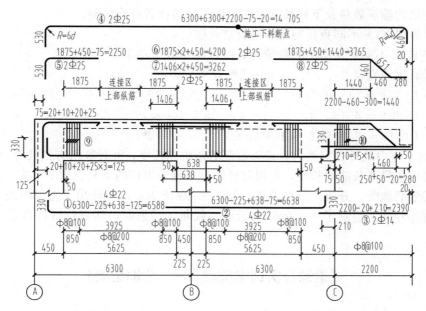

图 3-22　WKL6 的钢筋施工下料排布图

表 3-2　　　　　　　　　　**WKL6 钢筋材料明细表**

编号	钢筋简图	规格	设计长度	下料长度	数量
①	330└ 6588	Φ22	6918		4
②	6638 ┐330	Φ22	6968		4
③	2390	Φ14	2390	2390	2
④	530 R=6d 14 705 R=4d 460	Φ25	15 695		2
⑤	530 R=6d 2250	Φ25	2780		2
⑥	4200	Φ25	4200	4200	2
⑦	3262	Φ25	3262	3262	2
⑧	3765 65 280	Φ25	4696		2
⑨	510 319 619 / 210	Φ8	1658		
⑩	460 319 569 / 210	Φ8	1558		

59

表中空缺的箍筋数量及下料长度等作为练习，请读者补充完整。

（4）计算 WKL6 不同直径钢筋的造价总长度。

计算 WKL6 不同直径钢筋的造价总长度，需要对照表 3-2 来进行。

分别计算钢筋直径 25、22、14mm 三种规格，如下：

$$L(25) = (15\ 695 + 2780 + 4200 + 3262 + 4696) \times 2 = 61\ 266(\text{mm})$$

$$L(22) = 6918 \times 4 + 6968 \times 4 = 55\ 544(\text{mm})$$

$$L(14) = 2390 \times 2 = 4780(\text{mm})$$

将表 3-2 空白处补充完整后，计算箍筋的造价总长度，并计算所有钢筋的总质量。

观察表中④号通长筋的长度，发现其已超过了钢筋出厂的下料长度 9m 或 12m。施工现场需要将④号筋截断，分成两段来下料。如图 3-22 上方，已标注出了上部纵筋连接区的位置，笔者在④号筋上绘制了一个截断点示意。截断④号筋时，断点位置按规定在连接区内即可。

【梁综合实训案例 3 ——非框架梁】

框架梁属于抗震结构构件，即框架梁仅在有抗震设防要求的房屋中是抗震的，需要满足抗震构造要求；在没有抗震设防要求的房屋中是不考虑抗震的。而非框架梁 L 却属于非抗震结构构件，即无论有抗震设防要求还是无抗震设防要求的房屋，非框架梁均不考虑抗震作用。

工程中没有特殊注明时，非框架梁 L 的端支座通常按"铰接"考虑，即端支座处弯矩为零，就如同简支梁的端支座。

非框架梁 L 属于非抗震结构构件，其配筋构造见图 3-23，非框架梁 L 纵筋的连接区范围见图 3-24，非框架梁端支座上部钢筋排布构造即主次梁节点构造见图 3-25。

下面将通过绘制非框架梁的横截面钢筋排布图和纵剖面钢筋排布图和步骤和方法，来练习非框架梁 L 平法施工图的识读；通过对梁的端支座、中间支座、非通长筋断点位置等关键部位的计算，来巩固、理解并最终能熟练掌握非框架梁 L 的纵筋和箍筋构造。

请读者自己练习计算该梁各种钢筋的造价总长度，进一步了解各类钢筋在梁内的配置和排布情况。最后练习进行施工下料方面的钢筋计算，促进对梁内钢筋全方位的掌握，最终达到正确快速识读非框架梁平法施工图和计算梁内钢筋设计长度和下料长度的目的。

某单身宿舍楼工程的梁平法施工图采用平面注写方式绘制，端支座弯锚的钢筋排布按图 3-25 执行。以其中的一根非框架梁 L8 为例，并给出了该工程的诸多信息。图 3-26 所示为 L8 的平法施工图和相关的工程信息资料汇总。试首先识读 L8 平法施工图，然后计算梁钢筋的造价及下料长度并绘制钢筋材料明细表。

1. 识读非框架梁 L8 的平法施工图

（1）解读非框架梁 L8 的平法施工图。

对图 3-26 的解读，实际上就是解读和剖析 L8 的集中标注和原位标注的含义。请读者根据所学的平法制图规则和前面的钢筋计算综合实训案例自己练习解读。

（2）绘制梁的横截面钢筋排布图。

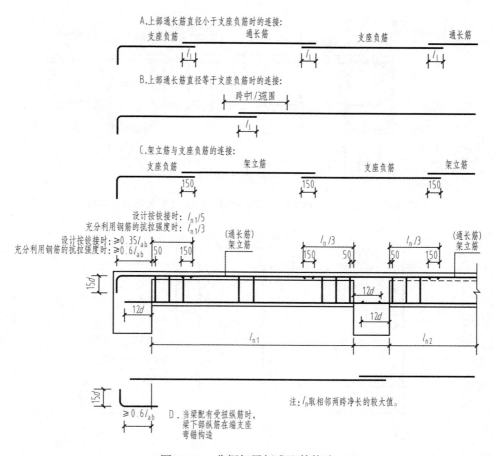

图3-23　非框架梁标准配筋构造

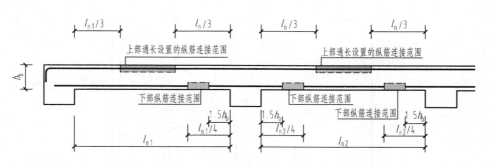

图3-24　非框架梁纵向钢筋连接接头允许范围

　　利用结论"集中标注中的第四项上部通长筋实为梁上部跨中 $l_{ni}/3$ 范围内的纵筋原位标注数值"，将集中标注的第四项内容"（2，12）"原位标注到梁的平法施工图3-26上，见图3-27中矩形方框内的钢筋；然后在图3-27中非框架梁L8上给出了6个剖切位置，并直接绘制1-1～6-6梁的横截面配筋图，见图3-28。

61

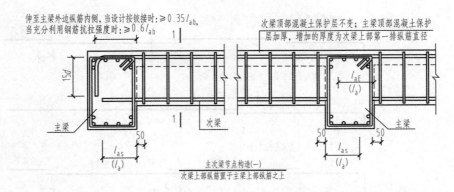

图 3-25 非框架梁端支座上部钢筋排布构造（主次梁节点构造）

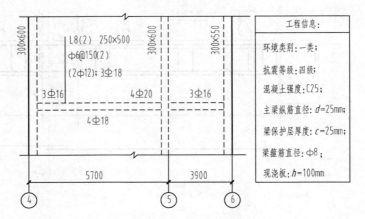

图 3-26 L8 的平法施工图和工程信息汇总

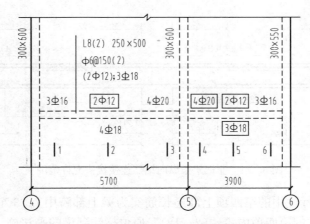

图 3-27 L8 的平法施工图及剖切位置示意

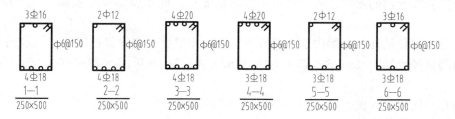

图 3-28　图 3-27 中的 1-1～6-6 横截面配筋图

2. 计算 L8 的纵筋造价及下料长度并绘制钢筋材料明细表

计算钢筋并绘制钢筋材料明细表的过程通常可按几个步骤依次进行：首先绘制 L8 纵向剖面模板图并计算基础信息、关键数据及关键部位；然后绘制梁内钢筋及钢筋施工下料排布图；最后汇总 L8 钢筋材料明细表并计算 L8 不同直径钢筋的造价总长度。

下面将对上述各步骤分别进行详细讲述。

（1）绘制 L8 纵向剖面模板图并计算基础信息、关键数据及关键部位。

1）初步绘制 L8 纵向剖面的模板图。

根据图 3-26 中的轴线位置、轴距、主梁截面尺寸等信息，初步画出 L8 纵向剖面的模板图 3-29，可采用双比例绘图法绘制，图中下方仅画两道尺寸线即可。

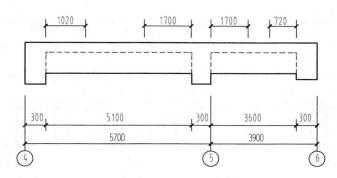

图 3-29　非框架梁 L8 的纵向剖面模板图

2）计算基础数据和关键数据。

此步骤需要参照图 3-23 进行，要求一边计算，一边在模板图 3-29 内绘制钢筋，同时将关键数据补填到位。另本案例规定端支座按铰接考虑。

①计此步骤算基础数据 l_a 和 l_{ab}。

因为是非框架梁，不抗震。所以根据混凝土强度 C25 和钢筋牌号 HRB335，查表 2-2，得 $l_{ab}=33d$；查表 2-3，取 $\zeta_a=1.0$。所以有 $l_a=\zeta_a \times l_{ab}=33d$。

②计算端支座的锚固形式和锚固长度。

首先计算 l_a，因 $l_a=33d=33 \times 16mm=528mm>$ 主梁宽 300mm，所以不符合直锚条件，应选择弯锚构造（主梁的宽度一般在 300mm 左右，远达不到这一步的计算数据 528mm。所以，对于非框架梁来说，工地上直接采用弯锚构造，理由就在于此）。

接着，验算弯锚的水平段投影长度是否满足要求，此步骤需要参照图 3-23 和图 3-25 进行。

端支座上部负筋伸入主梁内水平段投影长度＝主梁宽－主梁保护层－主梁箍筋直径－主梁上部角筋直径＝$300-25-8-25=242$（mm）$>0.35l_{ab}=0.35×33×16≈185$（mm），满足要求。

弯钩垂直段投影长度：$15d=15×16mm=240mm$。

③计算下部纵筋直锚长度。

直锚长度 $l_a=12d=12×18mm=216mm<$ 梁宽 $300mm$，满足直锚要求。

④计算上部非通长筋的截断点位置。

首先计算净跨度：$l_{n1}=5700-300×2=5100$（mm），$l_{n2}=3900-300=3600$（mm）。

中间支座非通长筋的截断点位置：$l_n/3=5100/3=1700$（mm）

左支座上部非通长筋的截断点位置：$l_{n1}/5=5100/5=1020$（mm）

右支座上部非通长筋的截断点位置：$l_{n2}/5=3600/5=720$（mm）

（2）绘制纵向剖面配筋图及钢筋施工下料排布图。

1）绘制上、下纵筋及箍筋。

根据以上计算结果，在图 3-29 中绘制上、下纵筋及箍筋并标注关键数据，见 L8 纵向剖面配筋图 3-30。因为非框架梁不抗震，所以 L8 没有箍筋加密区。第一道箍筋距柱边缘均为 50mm，见图中的标注，在图中绘制几道箍筋作为代表即可。

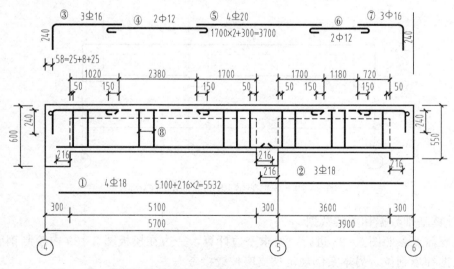

图 3-30　非框架梁 L8 的纵向剖面配筋图及钢筋施工下料排布示意

2）绘制 L8 钢筋施工下料的排布图。

将图 3-30 梁内的上、下纵筋分离出来，上部纵筋画在梁的上方，下部纵筋就近画在梁的下方。绘制分离纵筋时注意竖向位置要对齐，这样就很容易计算其设计标注尺寸了。

图 3-30 中上、下纵筋已分离绘制并进行了编号；在所有编号的钢筋上标注了钢筋的根数和直径；在①号、⑤号钢筋上计算出了长度，其他钢筋没有计算。

请读者在图上把剩余的钢筋长度算出来，并直接标注在图 3-30 上。

（3）绘制 L8 钢筋材料明细表。

将图 3-30 剩余钢筋长度计算并标注完成后，将钢筋按照编号顺序汇总到表 3-3 中，并将表中空白数据补充完整。

表 3-3   L8 钢筋材料明细表

编号	钢筋简图	规格	设计长度	下料长度	数量
①	5532	Φ 18	5532	5532	4
②		Φ 18			3
③	240	Φ 16			3
④		Φ 12			2
⑤	3700	Φ 20	3700	3700	4
⑥	75(6.25d) 75	Φ 12			2
⑦	240	Φ 16			3
⑧	450 200	Φ 6			

表格完成后，按直径不同分别计算钢筋的造价长度，最后汇总计算出 L8 的钢筋总质量。

 实操练习

上面介绍了三个梁的综合实训案例的讲解，请读者在书后附录的两个工程案例图中选取梁的平法施工图，实际操练梁钢筋造价长度和下料长度计算并给出钢筋材料明细表。

单元4　板平法识图和钢筋计算综合实训

为了帮助学生消化、理解和掌握板标准配筋构造，书中通过板钢筋计算案例，阐明了板钢筋长度计算的思路和方法。书中板钢筋设计长度和施工下料长度计算的方法和思路是笔者根据多年的结构设计经验在平法教学实践中摸索出来的，希望能对读者有所帮助和启发。

4.1　传统板和平法板施工图的对比

1. 图4-1和图4-2的对比

图4-1是用平法制图规则绘制的楼板结构施工图。确切地说，楼板上钢筋的规格、数量和尺寸分成了集中标注和原位标注两部分。板块中间注写的是集中标注，四周注写的是原位标注。

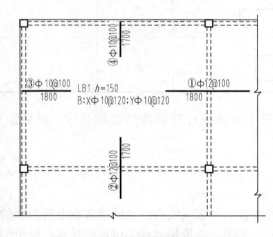

图4-1　平法制图楼板结构施工图

集中标注的内容有："LB1"表示1号楼面板，"$h=150$"表示板厚150mm；"B"表示板的下部贯通纵筋；"X、Y"表示贯通纵筋分别沿着X方向、Y方向铺设。图中四周原位标注的是板面支座负筋。用平法制图规则绘制支座负筋，没有画出直角钩。位于中间支座上方的①号负筋下方标注的1800，是指梁的中心线到钢筋端部的距离。换句话说，①号负筋的水平段投影长度等于两个1800为3600。请注意，如果梁两侧的数据不一致时，就要把两侧的数据加到一起，才是它的长度。②号负筋和①号负筋的道理一样。③号筋是位于端支座的上部板面构造筋，它下面标注的1800也是指梁中心线到钢筋端部的距离。④号构造筋和

③号板面构造筋情况一致,只是数据不同。

图 4-2 是用传统制图标准方法绘制的楼板结构施工图。在有梁处的板面设置有①号、②号中间支座负筋和③号、④号端支座构造钢筋。这些钢筋,在图 4-1 平法施工图中,是画成不带钩的直线。而在图 4-2 的传统施工图中,钢筋两端是画成直角弯钩。

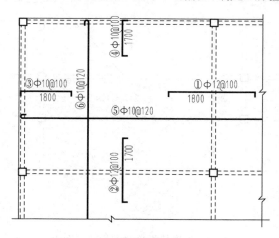

图 4-2　传统制图楼板结构施工图

图 4-3 是图 4-1 和图 4-2 楼板的轴测投影示意图。图中没有将钢筋全部画出来,每个编号的钢筋只画了一根或几根,其实际根数是由钢筋的间距和排布范围决定的。

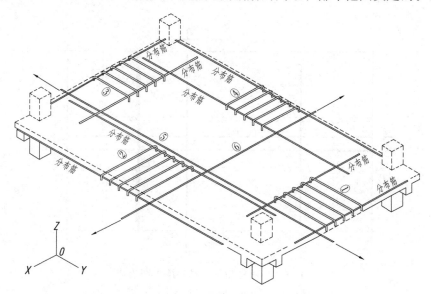

图 4-3　图 4-1 和图 4-2 楼板结构施工的立体示意图

2. 图 4-4 和图 4-5 的对比

图 4-4 是某办公楼走廊过道处的楼板配筋,是用平法制图规则绘制的。图中走廊过道处的楼板集中标注的内容有:"LB2"表示 2 号楼面板,"$h=100$"表示板厚 100mm;在楼

板下部既配有 X 向的贯通纵筋，又配有 Y 向的贯通纵筋；在楼板上部配有 X 向的贯通纵筋。原位标注的内容有：3 号跨双梁的支座负筋。

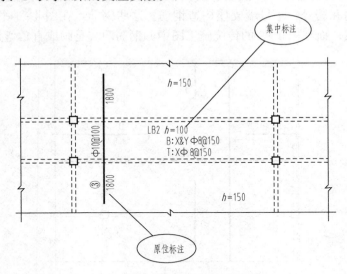

图 4 - 4　走廊楼板平法结构施工图表达

图 4 - 5 是对照图 4 - 4，用传统制图方法绘制而成，是对图 4 - 4 的解读。①、②号筋就是图 4 - 4 集中标注中的"B：X&Y，8@150"，④号筋就是图 4 - 4 集中标注中的"T：X，8@150"。

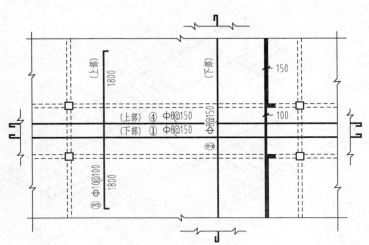

图 4 - 5　走廊楼板传统结构施工图表达

图 4 - 6 是图 4 - 4 和图 4 - 5 的轴测投影示意图。它形象地表达了楼板中钢筋铺设的情况。

通过前面两组楼板平法施工图和传统施工图的对比，可以看出两种制图方式，对于图纸数量来说，二者是相同的；对于配筋内容来说，也是一致的。只是平法板省略了传统画法中的上、下贯通筋不画，而是采用集中标注的方式表达出来；平法图中仅标注板面的支座负筋或支座构造筋。这样，从整层楼板配筋图来看，平法绘制的楼板配筋就比传统楼板的配筋简

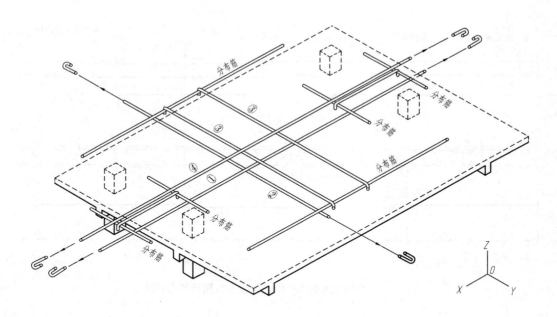

图 4 - 6　图 4 - 4 和图 4 - 5 楼板结构施工的立体示意图

洁的多，也清晰得多。所以应尽量用平法来绘制楼板的配筋施工图。

　　建筑界推广应用"平法"近 20 年，从目前很多设计院出图情况来看，梁、柱子、剪力墙构件早已普遍采用"平法"绘制；但楼板、基础、楼梯等构件多数情况下还是喜欢用传统方式绘图。虽然楼板、基础等构件仍采用传统画法，但在图纸中却明确要求满足 11G101 图集中的构造要求。鉴于此，希望读者在学会识读平法板的配筋图的同时，还需要弄清楚传统板的配筋和平法板有什么不同之处；要尽量掌握平法板和传统板的配筋，能够做到二者之间自由转换。

4.2　板实训案例要用到的钢筋标准构造

1. 有梁楼面板 LB 和屋面板 WB 的钢筋构造

有梁楼面板 LB 和屋面板 WB 的钢筋构造见图 4 - 7。本图取自 12G901 - 1 第 4 - 7 页。

2. 有梁楼盖板在端部支座的锚固构造

楼盖板的支座，除了梁还有剪力墙、砌体墙或圈梁等。图 4 - 8 为有梁楼盖板在端部各类支座内的纵筋锚固构造。

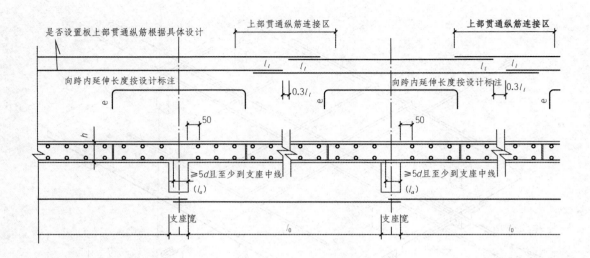

图 4-7 有梁楼面板 LB 和屋面板 WB 钢筋排布构造

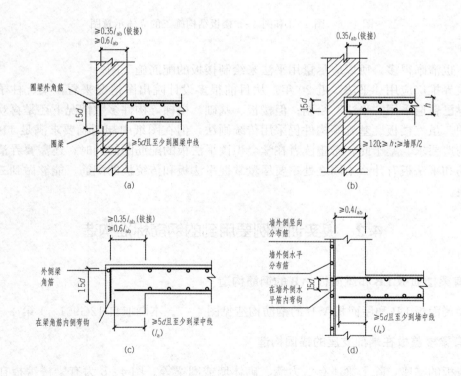

图 4-8 有梁楼盖板在端部支座的锚固构造

（a）端部支座为砌体墙的圈梁；（b）端部支座为砌体墙；

（c）端部支座为梁；（d）端部支座为钢筋混凝土墙

3. 楼面板和屋面板下部钢筋排布构造

楼面板和屋面板下部钢筋排布构造见图 4 - 9。

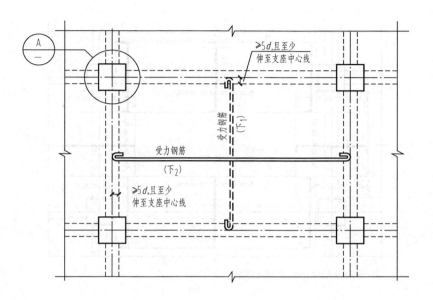

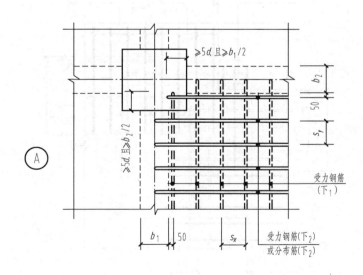

图 4 - 9　楼面板和屋面板下部钢筋排布构造

4. 楼面板和屋面板上部钢筋排布构造

楼面板和屋面板上部钢筋排布构造见图4-10。

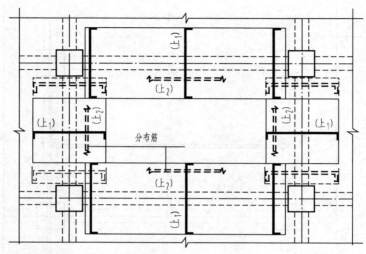

(图中分布筋与支座负筋的搭接长度取150mm)

(a)

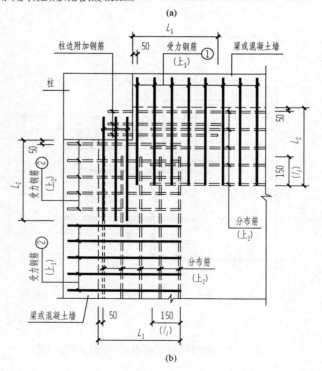

(b)

图4-10 板上部负弯矩钢筋排布构造

（a）板上部非贯通负筋排布构造；（b）角区柱角处板上部筋排布构造

4.3　板平法施工图识读和钢筋计算综合实训案例

本节将通过对平法和传统楼板配筋施工图的识读，讲述绘制板的纵向剖面配筋图的步骤和方法；通过对板的端支座、中间支座等关键部位钢筋锚固长度等的计算，来巩固、理解并最终能熟练掌握有梁楼盖板的钢筋排布构造；通过计算板内各种钢筋的造价长度，进一步了解各类钢筋在板内的配置和排布情况；通过进行施工下料方面的钢筋计算，使我们对板内钢筋有了深刻而全方位的掌握，最终达到正确识读板平法和传统配筋图以及计算钢筋设计（造价）长度及下料长度的目的。

讲述板钢筋计算的综合实训案例以前，首先对楼板上部配筋的三种设计形式进行阐述。

单向板和双向板的下部配筋只有一种固定的设计形式即双向的钢筋网，其排布示意见图 4 - 11（a）。而双向板的上部配筋有三种设计形式：上部钢筋非贯通排布形式（无抗裂构造钢筋），见图 4 - 11（b）；上部钢筋贯通排布形式，见图 4 - 11（c）；上部钢筋贯通排布形式（有抗裂构造钢筋），见图 4 - 11（d）。其中，图 4 - 11（b）板的上部中央位置无钢筋网，即没有防裂构造钢筋网；而图（c）和图（d）板的上部中央位置均有抗裂构造钢筋网。图 4 - 11（c）所示的抗裂构造钢筋网是利用原有受力支座负筋全部或部分贯通而形成；图 4 - 11（d）所示的抗裂构造钢筋网是单独设计的独立钢筋网片，其实就是在图 4 - 11（b）板的上部中央无筋区设计了独立的抗裂构造钢筋网与支座负筋搭接。

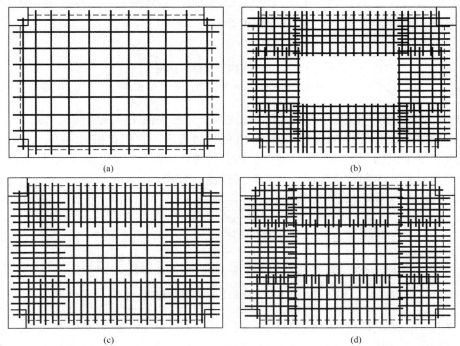

图 4 - 11　板上部和下部配筋的设计形式

（a）板下部钢筋排布示意图；（b）板上部钢筋非贯通排布构造；
（c）板上部钢筋贯通排布构造；（d）板上部抗裂钢筋贯通排布构造

　　纵观这四个图会发现，板的上、下钢筋最终都形成了钢筋网片。下部的配筋很均匀，较简单。上部的配筋稍微复杂一些，有的地方密一些，有的地方稀一些，有时中央有钢筋网，有时中央没有钢筋网。

　　识读板施工图时，首先判断板块上部钢筋网片设计属于哪种形式，做到心中有数。例如，图 4-12 是同一板块的平法施工图的三种设计形式示意。为方便表达，编号分别为 LB1、LB2、LB3，这三种设计形式的下部钢筋和支座负筋配置完全相同。LB1 的上部中央没有钢筋网（主要看集中标注中以 "T" 打头的上部贯通筋和原位标注的支座负筋），其上部配筋属于图 4-11（b）形式；LB2 的上部配筋属于图 4-11（c）形式；LB3 的上部配筋属于图 4-11（d）形式。

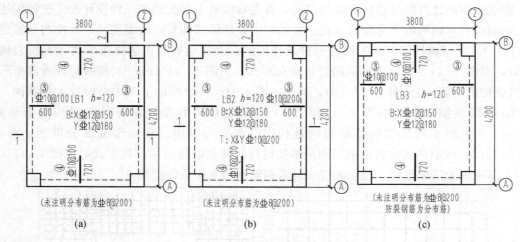

图 4-12　LB1、LB2、LB3 平法施工图
（a）LB1 配筋图；（b）LB2 配筋图；（c）LB3 配筋图

　　将图 4-12 中 LB1、LB2、LB3 的集中标注和下方相关的文字说明摘录出来，进行对比，见图 4-13。通过对图 4-12 的观察和图 4-13 的比较发现，它们有相同的形状、大小、周边支座、板厚、下部配筋、上部支座负筋、分布筋等等，不同处仅在于板上部中央的"防裂构造钢筋网"设计形式不同，实为同一块板的三种设计形式。

LB1　*h*=120

B:X⏀12@150
　Y⏀12@180

（未注明分布筋为⏀8@200）

LB2　*h*=120

B:X⏀12@150
　Y⏀12@180

T:X&Y⏀10@200

（未注明分布筋为⏀8@200）

LB3　*h*=120

B:X⏀12@150
　Y⏀12@180

（未注明分布筋为⏀8@200
　防裂钢筋为分布筋）

图 4-13　LB1、LB2、LB3 的集中标注比较

　　实际工程中板的配筋设计，经常会用到图 4-12（a）、（b）和（c）三种形式。下面我们通过对图 4-12 中 LB1、LB2 平法施工图的识读和钢筋计算，来进一步掌握板的标准构造和钢筋计算方面的知识。

【板综合实训案例 **1** ——单板块双向板 LB1】

某楼面板 LB1 的平法施工图，见图 4-12（a）。板厚为 120mm，混凝土强度为 C25；周边梁的断面尺寸为 250mm×500mm；梁的保护层厚度 C_1 为 20mm，板的保护层厚度 C_2 为 15mm；梁的箍筋直径为 6mm，梁的上部角筋直径为 25mm；未注明的分布筋为 Φ8@200；角柱断面尺寸为 400mm×400mm；另角柱位置柱角板面附加钢筋各 2Φ10，长度与相应方向的板支座负筋相同。试识读 LB1 平法施工图，计算板内各种钢筋的设计（造价）长度、下料长度及根数，并汇总成钢筋材料明细表。

1. 识读楼面板 LB1 的平法施工图

LB1 的集中标注：板的下部为双向贯通钢筋网，X 向为 Φ12@150，Y 向为 Φ12@180；板的上部没有贯通纵筋。LB1 的原位标注：③号支座非贯通负筋为 Φ10@100，下方注写的 600mm 为梁中心线向跨内的延伸长度；④号支座非贯通负筋也为 Φ10@100，下方注写的尺寸为 720mm，含义与③号筋相同。

通过上面的解读可判断出：LB1 的上部配筋属于图 4-11（b）非贯通排布形式，板面中央无防裂构造钢筋网。

2. 计算板内钢筋造价及下料长度并绘制钢筋材料明细表

计算钢筋并绘制钢筋材料明细表的过程通常可按几个步骤依次进行：首先绘制板的纵向剖面模板图并初步绘制板纵向剖面配筋图；接着计算关键尺寸、关键部位，完善板内配筋图并对所有钢筋进行编号；最后按钢筋编号计算钢筋的长度、根数并汇总成钢筋材料明细表。

下面将对上述各步骤分别进行详细讲述。

（1）绘制楼板的纵向剖面模板图和配筋图。

1）绘制楼板的纵向剖面模板图。

根据轴线定位、轴距、梁截面尺寸、板厚等信息首先绘制图 4-12 中的 1-1 和 2-2 剖面模板图并标注轴距、梁宽和板的净跨尺寸，见图 4-14。

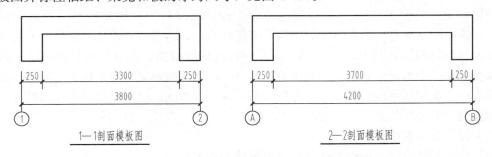

图 4-14　LB1 的 1-1 和 2-2 剖面模板图

2）初步绘制楼板的纵向剖面配筋图。

在图 4-14 的模板图中绘制下部纵筋、上部非贯通支座负筋及上部分布筋等，并用符号标注关键部位的尺寸，见图 4-15。

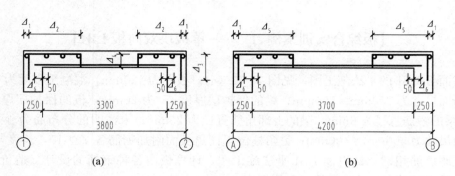

图 4-15　LB1 的 1-1 和 2-2 剖面配筋图

(a) 1-1 剖面配筋图；(b) 2-2 剖面配筋图

(2) 计算关键部位的钢筋构造和关键尺寸 $\Delta_1 \sim \Delta_6$。

本步骤需要对照图 4-8 进行，端支座按"铰接"考虑。

首先查表 2-2，得到 $l_{ab}=40d$；查表 2-3，得 $l_a=1.0$，则有 $l_{ab}=l_a=40d$。

接着对关键尺寸 $\Delta_1 \sim \Delta_6$ 依次进行计算：

Δ_1 = 梁的保护层厚度 C_1 + 梁的箍筋直径 + 梁上部角筋直径 = 20+6+25 = 51(mm)

$l_a=40d=40\times10\text{mm}=400\text{mm}$，远大于梁宽 250mm，因此与前面讲的非框架梁端支座上部筋的锚固一样，直锚是不够的，只能弯锚。以后直接考虑满足弯锚条件即可。

$0.35l_{ab}=0.35\times40\times10\text{mm}=140\text{mm}<$ 梁宽 $-\Delta_1=250-51=199\text{mm}$，满足弯锚构造要求。

因此，$\Delta_2=600+$ 梁宽 $/2-\Delta_1=600+250/2-51=674$（mm）

$\Delta_3=15d=15\times10=150\text{mm}$

$\Delta_4=$ 板厚 $-$ 板保护层 $C_2=120-15=105$（mm）

$\Delta_5=720+$ 梁宽 $/2-\Delta_1=720+250/2-51=794$（mm）

$\Delta_6=\max(5d，$ 梁宽 $/2)=\max(5\times12，125)=125$（mm）。

由于楼面板的钢筋直径均在 20mm 以下，半个梁宽比 $5d$ 总要大一些，所以工地上钢筋翻样工直接将下部纵筋伸至梁中线处。

问题讨论：关于 Δ_4 的取值是板厚减掉一个保护层（$h-c$）还是板厚减掉两个保护层（$h-2c$）的问题。这是一个有争议的问题，图集 04G101-4 第 25 页第一次给出了明确答案（$h-15$），但是修版后的 11G101-1 第 92 页却将此标注取消，没有给出任何说法。另外保护层保护的是一个面或一条线，不是保护一个点的，因此板厚减掉一个保护层后的负筋水平段上部有一个保护层厚度，而下方的弯钩端部正好顶在板底的模板上，对支撑负筋还是有利的。而图集 12G901-2 第 10 页给出了（$h-2c$）的标注，看来二者均是可行的。本例采取了减掉一个保护层的做法。

(3) 完善板的纵向剖面配筋图并对所有钢筋进行编号。

完善图 4-15 绘制钢筋时，必须将包括分布筋在内的所有钢筋均画出来，见图 4-16。图 4-12 中 1-1 和 2-2 的剖切位置并未剖到 ⑤号和⑥号分布筋，故将其用虚线画出，以备后面计算长度用。接着标注下部纵筋、上部支座负筋及上部分布筋的具体数值，并对所有的钢筋一一进行编号，不要遗漏钢筋，也不要将不同的钢筋编成相同的号。

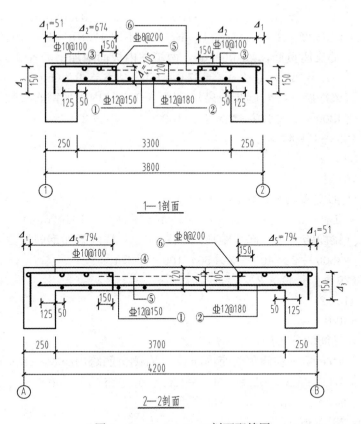

图4-16 1-1、2-2剖面配筋图

应特别注意：板的平法施工图中支座负筋的标注尺寸是指支座中线到跨内的延伸长度，如果梁支座的宽度不同，即使原位标注的内容都一样，也不能编相同的号。这与传统板的施工图是有区别的，传统板配筋图中支座负筋的标注尺寸有时为水平总投影长度，因此只要图纸中标注的内容一样就可以编同一个号。从这一点上来说，传统板的支座负筋标注尺寸的含义比较直接，更具有可操作性。

当板块多且图纸配筋又复杂时，要按一定的规律对钢筋进行编号。比如"板块"按从左到右，从上到下的顺序；单板块内钢筋可按先下部筋，接着上部贯通纵筋、上部非贯通负筋，最后分布筋的顺序进行编号；这样不容易漏掉钢筋。

(4) 按钢筋编号计算钢筋的长度和根数。

计算钢筋长度时，不需要将上下钢筋从相应的剖面图中分离出来进行，可对照图4-16直接来计算钢筋的长度。

计算钢筋根数时，需要对照板上、下钢筋的排布图4-9和图4-10进行。

1) ①号筋，下部筋，Φ 12@150。

$$L_1 = 板净跨 + 2\Delta_6 = 3300 + 2 \times 125 = 3550 (mm)$$
$$n_1 = [(板净跨 - 2 \times 起步距离)/间距] + 1$$
$$= (3700 - 2 \times 50)/150 + 1 = 24 + 1 = 25 (根)$$

2) ②号筋，下部筋，Φ 12@180。

$$L_2 = 板净跨 + 2\Delta_6 = 3700 + 2 \times 125 = 3950(\text{mm})$$

$$n_2 = [(3300 - 2 \times 50)/180] + 1 = 18(\text{不取} 17.8) + 1 = 19(\text{根})$$

3）③号筋，上部支座负筋，$\Phi 10@100$，两端柱内板面附加钢筋各 $2\Phi 10$。

$$L_3 = \Delta_2 + \Delta_3 + \Delta_4 = 674 + 150 + 105 = 929(\text{mm})$$

$$\begin{aligned}
n_3 &= [(\text{梁净跨} - 2 \times \text{起步距离})/\text{间距} + 1 + \text{柱内附加钢筋根数}] \times 2 \\
&= [(4200 - 2 \times 400 - 2 \times 50)/100 + 1 + 4] \times 2 \\
&= (33 + 1 + 4) \times 2 \\
&= 38 \times 2 \\
&= 76(\text{根})
\end{aligned}$$

4）④号筋，上部支座负筋，$\Phi 10@100$。

$$L_4 = \Delta_3 + \Delta_4 + \Delta_5 = 150 + 105 + 794 = 1049(\text{mm})$$

$$\begin{aligned}
n_4 &= [(\text{梁净跨} - 2 \times \text{起步距离})/\text{间距} + 1 + \text{柱内附加钢筋根数}] \times 2 \\
&= [(3800 - 2 \times 400 - 2 \times 50)/100 + 1 + 4] \times 2 \\
&= (29 + 1 + 4) \times 2 \\
&= 34 \times 2 \\
&= 68(\text{根})
\end{aligned}$$

5）⑤号筋，3 号筋的分布筋，$\Phi 8@200$。

$$\begin{aligned}
L_5 &= 板净跨 - 左侧负筋跨内净长 - 右侧负筋跨内净长 + 2 \times 150 \\
&= 3700 - (\Delta_1 + \Delta_5 - 250) - (\Delta_1 + \Delta_5 - 250) + 300 \\
&= 3700 - 595 - 595 + 300 \\
&= 2810(\text{mm})
\end{aligned}$$

$$\begin{aligned}
n_5 &= [(\text{负筋跨内水平段长} - \text{起步距离})/\text{间距} + 1] \times 2 \\
&= [(\Delta_1 + \Delta_2 - 250 - 50)/200 + 1] \times 2 \\
&= [(475 - 50)/200 + 1] \times 2 \\
&= (3 + 1) \times 2 \\
&= 8(\text{根})
\end{aligned}$$

6）⑥号筋，4 号筋的分布筋，$\Phi 8@200$。

$$\begin{aligned}
L_6 &= 板净跨 - 左侧负筋跨内净长 - 右侧负筋跨内净长 + 2 \times 150 \\
&= 3300 - (\Delta_1 + \Delta_2 - 250) - (\Delta_1 + \Delta_2 - 250) + 300 \\
&= 3300 - 475 - 475 + 300 \\
&= 2650(\text{mm})
\end{aligned}$$

$$\begin{aligned}
n_6 &= [(\text{负筋跨内水平段长} - \text{起步距离})/\text{间距} + 1] \times 2 \\
&= [(\Delta_1 + \Delta_5 - 250 - 50)/200 + 1] \times 2 \\
&= [(595 - 50)/200 + 1] \times 2 \\
&= (3 + 1) \times 2 \\
&= 8(\text{根})
\end{aligned}$$

（5）汇总钢筋材料明细表。

将上面的计算结果进行汇总，见 LB1 的钢筋材料明细表 4-1。

表 4 - 1　　　　　　　　　　　　　　　　　LB1 钢筋材料明细表

编号	钢筋简图	规格及间距	设计长度	下料长度	数量	备注
①	3550	Φ 12@150	3550	3550	25	下部筋
②	3950	Φ 12@180	3950	3950	19	下部筋
③	150 ⌐674⌐ 105	Φ 10@100	929		76	负筋
④	105 ⌐794⌐ 150	Φ 10@100	1049		68	负筋
⑤	2810	Φ 8@200	2810	2810	8	③号的分布筋
⑥	2650	Φ 8@200	2650	2650	8	④号的分布筋

将表中空白处的钢筋下料长度的计算作为练习，补充完整。

通过单个板块 LB1 钢筋长度和根数计算的过程发现，如果计算整层楼面的钢筋长度和根数，我们对照着楼板的剖面图就有点不现实了。因为我们不可能用几个剖面就把所有的钢筋都剖到。

观察表 4 - 1 中的钢筋形状发现，LB1 中的钢筋只有两种形状：直线形筋和∪形扣筋。其中∪形扣筋的两个直角钩竖向长度计算较简单：板内的直角钩长为板厚减掉一个保护层（$h - c$）；而端支座处的直角钩长为 15d。

通过本单元案例 1 的计算过程及以上的分析，计算板的钢筋长度和根数还是应该从平面图入手，原位画出所有钢筋，直接计算比较实用。计算整层楼面的钢筋时应以"板块"为单位，按照一定的顺序进行。

在计算板内钢筋的过程中，初学者可绘制剖面图作为辅助手段来使用。

【板综合实训案例 2 ——单板块双向板 LB2】

下面以图 4 - 12（b）LB2 为例来讲解利用楼板平面图原位直接绘制所有钢筋，并计算钢筋长度和根数的步骤和方法。

某楼面板 LB2 的平法施工图，见图 4 - 12（b）。板厚为 120mm，混凝土强度为 C25；周边梁的断面尺寸为 250mm×500mm；梁的保护层厚度为 20mm，板的保护层厚度为 15mm；梁的箍筋直径为 6mm，梁的上部角筋直径为 25mm；未注明的分布筋为 Φ 8@200；角柱断面尺寸为 400mm×400mm；不考虑角柱位置对板角上部钢筋的计算影响，即上部钢筋从梁边开始铺设。试识读 LB2 的平法施工图；计算板内各种钢筋的设计长度、下料长度及根数并汇总成钢筋材料明细表。

1. 识读楼面板 LB2 的平法施工图

LB2 的集中标注：板的下部为双向贯通钢筋网，X 向为 $\Phi 12@150$，Y 向为 $\Phi 12@180$；板的上部有双向贯通钢筋网，X、Y 向均为 $\Phi 10@200$。LB2 的原位标注：③号非贯通纵筋为 $\Phi 10@200$，下方注写的 600mm 为梁中心线向跨内的延伸长度；④号非贯通纵筋也为 $\Phi 10@200$，下方注写的尺寸 720mm，意义与③号筋相同。上部贯通筋 $\Phi 10@200$ 和非贯通负筋 $\Phi 10@200$ 在支座处"隔一布一"，支座上方的负筋实际为 $\Phi 10@100$。

LB2 的上部配筋属于图 4-11（c）上部钢筋贯通排布形式（板块中央的防裂构造钢筋网由支座负筋部分贯通构成）且上部也不需要分布筋（因为板上部有双向的贯通筋）。

2. 计算板内钢筋造价及下料长度并绘制钢筋材料明细表

计算钢筋并绘制钢筋材料明细表的过程通常可按几个步骤依次进行：首先在楼板的钢筋平面布置图上绘制所有钢筋并编号；然后计算关键数据并在图上直接计算钢筋长度；最后计算钢筋的根数并汇总成钢筋材料明细表。

下面将对上述各步骤分别进行详细讲述。

（1）在楼板的钢筋平面布置图上绘制所有钢筋并编号。

在楼板的平面布置图上将所有钢筋原位绘制出来并编号，见图 4-17（图中下部钢筋端部的 45°斜钩表示钢筋截断点）。

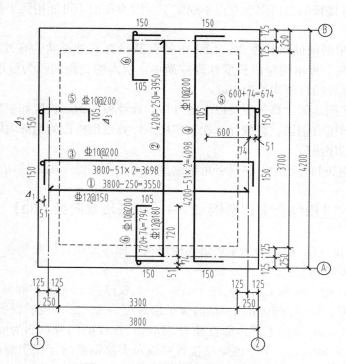

图 4-17　LB2 的配筋平面布置图

应特别注意：编号要按下部筋、上部贯通筋、上部非贯通筋、分布筋依次进行。

绘制平面图时，用多比例绘图法将梁支座宽度用较大的比例画出，以备画清楚支座负筋的锚固情况和标注关键数据使用。因不考虑角柱位置对板角上部钢筋的计算影响，所以平面图中省略了柱子。

（2）计算关键数据并在图上直接计算钢筋长度。

计算关键数据并将其标注到相应位置，在图上根据关键数据直接计算钢筋的设计长度，见图4-17。

1）端支座负筋距边梁外边缘的距离为Δ_1。

$$\Delta_1 = \text{梁的保护层} + \text{梁的箍筋直径} + \text{梁上部角筋直径}$$
$$= 20 + 6 + 25 = 51(\text{mm})$$

2）端支座负筋在梁内的竖向弯钩长度Δ_2。

$$\Delta_2 = 15d = 15 \times 10 = 150(\text{mm})$$

3）端支座负筋在跨（板）内的竖向弯钩长度Δ_3。

$$\Delta_3 = \text{板厚} - \text{板保护层} = 120 - 15 = 105(\text{mm})$$

（3）计算板内各类钢筋的根数。

本步骤应对照图4-17进行，同时还需要对照板上、下钢筋的排布图4-9和图4-10进行。

1）①号筋，下部筋，$\Phi 12@150$。

$$n_1 = (\text{板净跨} - 2 \times \text{起步距离})/\text{间距} + 1$$
$$= (3700 - 2 \times 50)/150 + 1 = 24 + 1 = 25(\text{根})$$

2）②号筋，下部筋，$\Phi 12@180$。

$$n_2 = [(3300 - 2 \times 50)/180] + 1 = 18(\text{不取} 17.8) + 1 = 19(\text{根})$$

3）③号筋，上部X向贯通纵筋，$\Phi 10@200$。

$$n_3 = (\text{板净跨} - 2 \times \text{起步距离})/\text{间距} + 1$$
$$= (4200 - 2 \times 250 - 2 \times 50)/200 + 1 = 18 + 1 = 19(\text{根})$$

4）④号筋，上部Y向贯通纵筋，$\Phi 10@200$。

$$n_4 = (\text{板净跨} - 2 \times \text{起步距离})/\text{间距} + 1$$
$$= (3800 - 2 \times 250 - 2 \times 50)/200 + 1 = 16 + 1 = 17(\text{根})$$

5）⑤号筋，上部X向非贯通支座负筋，$\Phi 10@200$。

直接从图4-17上判断，因⑤号筋与③号筋"隔一布一"，所以1轴线上的⑤号筋应比③号贯通纵筋少一根。则有

$$n_5 = (n_3 - 1) \times 2 = (19 - 1) \times 2 = 36(\text{根})$$

6）⑥号筋，上部Y向非贯通支座负筋，$\Phi 10@200$。

⑥号筋根数计算与⑤号筋原理相同，A轴线上的⑥号筋应比④号贯通纵筋少一根。则有

$$n_6 = (n_4 - 1) \times 2 = (17 - 1) \times 2 = 32(\text{根})$$

（4）绘制钢筋材料明细表。

将前面的计算结果进行汇总，绘制LB2的钢筋材料明细表4-2，将表中空白处的钢筋下料长度的计算作为练习，补充完整。

81

表 4 - 2 **LB2 钢筋材料明细表**

编号	钢筋简图	规格及间距	设计长度（mm）	下料长度（mm）	数量（根）	备注
①	3550	Φ12@150	3550	3550	25	X 向下部贯通筋
②	3950	Φ12@180	3950	3950	19	Y 向下部贯通筋
③	150 ⌐ 3698 ⌐ 150	Φ10@200	3998		19	X 向上部贯通筋
④	150 ⌐ 4098 ⌐ 150	Φ10@200	4398		17	Y 向上部贯通筋
⑤	150 ⌐ 674 ⌐ 105	Φ10@200	929		36	X 向支座负筋
⑥	105 ⌐ 794 ⌐ 150	Φ10@200	1049		32	Y 向支座负筋

【板综合实训案例 3 ——多板块楼板】

图 4 - 18 是用传统制图标准方法绘制的某楼面板 3.570m 层板的配筋图。板厚为 130mm，混凝土强度为 C25；周边梁的断面尺寸见图示；梁的保护层厚度为 25mm，板的保护层厚度为 20mm；梁的箍筋直径为 6mm，梁的上部角筋直径为 22mm；柱断面尺寸为 400mm×400mm，轴线位于柱中心；未注明的分布筋为 Φ8@200；防裂构造筋与分布筋相同；另为了简化计算，不考虑角柱位置对板角上部钢筋的计算影响，即上部钢筋从梁边开始铺设。试识读图 4 - 18 传统板配筋图；计算板内钢筋的设计长度、下料长度及根数，并汇总成钢筋材料明细表。

1. 识读楼面板的传统结构施工图

整层楼面板共有两个板块。

右板块识读：右板块为双向板，板的下部为双向贯通钢筋网，X 向为 Φ10@120，Y 向为 Φ10@150；板的周边支座上方均有非贯通支座负筋，X、Y 向均为 Φ10@150，尺寸标注见图 4 - 18；板块中央的防裂构造钢筋为 Φ8@200。此板块的上部配筋样式属于图 4 - 11 (d) 形式。

左板块识读：左板块为单向板，板的下部为双向贯通钢筋网，X 向为 Φ8@150，Y 向未画出，应为分布筋 Φ8@200；板的上方 X 向有贯通纵筋 Φ10@150，Y 向有非贯通支座负筋 Φ8@200，尺寸标注见图 4 - 18。应有分布筋与上部 X 向上部贯通纵筋垂直形成钢筋网片。

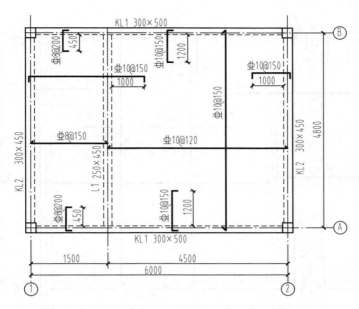

图 4-18　某楼面板 3.570m 层配筋平面图

2. 计算板内钢筋设计及下料长度并绘制钢筋材料明细表

计算钢筋并绘制钢筋材料明细表的过程通常可按几个步骤依次进行：首先在楼板的钢筋平面布置图上绘制所有钢筋并编号；然后计算关键数据并在图上直接计算钢筋长度；最后计算钢筋的根数并汇总成钢筋材料明细表。

下面将对上述各步骤分别进行详细讲述。

（1）在楼板的钢筋平面布置图上绘制所有钢筋并编号。

在楼板的配筋平面图上将未画出的分布钢筋原位绘制出来并对所有钢筋进行编号，见图4-19（图中下部钢筋端部的 45°斜钩表示钢筋截断点）。编号要按下部钢筋、上部贯通筋、上部非贯通筋、分布筋依次进行。

（2）计算关键数据并在图上直接计算钢筋设计长度。

1）计算关键数据并将计算结果标注到图中相应的位置。

①端支座负筋距边梁外边缘的距离为 Δ_1。

$\Delta_1 = $ 梁的保护层＋梁的箍筋直径＋梁上部角筋直径 $= 25＋6＋22 = 53$（mm）

②端支座负筋在梁内的竖向弯钩长度为 $15d$。

5、6、8 号筋直径为 10mm　　$15d = 15 \times 10\text{mm} = 150\text{mm}$

7 号筋直径为 8mm　　$15d = 15 \times 8\text{mm} = 120\text{mm}$

③支座负筋在跨内的竖向弯钩长度＝板厚－板保护层＝130－20＝110（mm）

④下部钢筋伸入支座长度＝max(5d，支座宽/2)，直接取支座宽的一半。

2）根据关键数据计算钢筋的设计长度。

根据关键数据在图 4-19 上直接计算钢筋的设计长度，当然也可在图外进行。为了保持图面简洁，图中仅列出了下部钢筋和部分上部钢筋的长度计算过程，上部其余钢筋的长度计

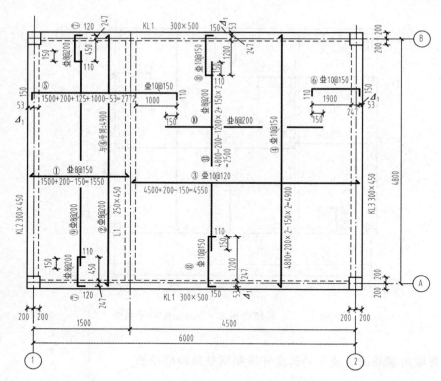

图 4-19　某楼面板 3.570m 层钢筋计算图

算请读者作为练习，自行完成。

（3）计算板内各种钢筋的根数。

本步骤应对照图 4-19 进行，同时需要对照板上、下部钢筋的排布图 4-9 和图 4-10 进行。

下面仅列出了部分钢筋的根数计算过程，其余请读者作为练习，自行完成。

1）②号钢筋　下部钢筋　Φ 8@200。

$$n_2 = （板净跨 - 2 \times 起步距离）/ 间距 + 1$$

$$= （1500 + 200 - 300 - 125 - 2 \times 50）/200 + 1 = 6 + 1 = 7（根）$$

2）⑧号钢筋　上部 Y 向非贯通端支座负筋　Φ 10@150。

$$n_8 = [（板净跨 - 2 \times 起步距离）/ 间距 + 1] \times 2$$

$$= [（4500 + 200 - 300 - 125 - 2 \times 50）/150 + 1] \times 2 = （28 + 1） \times 2 = 58（根）$$

3）⑨号钢筋　⑤号的分布筋　Φ 8@200。

$$n_9 = （板净跨 - 2 \times 起步距离）/ 间距 + 1$$

$$= （1500 + 200 - 300 - 125 - 2 \times 50）/200 + 1 = 6 + 1 = 7（根）$$

4）⑩号钢筋　上部 X 向非贯通防裂分布筋　Φ 8@200。

$$n_{10} = （板净跨 - 2 \times 起步距离）/ 间距 + 1$$

$$= （4800 + 200 \times 2 - 300 \times 2 - 2 \times 50）/200 + 1 = 23 + 1 = 24（根）$$

（4）绘制钢筋材料明细表。

将上面的计算结果进行汇总，绘制钢筋材料明细表，见表 4-3。

表4-3　　　　　　　　　　3.570m楼面板钢筋材料明细表

编号	钢筋简图	规格及间距	设计长度	下料长度	根数	备注
①	1550	Φ8@150	1550			下部筋
②	4900	Φ8@200	4900		7	下部筋
③	4550	Φ10@120	4550			下部筋
④	4900	Φ10@150	4900			下部筋
⑤	150 2772 110	Φ10@150	3032			支座贯通负筋
⑥	150 110	Φ10@150				端支座负筋
⑦	120 110	Φ8@200				端支座构造筋
⑧	150 110	Φ10@150			58	端支座负筋
⑨		Φ8@200			7	⑤号的分布筋
⑩		Φ8@200			24	防裂构造筋
⑪	2500	Φ8@200	2500			防裂构造筋

通过前面的计算练习，将表4-3中的空白处补充完整。

 实操练习

上面介绍了三个板的综合实训案例，请读者在书后附录工程案例图中选取板的配筋施工图，实际操练板的钢筋设计（造价）长度和下料长度计算并给出钢筋材料明细表。

单元 5　剪力墙平法识图和钢筋计算综合实训

为了帮助学生消化、理解和掌握剪力墙标准配筋构造，书中通过剪力墙钢筋计算案例，阐明了剪力墙钢筋长度计算的思路和方法。书中剪力墙钢筋设计长度和施工下料长度计算的方法和思路是笔者根据多年的结构设计经验在平法教学实践中摸索出来的，希望能对读者有所帮助和启发。

5.1　剪力墙及墙内钢筋分类

1. 剪力墙的分类

（1）剪力墙简介。

GB 50010—2010《混凝土结构设计规范》第 9.4.1 条规定：当竖向构件截面的长边（长度）、短边（厚度）比值大于 4 时，宜按剪力墙的要求进行设计。通俗地讲，剪力墙就是现浇钢筋混凝土受力墙体，也称抗震墙。顾名思义，剪力墙主要是用来承受地震时的水平力，当然同时它还能承受垂直力和水平风力。

剪力墙构件是从基础结构顶面到建筑顶层屋面的一整面墙体或连在一起的几面墙体，甚至是四周闭合的墙体；形状各异。

正是因为有了"剪力墙"这样的结构构件，现代建筑才得以越盖越高。在高层建筑迅猛发展的今天，看懂剪力墙的平法施工图显得尤为重要。

在高层钢筋混凝土建筑中，有框架结构和剪力墙结构两种。涉及剪力墙构件的结构中，还可以再细分为剪力墙结构、框架—剪力墙结构、部分框支剪力墙结构和筒体结构。其中框架—剪力墙结构中的剪力墙通常有两种设计布置方式：一种是剪力墙与框架分开，围成筒、墙，两端没有柱子；另一种是剪力墙嵌入框架内，有端柱、有边框梁，成为"带边框的剪力墙"。

剪力墙属于混凝土结构众多受力构件（柱、梁、板、各类基础等）中的一种，剪力墙的钢筋结构图和钢筋轴测投影示意，见图 5-1。各排水平分布钢筋和竖向分布钢筋的直径与间距应保持一致。而且通常情况下剪力墙中的水平分布钢筋位于墙的外侧，而竖向分布钢筋位于水平分布钢筋的内侧，见图 5-1。当剪力墙配置的分布钢筋多于两排时，剪力墙拉筋两端应同时钩住外排水平纵筋和竖向纵筋，还应与剪力墙内排水平纵筋和竖向纵筋绑扎在一起。

剪力墙和柱子一样，也是一种非常重要的竖向结构构件。剪力墙（片状）和框架柱（杆状）在形状上不同；从受力机理上来说，二者差别更大。柱构件的内力基本上逐层、逐跨呈规律性变化，而剪力墙内力基本上呈整体变化，与层关联的规律性不明显。在水平地震力和

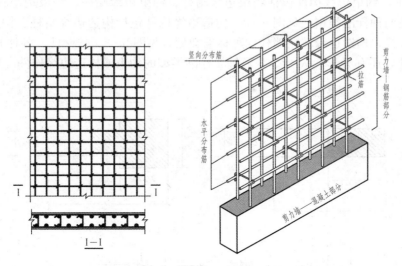

图 5-1　剪力墙的钢筋结构图和钢筋轴测投影示意图

水平风力的作用下，剪力墙为弯曲变形，而框架柱呈现剪切变形。

剪力墙在平行于墙面的水平和竖向荷载作用下，整个墙体宜分别按偏心受压或偏心受拉进行正截面承载力计算，并按有关规定进行斜截面受剪承载力计算。加上剪力墙本身特有的内力变化规律与抵抗地震作用时的构造特点，决定了必须在其边缘部位加强配筋，以及在其楼层位置根据抗震等级要求，加强配筋或局部加大截面尺寸。这样一来，就使得剪力墙平法施工图的配筋看起来似乎有点复杂。

（2）剪力墙的分类。

为了表达清楚和识图简便，平法将剪力墙分成"剪力墙柱、剪力墙身和剪力墙梁"三类构件，这三类构件分别简称为"墙柱、墙身和墙梁"，并以此分类进行相应的编号。

墙柱、墙梁连同墙身都是剪力墙不可分割的一部分，它们是一个有机的整体。

剪力墙构件有"一墙、二柱、三梁"的说法，即剪力墙包含一种墙身、两种墙柱、三种墙梁。下面将对剪力墙中的墙身、墙柱、墙梁分别进行介绍。

1）墙身编号。

墙身编号由墙身代号、序号以及墙身所配置的水平与竖向分布钢筋的排数组成。其中，排数注写在括号内，表达形式为：Q××（×排）；排数为 2 时可不注。

例如，Q3（2 排）表示 3 号剪力墙身，配 2 排钢筋网片。

2）墙柱的编号和分类。

剪力墙柱可分为端柱和暗柱两大类。

墙柱编号由墙柱类型代号和序号组成，表达形式应符合表 5-1 的规定。

表 5-1 墙 柱 编 号

墙柱类型	代号	序号	墙柱类型	代号	序号
约束边缘构件	YBZ	××	非边缘暗柱	AZ	××
构造边缘构件	GBZ	××	扶壁柱	FBZ	××

表5-1中，约束边缘构件包括约束边缘暗柱、约束边缘端柱、约束边缘翼墙柱、约束边缘转角墙柱四种标准类型，见图5-2。构造边缘构件包括构造边缘暗柱、构造边缘端柱、构造边缘翼墙柱、构造边缘转角墙柱四种标准类型，见图5-3。扶壁柱、各种非边缘暗柱见图5-4。另外，还有 Z 形、W 形、F 形等非标准类型的约束或构造边缘构件，见图5-5。

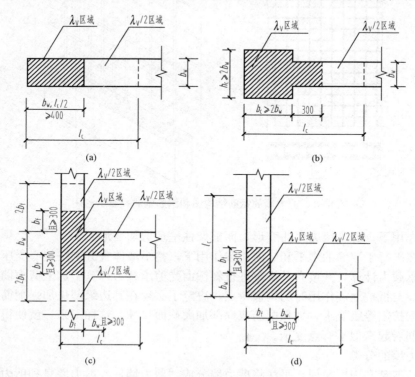

图 5-2　约束边缘构件（标准类型）
（a）约束边缘暗柱；（b）约束边缘端柱；（c）约束边缘翼墙；（d）约束边缘转角墙

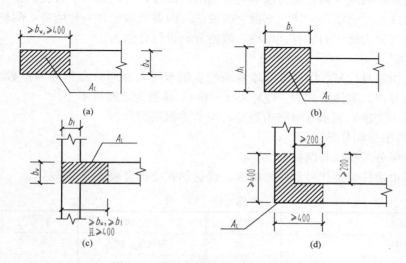

图 5-3　构造边缘构件（标准类型）
（a）构造边缘暗柱；（b）构造边缘端柱；（c）构造边缘翼墙；（d）构造边缘转角墙

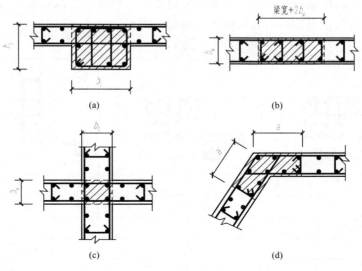

图 5-4 扶壁柱和各种非边缘暗柱示意

（a）扶壁柱 FBZ；（b）墙中的一字形暗柱 AZ；

（c）十字交叉墙中的暗柱 AZ；（d）非正交墙中的暗柱 AZ

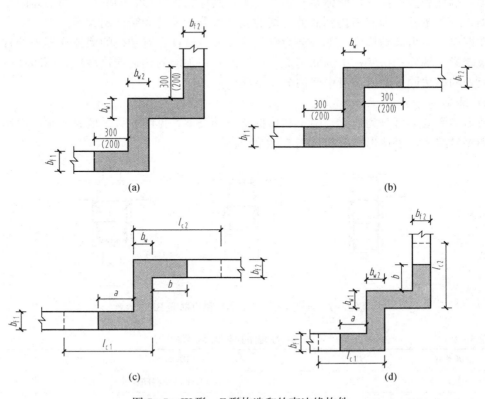

图 5-5 W 形、Z 形构造和约束边缘构件

（a）W 形构造边缘构件；（b）Z 形构造边缘构件；

（c）Z 形约束边缘构件；（d）W 形约束边缘构件

约束边缘构件沿墙肢的长度 l_c、配箍特征值 λ_v、各类墙柱的截面形状与几何尺寸等均由设计图纸提供，见某工程的剪力墙的柱表（局部）图 5-6。

剪力墙柱表

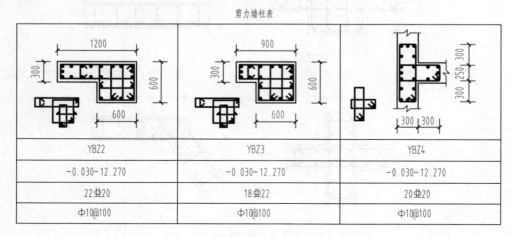

YBZ2	YBZ3	YBZ4
$-0.030\sim12.270$	$-0.030\sim12.270$	$-0.030\sim12.270$
22⊈20	18⊈22	20⊈20
Φ10@100	Φ10@100	Φ10@100

图 5-6　某工程的剪力墙柱表（局部）示例

仔细观察以上这么多形状各异的墙柱类型，根据截面厚度是否与墙体同厚可将它们分为两大类：端柱和扶壁柱（比墙体厚）归为一类；其他的各类形状的墙柱（与墙体同厚）归为另一类，统称暗柱。即前面提到的剪力墙的墙柱可分为端柱和暗柱两大类。

在框架—剪力墙结构中，部分剪力墙的端部设有端柱，有端柱的墙体在楼盖处宜设置边框梁或暗梁。端柱和扶壁柱中纵筋构造应同框架柱在顶层的构造连接做法；而暗柱纵筋在顶层楼板处的做法同剪力墙墙身中竖向分布钢筋。

3）墙梁的分类。

剪力墙的墙梁可分为连梁、暗梁和边框梁三种类型，见图 5-7。墙梁的编号由墙梁类型代号和序号组成，表达形式应符合表 5-2 的规定。

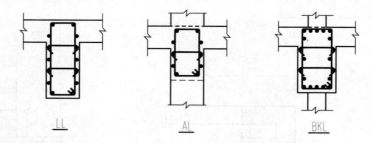

图 5-7　连梁 LL、暗梁 AL 和边框梁 BKL 示意

表 5-2　　　　　　　　　　　剪力墙的墙梁编号

墙梁类型	代号	序号	墙梁类型	代号	序号
连梁	LL	××	连梁（集中对角斜筋配筋）	LL（DX）	××
连梁（对角暗撑配筋）	LL（JG）	××	暗梁	AL	××
连梁（交叉斜筋配筋）	LL（JX）	××	边框梁	BKL	××

①连梁 LL。

连梁设置在所有剪力墙身中上、下洞口之间的位置，其实就是"窗间墙"的范围。连梁连接被一串洞口分割开的两片墙肢，当抵抗地震作用时使两片连接在一起的剪力墙协同工作，连梁实为剪力墙身洞口处的水平加强带，其上、下部纵向钢筋自洞口边伸入墙体内长度不小于 l_{aE}（l_a），且不小于 600mm。

②暗梁 AL 和边框梁 BKL。

现行混凝土规范规定：剪力墙周边应设置端柱和梁作为边框（边框梁），端柱截面尺寸宜与同层框架柱相同，且应满足框架柱的要求；当墙周边仅有（框架）柱而无（边框）梁时，应设置暗梁，其高度可取 2 倍墙厚。

前面提到，剪力墙有两种布置方式：一种是剪力墙围成筒、墙，两端没有柱子；另一种是剪力墙嵌入框架内，有端柱、有边框梁，成为"带边框的剪力墙"。因此，暗梁、边框梁用于框架—剪力墙结构中的"带边框的剪力墙"，两者的区别在于截面宽度是否与墙同宽。其抗震等级按框架部分，构造按框架梁，纵筋应伸入端柱中进行锚固。

在具体工程中，当某些带有端柱的剪力墙墙身需要设置暗梁或边框梁时，宜在剪力墙平法施工图中绘制暗梁或边框梁的平面布置图并编号，以明确其具体位置。

2. 剪力墙内钢筋分类和摆放层次

(1) 剪力墙内钢筋分类。

剪力墙由墙身、墙柱和墙梁组成。墙身内的钢筋有水平分布筋、竖向分布筋和拉筋三种；墙柱的钢筋与普通柱类似，有纵筋和箍筋两种；墙梁内的钢筋与普通梁类似，有上下纵筋、箍筋、腰筋（可不单独设置，而由墙身的水平分布筋来替代）及拉筋。

剪力墙内钢筋的详细分类，如图 5-8 所示。

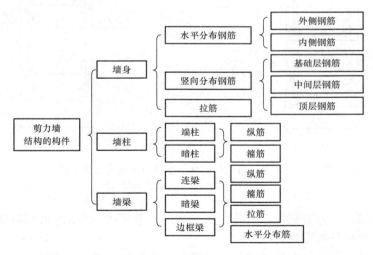

图 5-8 剪力墙内的钢筋分类

(2) 剪力墙内各种钢筋摆放层次关系。

因为墙柱（特别是各种暗柱 AZ）、墙梁（特别是暗梁 AL、连梁 LL）与墙身镶嵌在一起，钢筋互相贴靠着，所以综合分析剪力墙内各种钢筋的层次关系，弄清楚哪些钢筋在外侧，哪些钢筋在内侧，对于读者下面学习剪力墙的钢筋构造很有用，尤其对剪力墙的钢筋计算是至关重要的。由于边框梁的宽度大于剪力墙的厚度，剪力墙中的竖向分布钢筋可以很顺利地从边框梁内穿过，互不碍事，所以边框梁和剪力墙分别满足各自钢筋的保护层厚度要求即可。

当剪力墙内设置暗梁和连梁时，它们的箍筋不是位于墙中水平分布筋的外侧，而是与墙中的竖向分布筋在同一层面上，其钢筋的保护层厚度与墙的竖向分布筋一致。因此只要墙中水平分布筋的保护层厚度满足要求，就不需要另外单独考虑暗梁和连梁的钢筋保护层了。

1）连梁或暗梁与墙身的钢筋摆放层次关系。

连梁或暗梁与墙身的钢筋摆放层次关系，见图5-9。

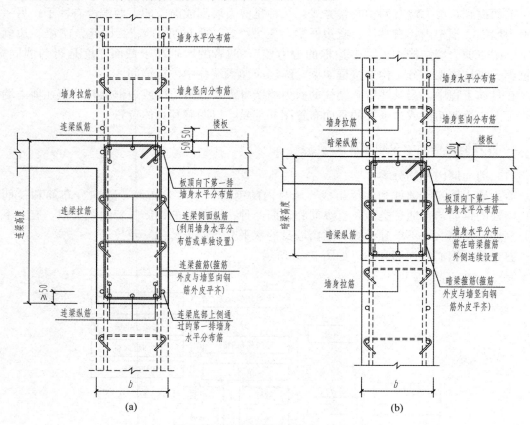

图5-9　连梁、暗梁与墙身钢筋排布构造及层次关系图
（a）楼层连梁LL；（b）楼层暗梁AL

①剪力墙中的水平分布钢筋在最外侧第一层（从外至内），在连梁或暗梁高度范围内也应布置剪力墙的水平分布钢筋。

②剪力墙中的竖向分布钢筋及连梁、暗梁中的箍筋，应紧靠水平分布钢筋的内侧，属于第二层次；竖向分布筋和箍筋在水平方向错开布置，不应重叠放置。

③连梁或暗梁中的上、下部纵筋位于剪力墙竖向分布钢筋和暗梁箍筋的内侧，属于第三层次。

2）暗柱与墙身的钢筋摆放层次关系。

剪力墙身的竖向分布钢筋不需要进入端柱和暗柱范围，但水平分布钢筋需要穿越端柱、暗柱或在其远端锚固。

当剪力墙端部设置暗柱时，暗柱的箍筋不是位于墙中水平分布筋的外侧，箍筋内皮与墙中的水平分布筋内皮平齐且在同一层面上；暗柱的纵向钢筋与墙中的竖向分布钢筋在同一层面并紧靠水平分布钢筋，见图5-10。

暗柱保护层的讨论：假设墙的水平分布筋直径均为12mm，而墙的保护层为15mm，暗柱的纵筋直径为22mm，箍筋直径为10mm。

那么暗柱箍筋的保护层 $c_g = 15 + 12 - 10 = 17$（mm）；

暗柱纵筋的保护层 $c_z = 15 + 12 = 27$（mm）＞纵筋的直径22mm。

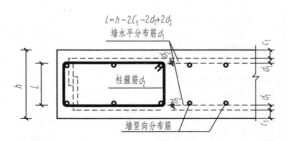

图5-10　墙端部暗柱与墙身钢筋的摆放层次图

从以上的计算结果分析，暗柱箍筋的保护层厚度17mm如果按普通柱来比较，比20mm稍差那么一点，但可以达到墙保护层厚度15mm的要求；暗柱纵筋的保护层27mm基本可以满足普通柱受力纵筋最小保护层的要求。而前面讲到，剪力墙暗柱和普通柱是不同的，暗柱是剪力墙的竖向配筋加强带，是剪力墙的一部分，所以笔者认为暗柱保护层满足墙保护层的要求就可以了。从这个意义上来说，暗柱的保护层就不需要另外单独来考虑，按照图5-10绑扎就位就可以施工了。

总结：暗柱AZ、暗梁AL、连梁LL的保护层不需要另外考虑，按图5-9、图5-10满足墙的最小保护层要求即可；而端柱和边框梁的保护层需要分别按柱和梁的要求来取值。

5.2　剪力墙实训案例要用到的钢筋标准构造

1. 剪力墙身端部有暗柱、转角墙及翼墙时水平钢筋构造

端部有暗柱时，剪力墙水平钢筋伸至墙端，向内弯折10d，见图5-11（a）；由于暗柱中的箍筋较密，墙中的水平分布钢筋也可以伸至暗柱远端纵筋内侧水平弯折10d，见图5-11（b）。当墙体端部有转角柱或翼墙柱时，墙中的水平分布钢筋伸至转角柱或翼墙柱对边钢筋的内侧弯折15d，见图5-11（c）和（d）。

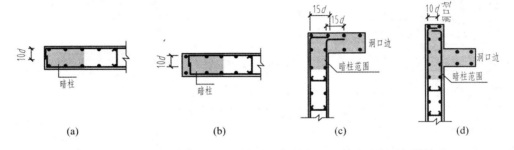

图5-11　剪力墙身端部无暗柱和有暗柱、转角墙、翼墙时水平钢筋构造

（a）端部有暗柱构造（一）；（b）端部有暗柱构造（二）；（c）端部有转角墙构造；（d）端部有翼墙构造

2. 墙插筋在基础内的锚固构造

墙插筋在基础内的锚固构造，见图 5-12。

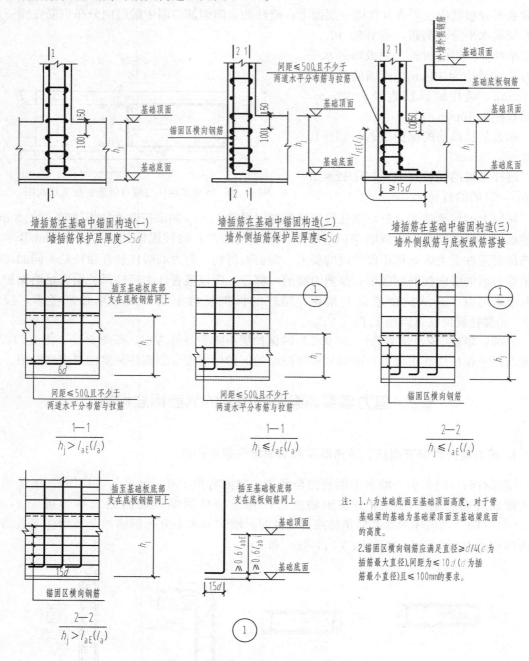

图 5-12 墙插筋在基础内的锚固构造

3. 墙身水平分布钢筋在楼板和屋面板处的排布构造

墙身水平分布钢筋在楼板和屋面板处的排布构造，见图 5-13。剪力墙层高范围最下一排水平分布筋距底部板顶 50mm，最上一排水平分布筋距顶部板顶不大于 100mm。当层顶位置设有宽度大于剪力墙厚度的边框梁时，最上一排水平分布筋距顶部边框梁底 100mm，边框梁内部不设置水平分布筋。

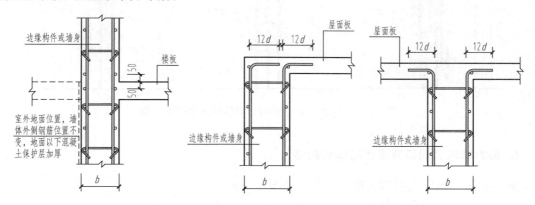

图 5-13　墙身水平分布钢筋在楼板和屋面板处的排布构造

剪力墙层高范围最下一排拉筋位于底部板顶以上第二排水平分布筋位置处，最上一排拉筋位于层顶部板底（梁底）以下第一排水平分布筋位置处。

4. 剪力墙身竖向分布钢筋排布构造

剪力墙暗柱和端柱内均不需要摆放墙身的竖向分布钢筋。

剪力墙身的第一道竖向分布筋的起步距离 s，见图 5-14。图中 s 为剪力墙竖向分布钢筋的间距，c 为边缘构件箍筋混凝土保护层厚度。

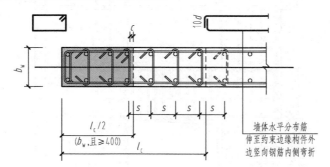

图 5-14　约束边缘暗柱钢筋排布构造

墙身的第一道竖向分布筋的起步距离 s 在所有暗柱和端柱处都适用。

5. 剪力墙暗柱钢筋构造

剪力墙暗柱竖向钢筋连接区和接头构造，见图 5-15。

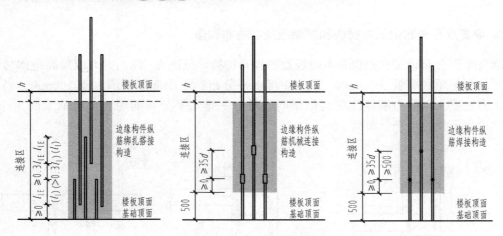

图 5-15 剪力墙暗柱竖向钢筋连接区和接头构造

6. 剪力墙端部洞口连梁钢筋排布构造

剪力墙端部洞口连梁钢筋排布构造，见图 5-16。

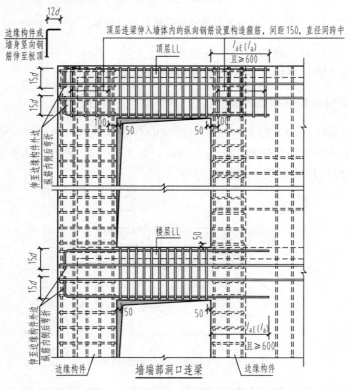

图 5-16 剪力墙端部洞口连梁钢筋排布构造

7. 跨层连梁的钢筋排布构造图

剪力墙跨层连梁的钢筋排布构造，见图 5-17。

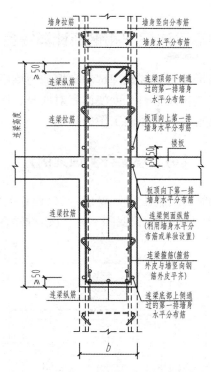

图 5-17　跨层连梁的钢筋排布构造图

8. 剪力墙顶层连梁的钢筋排布构造图

剪力墙顶层连梁的钢筋排布构造，见图 5-18。

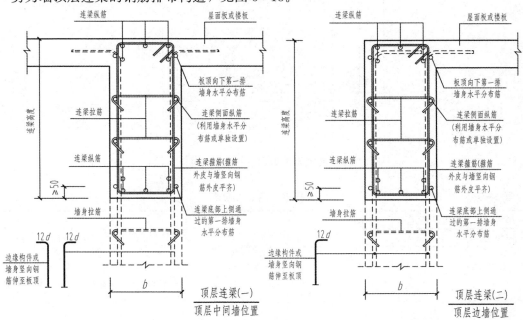

图 5-18　顶层连梁的钢筋排布构造图

5.3 剪力墙平法识图和钢筋计算综合实训案例

本节通过一个典型案例帮助读者更好地理解和掌握剪力墙平法施工图的识图规则；通过计算墙身、墙柱、墙梁的钢筋造价及下料长度使读者对墙身、墙柱、墙梁的标准配筋构造能有更深的理解，最终达到识读剪力墙平法施工图的目的。

【剪力墙综合实训案例】

图 5-19 是某工程的剪力墙平法施工图（局部），工程相关信息汇总见表 5-3。要求识读 Q3、GBZ1 和 LL2 并计算其钢筋造价长度和下料长度，最后绘制其钢筋材料明细表。

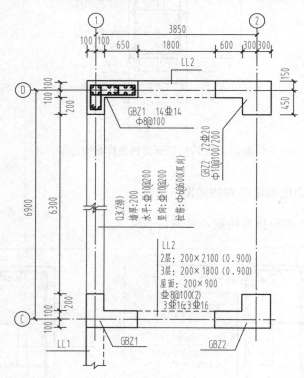

图 5-19 某工程的剪力墙平法施工图（局部）

表 5-3 工程相关信息汇总表

层号	结构标高（m）	层高（m）	混凝土：C30（梁、柱、墙）；
屋面	12.250	—	抗震等级：三级；
3	8.350	3.9	现浇板厚：110mm；
2	4.450	3.9	基底保护层：40mm；连梁上下纵筋保护层 20mm；柱插筋保护
1	−0.050	4.5	层 $c > 5d$ 且基底双向钢筋直径均为 Φ 22；墙及暗柱纵筋采用绑扎
基顶	−1.050	1	搭接、连梁侧面及暗柱保护层满足墙的保护层即可。
基底	−1.950	0.9（基础厚度）	

下面分别讲述 Q3、GBZ1 和 LL2 的平法施工图识读和钢筋计算。

【剪力墙综合实训案例 1——墙身 Q3 识图和钢筋计算】

剪力墙身 Q3 平法施工图识读和钢筋计算步骤如下：首先识读剪力墙身 Q3 平法施工图；接续计算剪力墙身 Q3 水平钢筋的长度和总根数；计算剪力墙身 Q3 竖向钢筋的长度和总根数；计算剪力墙身拉筋的长度和总道数；最后绘制钢筋材料明细表。

1. 识读剪力墙身 Q3 平法施工图

（1）从剪力墙平法施工图 5 - 19 中读出的内容。

3 号剪力墙身位于①号轴线上，墙厚为 200mm；墙身两端为转角墙柱 GBZ1，墙身总长为 6900mm 加上 200mm 等于 7100mm；墙身有两排钢筋网，水平分布钢筋为 ⏃ 10@200，竖向分布钢筋也是 ⏃ 10@200，拉筋 ⏀ 6@600 为矩形双向设置。

（2）从表 5 - 3 中读出的内容。

该工程为 3 层，基础厚度为 0.9m；基底、基顶及各层结构标高见表 5 - 3；底层结构层高为 5.5m，第 2 层和第 3 层的结构层高均为 3.9m；混凝土强度、板厚及抗震等级等信息见表中文字部分，不再赘述。

2. 计算剪力墙身 Q3 水平钢筋的长度和总根数

（1）画出墙身 Q3 的水平钢筋计算简图。

图中剪力墙身 Q3 两端为转角墙柱 GBZ1，通过分析得到，墙身水平钢筋伸入转角墙柱 GBZ1 的构造应参照图 5 - 11（c）构造执行。将墙中的水平分布钢筋伸至转角墙柱对边钢筋的内侧弯折 $15d$，墙内、外侧水平分布筋构造、长度和形状均相同，见剪力墙身 Q3 的水平分布钢筋计算简图 5 - 20。

（2）根据图 5 - 20 计算水平筋的单根长度。

1）关键数据计算。

查表 2 - 4 得到：墙的保护层 $c = 15\text{mm}$。

2）水平筋单根长度 l 计算。

$$l = 墙身总长 - 2c - 2 \times 墙水平筋直径 - 2 \times 暗柱 GBZ1 纵筋直径 + 2 \times 15d$$
$$= 6300 + 400 + 400 - 2 \times 15 - 2 \times 10 - 2 \times 14 + 2 \times 15 \times 10$$
$$= 7022 + 300$$
$$= 7322(\text{mm})$$

（3）水平筋（⏃ 10@200）单排根数的计算。

1）基础内水平筋根数 n_j 的计算，需要参照图 5 - 12 进行。为方便计算水平筋的根数，一般需要将 Q3 竖向插筋在基础内的构造画出来，见图 5 - 21 下部基础部分（可单独画出）。

首先计算图中墙身竖向插筋底部到基底的距离 Δ_1，然后再计算基础内水平筋根数 n_j。

$$\Delta_1 = 基础保护层 + 基底双向钢筋的直径 = 40 + 22 + 22 = 84(\text{mm})$$
$$n_j = (基础厚度 - 100 - \Delta_1)/500 + 1 = (900 - 100 - 84)/500 + 1 = 3(根)$$

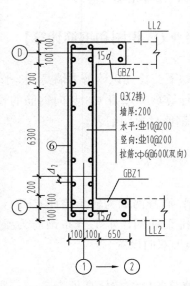

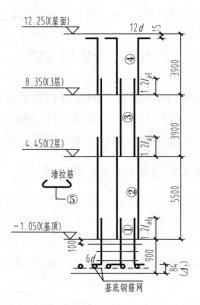

图 5-20　Q3 水平筋长度计算简图　　　　图 5-21　Q3 竖向筋长度计算简图

2）一层水平筋根数 n_1 的计算，需要参照图 5-13 进行。

从图 5-13 得到，剪力墙层高范围最下一排水平分布筋距底部板顶 50mm，最上一排水平分布筋距顶部板顶不大于 100mm。

$$n_1 =（层高 - 50 - 50）/ 水平筋间距 + 1 =（5500 - 100）/200 + 1 = 27 + 1 = 28（根）$$

3）2、3 层水平筋根数 n_2、n_3 的计算。

$$n_2 = n_3 =（层高 - 50 - 50）/ 水平筋间距 + 1 =（3900 - 100）/200 + 1 = 19 + 1 = 20（根）$$

4）水平筋单排总根数 n 的计算。

$$n = n_j + n_1 + n_2 + n_3 = 3 + 28 + 20 + 20 = 71（根）$$

（4）水平筋双排总根数的计算。

$$水平筋双排总根数 = n \times 2 = 71 \times 2 = 142（根）$$

3. 计算剪力墙身 Q3 竖向钢筋的长度和总根数

（1）画出剪力墙身 Q3 的竖向钢筋计算简图。

因为本工程抗震等级为三级，参照墙身竖向钢筋连接构造图（见图 5-22）得到竖向分布筋可在同一部位搭接；案例中规定了钢筋采用绑扎搭接。

据此画出 Q3 的竖向钢筋计算简图 5-21。

（2）根据图 5-21 计算竖向筋的单根长度。

1）关键数据计算。

查表 2-2 和表 2-3 最终得到：$l_{aE} = 37d$；参照图 5-22 得到墙顶部钢筋弯钩水平段为 12d。

另外，基础厚度 $h_j = 900\text{mm} > l_{aE} = 37d = 37 \times 10\text{mm} = 370\text{mm}$，又有保护层厚度 $c > 5d$，所以墙插筋在基础内的锚固构造应该选用图 5-12（构造一）的做法。因此插筋下端水平钩长度为 6$d = 6 \times 10\text{mm} = 60\text{mm}$。

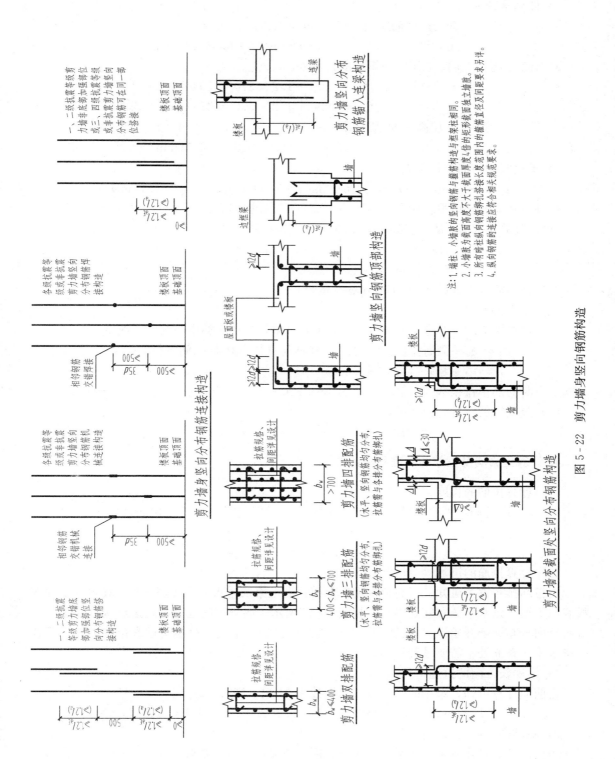

图 5 - 22　剪力墙身竖向钢筋构造

2）计算基础内的插筋长度 l_j。

$$l_j = 基础内插筋竖向长度 + 6d + 1.2l_{aE}$$

$$= 900 - 84 + 60 + 1.2 \times 370 = 1260 + 60 = 1320(\text{mm})$$

3）计算1层、2层、3层竖向钢筋的长度 l_1、l_2、l_3。

$$l_1 = 层高 + 1.2l_{aE} = 5500 + 1.2 \times 370 = 5944(\text{mm})$$

$$l_2 = 层高 + 1.2l_{aE} = 3900 + 1.2 \times 370 = 4344(\text{mm})$$

$$l_3 = 层高 - 墙保护层 c + 12d$$

$$= 3900 - 15 + 12 \times 10 = 3885 + 120 = 4005(\text{mm})$$

4）单根竖向钢筋总长度 l。

$$l = l_j + l_1 + l_2 + l_3 = 1320 + 5944 + 4344 + 4005 = 15\ 613(\text{mm})$$

另外，竖向筋的单根长度亦可参照图5-21直接计算如下：

单根竖筋长度 $l =$ 从基底到屋面总高度 $-$ 墙保护层 $- \Delta_1 + 12d + 6d + 1.2l_{aE} \times 3$

$$= 12250 + 1050 + 900 - 15 - 84 + 120 + 60 + 1.2 \times 370 \times 3$$

$$= 15\ 613(\text{mm})$$

（3）竖向筋（$\Phi 10@200$）的单排根数的计算。

此步骤需要参照图5-14进行。

首先计算图5-14中暗柱虚线边缘（假定）到暗柱最近角筋中心线的距离 Δ_2

$$\Delta_2 = 暗柱箍筋保护层厚度 + 暗柱箍筋直径 + 暗柱纵筋直径的一半$$

$$= 15 + 8 + 14/2 = 30(\text{mm})$$

竖向筋单排根数 $= (6300 + 30 + 30)/200 + 1 - 2 \approx 32 + 1 - 2 = 31(根)$

（4）竖向筋的双排总根数的计算。

竖向筋的双排总根数 $= 31 \times 2 = 62(根)$

4. 计算剪力墙身拉筋的长度和总道数

（1）计算拉筋的长度。

墙拉筋水平段的投影长度 $=$ 墙厚 $- 2 \times$ 墙保护层 $c + 2 \times$ 拉筋直径

$$= 200 - 2 \times 15 + 2 \times 6$$

$$= 182(\text{mm})$$

（2）计算拉筋的道数（$\Phi 6@600$ 双向）。

由拉筋排布方案可知，层高范围由底部板顶向上第二排水平分布筋处开始设置，至顶部板底向下第一排水平分布筋处终止，见图5-13所示；墙身宽度范围由距边缘构件边第一排墙身竖向分布筋处开始设置，见图5-14。因此可得如下结论：每层的层高范围内上、下各一排水平分布筋处不需要设置拉筋。

1）沿墙长方向的拉筋道数。

由前面计算可知，单排的竖向分布筋根数为31根，则有

沿墙长方向的拉筋道数 $= (31-1) \times 200 \div 600 + 1 = 11(道)$

2）基础内拉筋道数计算。

由前面计算可知基础内水平筋为3排，因此拉筋设3道。则有

基础层拉筋道数 $= 11 \times 3 = 33(根)$

3）1 层拉筋总道数计算。

由前面计算可知，1 层水平分布筋竖向单排为 28 根。因为每层的层高范围内上、下各一排水平分布筋处不需要设置拉筋，则有需要设置拉筋的范围内的水平筋根数＝28－2＝26（根）。

则 拉筋道数 ＝（26－1）×200÷600＋1 ＝ 10（道）

因此，1 层拉筋总道数 ＝ 11×10 ＝ 110（道）

4）2 层、3 层拉筋道数计算。

由前面计算可知，2 层、3 层水平分布筋根数均为 20 根，则需要设置拉筋的范围内的水平筋根数＝20－2＝18（根）。

则 拉筋道数 ＝（18－1）×200÷600＋1 ＝ 7（道）

因此，2 层、3 层拉筋道数 ＝ 11×7 ＝ 77（道）

5）拉筋总根数。

拉筋总根数＝ 基础内拉筋道数＋1 层拉筋道数＋2 层拉筋道数×2

＝ 33＋110＋77×2 ＝ 297（道）

5. 绘制钢筋材料明细表

在图 5-20 和图 5-21 中钢筋已进行编号，汇总以上计算结果，见表 5-4。将表中空白处作为下料长度计算的练习，补充完整。

表 5-4   Q3 钢筋材料明细表

编号	钢筋简图	规格	设计长度（mm）	下料长度（mm）	数量（根）
①	60 ⌐ 1260	Φ 10@200	1320		62
②	5944	Φ 10@200	5944	5944	62
③	4344	Φ 10@200	4344	4344	62
④	3885 ⌐120	Φ 10@200	4005		62
⑤	96 ⌐ 182 ⌐ 96	Φ 6@600	374	374	297
⑥	150 ⌐ 7022 ⌐ 150	Φ 10@200	7322		142

【剪力墙综合实训案例 2——墙柱 GBZ1 识图和钢筋计算】

剪力墙的转角墙柱 GBZ1 平法施工图识读和钢筋计算步骤如下：首先解读剪力墙的转角墙柱 GBZ1 平法施工图；接续计算暗柱 GBZ1 的纵筋造价长度；计算 GBZ1 箍筋总道数；最后绘制钢筋材料明细表。

1. 识读剪力墙的转角墙柱 GBZ1 平法施工图

从图 5‑19 和表 5‑3 中读出的内容如下：

1 号转角墙柱 GBZ1 为构造边缘暗柱，全部纵筋为 14 Φ 14，箍筋为 Φ 8@100。混凝土强度、柱插筋保护层等信息见表，此处略。

2. 计算暗柱 GBZ1 的纵筋造价长度

步骤跟前面讲过的框架柱钢筋长度计算的步骤基本一致。因暗柱的配筋比框架柱简单，有些过程可以合并，主要步骤如下：

1）绘制转角墙柱 GBZ1 纵剖面模板图（步骤同框架柱），并绘制柱内纵筋剖面图。

2）关键数据和关键部位计算。

①计算 l_{lE}

$$l_{lE} = \zeta_{aE} = 1.4 l_{aE} = 1.4 \times 37 \times 14 = 725 (\text{mm})$$

②暗柱 GBZ1 插筋在基础内的锚固计算。

参照图 5‑22 得到，墙顶部钢筋弯钩水平段为 $12d$。

另外，基础厚度 $h_j = 900\text{mm} > l_{aE} = 37d = 37 \times 14\text{mm} = 518\text{mm}$，因保护层厚度 $c > 5d$，所以暗柱插筋在基础内的锚固构造应该选用图 5‑12（构造一）的做法。

所以，插筋下端直钩水平长度为 $6d = 6 \times 14 = 84$（mm）。

③计算 Δ_1、Δ_2（见图 5‑23 中标注）。

Δ_2 的计算应参照图 5‑18 进行。

$$\Delta_1 = 基础保护层 + 基底双向钢筋的直径 = 40 + 22 + 22 = 84 (\text{mm})$$

$$\Delta_2 = 连梁上部纵筋保护层厚度 + 连梁箍筋直径 + 连梁纵筋直径$$
$$= 20 + 8 + 16 = 44 (\text{mm})$$

另暗柱顶筋弯钩长度与墙身竖向分布筋相同，所以弯钩水平段长度为 $12d = 12 \times 14\text{mm} = 168\text{mm}$。

3）绘制 GBZ1 的纵向剖面配筋图。

在 GBZ1 模板图中绘制暗柱纵筋，得到钢筋纵剖配筋图 5‑23，并将前面关键数据的计算结果标注到相应的位置。

案例中规定暗柱纵筋采用绑扎搭接。图中纵筋搭接接头只要位于连接区内即为符合连接构造要求。工地上通常的做法是接头尽量靠近连接区的下端。

本例 GBZ1 纵筋截断点位置参照图集 11G101‑1 第 73 页"剪力墙边缘构件纵筋连接构造"，露出基顶或楼面的高度为 $l_{lE} + 500$（短筋）和 $2.3 l_{lE} + 500$（长筋）。当然也可参照暗柱纵筋连接构造图 5‑15 进行，规定 GBZ1 纵筋截断点露出基顶或楼面的高度为 l_{lE}（短筋）和 $2.3 l_{lE}$

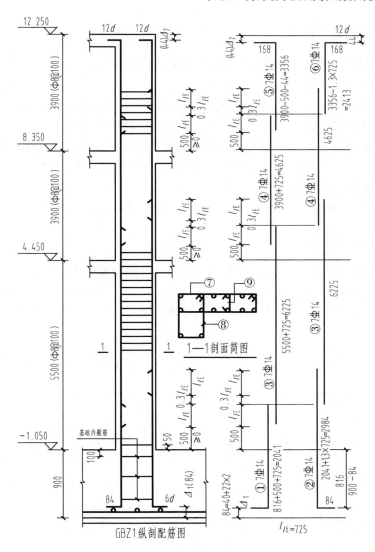

图 5 - 23　GBZ1 纵剖配筋图和钢筋下料排布图

（长筋），都是可行的。

　　4）绘制 GBZ1 钢筋施工下料的排布示意图。

　　绘制 GBZ1 钢筋施工下料的排布示意图，见图 5 - 23 右侧。首先在分离出来的纵筋上直接计算分段的纵筋长度，然后根据钢筋的形状、长度、规格等按从下往上顺序对钢筋进行编号。

　　5）根据图 5 - 23 直接计算纵筋的造价总长度。

　　GBZ1 纵筋的造价总长度 = 单根纵筋长度 × 纵筋根数

$$= (从基底到暗柱顶总高度 - \Delta_1 - \Delta_2 + 6d + 12d + l_{lE} \times 3) \times 14$$

$$= (12\ 250 + 1050 + 900 - 84 - 44 + 84 + 168 + 725 \times 3) \times 14$$

$$= 16\ 499 \times 14$$

$$= 230\ 986 (mm)$$

3. 计算 GBZ1 箍筋总道数 n

首先绘制 GBZ1 的箍筋，然后计算 GBZ1 箍筋总道数 n。

①计算基础内的箍筋道数。

$$n_j = (基础厚度 - 100 - \Delta_1)/500 + 1 = (900 - 100 - 84)/500 + 1 = 3(道)$$

②计算从基顶到暗柱顶（-1.050m~12.250m）的箍筋道数 $n_上$。

因为箍筋规格为 ⊈ 8@100，因此搭接长度范围内就不需要另外箍筋加密了。

$$n_上 = (12250 + 1050 - 50 - 44)/100 + 1 = 133(道)$$

③计算 GBZ1 箍筋总道数 n。

$$箍筋总道数 n = n_j + n_上 = 3 + 133 = 136(道)$$

4. 绘制钢筋材料明细表

将计算结果进行汇总，绘制钢筋材料明细表 5-5。暗柱箍筋编号见图 5-23 的 1-1 剖面简图。表中⑨号筋的根数比⑦号和⑧号均少了 3 道，是因为基础内的 3 道箍筋为非复合箍。

另外，箍筋外包设计尺寸的计算步骤，由读者作为练习自行完成，答案在表 5-5 中。

表 5-5　　　　　　　　　　　　　　　　GBZ1 钢筋材料明细表

编号	钢筋简图	规格	设计长度	下料长度	数量
①	2041 / 84	⊈ 14	2125		7
②	2984 / 84	⊈ 14	3068		7
③	6225	⊈ 14	6225	6225	14
④	4625	⊈ 14	4625	4625	14
⑤	168 / 3356	⊈ 14	3524		7
⑥	168 / 2413	⊈ 14	2581		7
⑦	166 / 925 / 816 / 275	⊈ 8@100	2182		136
⑧	166 / 475 / 366 / 275	⊈ 8@100	1282		136
⑨	109 / 186 / 109	⊈ 8@100	404	404	133

设计总长度：⊈ 14：230.986m　⊈ 8：524.836m。

【剪力墙综合实训案例 3 ——剪力墙连梁 LL2 识图和钢筋计算】

D 轴线上的连梁 LL2 平法施工图识读和钢筋计算步骤如下：首先解读剪力墙连梁 LL2 的平法施工图；然后计算各层连梁 LL2 的钢筋长度并分别绘制钢筋材料明细表。

1. D 轴线上的连梁 LL2 平法施工图识读

从图 5-19 和表 5-3 中读出的内容如下：

D 轴线上的连梁 LL2 有三根，包括一根顶层（屋面）连梁和两根跨层连梁（2 层和 3 层楼面的连梁），而 2 层和 3 层的跨层连梁顶标高比楼面结构标高高出 0.90m。连梁 LL2 的上、下纵筋均为 3 Φ 16，箍筋为 Φ 8@100（2）。连梁的侧面纵筋（腰筋）没有另外指定，所以应与墙身水平分布筋相同，为 Φ 10@200。

混凝土强度、梁上、下保护层等信息见表，此处略。

2. 计算每层连梁 LL2 的钢筋

步骤跟前面讲过的框架梁钢筋长度计算的步骤大致相同。因连梁的配筋比框架梁简单，有些过程可以合并，主要步骤如下：

（1）绘制连梁 LL2 的纵剖面模板图（步骤同框架梁），见图 5-24 左侧去掉钢筋的纵向剖面轮廓图。

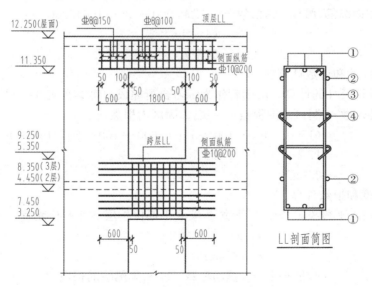

图 5-24　LL2 的纵向剖面配筋图

（2）关键数据和关键部位计算。

首先判断纵筋是否能达到直锚条件。本步骤应参照图 5-16 进行。

$l_{aE}=37d=37\times16=592mm<$ 连梁的左右支座宽度（850mm 和 1200mm），所以应选择直锚构造。

$$直锚长度 = \max(l_{aE}, 600) = \max(592, 600) = 600mm$$

因连梁侧面纵筋直径为 10mm，所以也应该选择直锚构造，直锚长度也为 600mm。

（3）绘制 LL2 的纵向剖面配筋图。

1）绘制连梁纵筋、箍筋和侧面纵筋（腰筋）。

首先在连梁模板图中绘制上下纵筋得到图 5-24，并将计算出来的关键数据标注到位；然后绘制连梁箍筋，净跨内箍筋为 ⏀8@100，支座锚固区内箍筋为 ⏀8@150，定位箍筋的位置见图示；最后绘制连梁侧面的纵筋 ⏀10@200，可绘制一根或几根做代表即可，如图 5-24 所示。

2）确定连梁拉筋规格。

当设计未注明连梁、暗梁和边框梁的拉筋时，应按下列规定取值：当梁宽≤350mm 时为 6mm，梁宽＞350mm 时为 8mm；拉筋间距为两倍箍筋间距，竖向沿侧面水平筋隔一拉一。据此规定，确定连梁 LL2 拉筋的规格应为 Φ6@200。

另外，图 5-24 右侧为连梁横剖面配筋简图。

（4）计算顶层连梁 LL2 的钢筋并绘制钢筋材料明细表。

1）计算顶层连梁 LL2 的纵筋的长度。

$$顶层连梁的上、下纵筋和侧面纵筋的长度 = 洞口宽 + 两端锚固长度$$
$$= 1800 + 600 \times 2$$
$$= 3000(mm)$$

2）侧面纵筋的根数计算，此步骤应对照墙身水平筋的排布构造图 5-18 进行。

$$侧面纵筋（腰筋）的根数 = [(梁高\ 900 - 50 - 100)/200 - 1] \times 2$$
$$= (4 - 1) \times 2$$
$$= 6(根)$$

3）箍筋的尺寸和道数计算。

箍筋外包设计尺寸的计算，由读者作为练习自行完成，答案在表 5-6 中。

$$箍筋道数 = 洞口范围根数 + 一端锚固区内根数 \times 2$$
$$= (1800 - 100)/100 + 1 + [(600 - 100 - 50)/150 + 1] \times 2$$
$$= 17 + 1 + (3 + 1) \times 2$$
$$= 26(道)$$

4）拉筋长度和根数计算。

$$拉筋水平段投影长度 = 梁宽 - 墙水平筋保护层 \times 2 + 拉筋直径 \times 2$$
$$= 200 - 15 \times 2 + 6 \times 2$$
$$= 182(mm)$$
$$拉筋根数 = （箍筋道数\ /2）\times 单侧腰筋根数$$
$$= (26/2) \times 3$$
$$= 13 \times 3$$
$$= 39(根)$$

5）绘制钢筋材料明细表。

汇总以上的计算结果，得到顶层连梁 LL2 的钢筋材料明细表 5-6。表中钢筋编号见图 5-24 右侧连梁的横剖面简图。③号箍筋的下料长度作为练习由读者完成。

表 5 - 6 顶层连梁 LL2 的钢筋材料明细表

编号	钢筋简图	规格	设计长度	下料长度	数量
①	3000	Φ 16	3000	3000	6
②	3000	Φ 10@200	3000	3000	6
③	150　969　259 / 860	Φ 8@100	2456		26
④	96　182　96	ϕ 6@200	374	374	39

（5）计算第 3 层连梁 LL2 的钢筋并绘制钢筋材料明细表。

第 3 层连梁的上、下纵筋和侧面纵筋的长度与顶层相同，也应该为 3000mm。

侧面纵筋的根数计算应对照跨层连梁钢筋排布图 5 - 17 进行。

$$侧面纵筋（腰筋）的根数 = [（梁高 1800 - 50 \times 2 - 50 \times 2）/200 - 1 + 1] \times 2$$
$$= 8 \times 2$$
$$= 16（根）$$

也可以直接根据梁腰筋的算法来进行：

$$侧面纵筋（腰筋）的根数 = [（梁高 1800 - 50 \times 2）/200 - 1] \times 2$$
$$= （9 - 1） \times 2$$
$$= 16（根）$$

箍筋外包设计尺寸的计算，由读者作为练习自行完成，答案在表 5 - 7 中。

$$第 3 层连梁箍筋道数 = 洞口范围根数$$
$$= （1800 - 100）/100 + 1$$
$$= 18（道）$$
$$拉筋水平段投影长度 = 梁宽 - 墙水平筋保护层 \times 2 + 拉筋直径 \times 2$$
$$= 200 - 15 \times 2 + 6 \times 2$$
$$= 182（mm）$$
$$拉筋根数 = （箍筋道数 /2） \times 单侧腰筋根数$$
$$= （18/2） \times （8 - 2）$$
$$= 9 \times 6$$
$$= 54（根）$$

解释：拉筋根数计算时，对照跨层连梁钢筋排布图 5 - 17 可得到结论：楼板内的两道侧面腰筋不需要拉筋拉结。

汇总以上的计算结果，得到第 3 层的跨层连梁 LL2 的钢筋材料明细表 5 - 7。③号箍筋的设计长度和下料长度作为练习由读者完成。

表 5-7　　　　　　　　　　第 3 层跨层连梁 LL2 的钢筋材料明细表

编号	钢筋简图	规格	设计长度	下料长度	数量
①	3000	Φ 16	3000	3000	6
②	3000	Φ 10@200	3000	3000	16
③	150　1760	Φ 8@100			18
④	96　182　96	ϕ 6@200	374	374	54

（6）计算第 2 层连梁 LL2 的钢筋并绘制钢筋材料明细表。

第 2 层的跨层连梁 LL2 的钢筋材料明细，见表 5-8。

表 5-8　　　　　　　　　　第 2 层跨层连梁 LL2 的钢筋材料明细表

编号	钢筋简图	规格	设计长度	下料长度	数量
①	3000	Φ 16	3000	3000	6
②	3000	Φ 10@200	3000	3000	
③	150　2060	Φ 8@100			18
④	96　182　96	ϕ 6@200	374	374	

参照第 3 层连梁钢筋长度和根数计算的方法，第 2 层连梁的钢筋计算作为练习，由读者自行完成箍筋的设计尺寸和下料尺寸计算，以及侧面纵筋和拉筋的根数计算，并将计算结果填到表格的空白处。

 实操练习

上面介绍了剪力墙身、墙柱及墙梁综合实训案例，请读者在书后附录工程案例图中选取剪力墙的平法施工图，实际操练剪力墙的钢筋设计（造价）长度和下料长度计算并给出钢筋材料明细表。

单元6 楼梯平法识图和钢筋计算综合实训

为了帮助学生消化、理解和掌握楼梯的标准配筋构造，书中通过楼梯钢筋计算案例，阐明了楼梯钢筋长度计算的思路和方法。书中楼梯钢筋设计长度及施工下料计算的方法和思路是笔者根据多年的结构设计经验在平法教学实践中摸索出来的，希望能对读者有所帮助和启发。

6.1 AT 型楼梯的平面注写

根据梯板的截面形状和支座位置的不同，平法楼梯包含了 11 种类型，见表 6-1。下面仅以 AT 型板式楼梯的平法施工图为例来讲解其识读和钢筋计算的步骤和方法，其余类型见图集 11G101-2 中的相关内容。

表 6-1   楼 梯 类 型

梯板代号	适用范围		是否参与结构整体抗震计算	示意图
	抗震构造措施	适用结构		
AT	无	框架、剪力墙、砌体结构	不参与	图 6-4
BT				
CT	无	框架、剪力墙、砌体结构	不参与	图 6-4
DT				
ET	无	框架、剪力墙、砌体结构	不参与	图 6-4 图 6-5
FT				
GT	无	框架结构	不参与	图 6-5
HT		框架、剪力墙、砌体结构		
ATa	有	框架结构	不参与	图 6-6 图 6-7
ATb			不参与	
ATc			参与	

注 1. ATa 低端设滑动支座支承在梯梁上；ATb 低端设滑动支座支承在梯梁的挑板上。
    2. ATa、ATb、ATc 均用于抗震设计，设计者应指定楼梯的抗震等级。

1. AT型楼梯的适用条件

两梯梁之间的一跑矩形梯板全部由踏步段构成，即踏步段两端均以梯梁为支座。凡是满足该条件的楼梯均归为AT型，如平行双跑楼梯（图6-1）、平行双分楼梯、交叉楼梯和剪刀楼梯等。

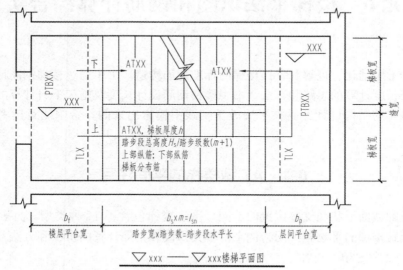

图6-1 AT型楼梯平面注写方式

2. AT型楼梯平面注写方式

平面注写方式采用在楼梯平面布置图上注写截面尺寸和配筋具体数值的方式来表达楼梯施工图。平面注写的内容包括集中标注和外围标注。

（1）集中标注的内容。

集中标注的内容有5项，具体规定如下：

第1项为梯板类型代号与序号：如AT1、AT2、AT3、AT4……

第2项为梯板厚度：注写为 $h=\times\times\times$。当为带平板的梯板且梯段板厚度和平板厚度不同时，可在梯段板厚度后面括号内以字母P打头注写平板厚度。

第3项为踏步段总高度和踏步级数：之间以"/"分隔。

第4项为梯板支座上部纵筋，下部纵筋：之间以";"分隔。

第5项为梯板分布筋：以F打头注写分布钢筋具体值，该项也可在图中统一说明。

【例6-1】 某楼梯的平法施工图中AT型梯板类型及配筋的完整标注示例如下：

AT3，$h=130$	梯板类型及编号，梯板板厚
1800/12	踏步段总高度/踏步级数
$\Phi 10@200$；$\Phi 12@150$	上部纵筋；下部纵筋
F $\phi 8@250$	梯板分布筋（可统一说明）

（2）外围标注的内容。

楼梯外围标注的内容包括楼梯间的平面尺寸、楼层结构标高、层间结构标高、楼梯的上下方向、梯板的平面几何尺寸、平台板配筋、梯梁及梯柱配筋等。

AT 型楼梯平面注写方式，见图 6-1。其中集中注写的内容有 5 项，第 1 项为梯板类型代号与序号 AT××，第 2 项为梯板厚度 h，第 3 项为踏步段总高度 H_s/踏步级数（$m+1$），第 4 项为上部纵筋和下部纵筋，第 5 项为梯板的分布钢筋（可直接标注，也可统一说明）。

3. AT 型楼梯平面注写实例解读

【例 6-2】 图 6-2 为 AT 型楼梯平法施工图设计实例，试对其进行解读。

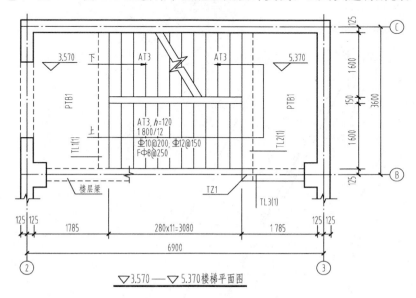

图 6-2　AT 型楼梯平法施工图（平面注写方式）设计实例

对图 6-2 解读如下：平面注写方式包括集中标注和外围标注，分别进行解读。

图中的集中标注有 5 项内容：第 1 项为梯板类型代号与序号 AT3；第 2 项为梯板厚度 $h=120$mm；第 3 项为踏步段总高度 $H_s=1800$mm，踏步数为 12 级（步）；第 4 项梯板上部纵筋为 Φ10@200，下部纵筋为 Φ12@150；第 5 项梯板的分布筋为 Φ8@250。

外围标注的内容是，楼梯间的平面尺寸开间为 3600mm，即 1600mm×2＋125mm×2＋150mm，进深为 6900mm，即 1785mm×2＋3080mm＋125mm×2；楼层平台的结构标高为 5.370m；层间平台的结构标高为 3.570m；梯板的平面几何尺寸梯段宽 1600mm，梯段的水平投影长度为 3080mm；梯井宽 150mm；楼层和层间平台宽均为 1785mm；墙厚 250mm；楼梯的上下方向箭头；图中楼层和层间平台板、梯梁、梯柱的配筋的注写内容略。

6.2　楼梯实训案例要用到的钢筋标准构造

AT 型楼梯的标准配筋构造见图 6-3，此图取自 11G101-2 第 20 页。而计算梯板内钢筋的设计长度就要用到 AT 型梯板的钢筋排布构造，见图 6-4，此图取自 12G901-2 第 10 页。

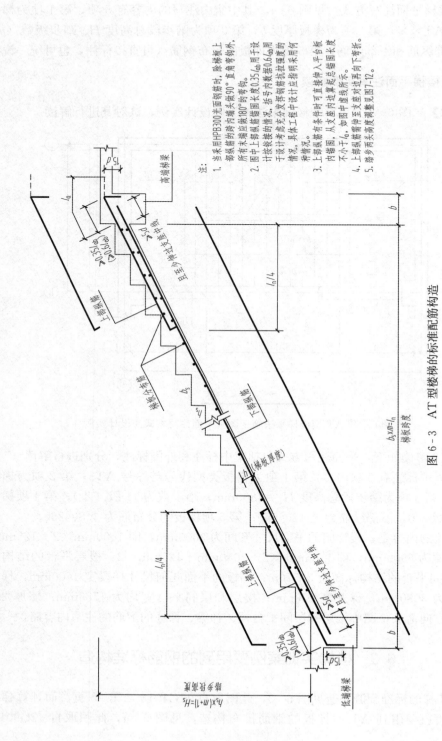

注:
1. 当采用HPB300光面钢筋时，除梯板上部纵筋的跨内端应做180°的弯钩外，所有末端应做90°直角弯钩。
2. 图中上部纵筋锚固长度0.35l_{ab}用于设计按铰接的情况，括号内数据0.6l_{ab}用于充分发挥钢筋抗拉强度的情况，具体工程中设计应指明采用何种情况。
3. 上部纵筋有条件时可直接伸入平台板内锚固，从支座内边算起总锚固长度不小于l_a，如图中虚线所示。
4. 上部纵筋靠支座对边弯折。
5. 踏步两头高度调整见图7-12。

图 6 - 3 AT 型楼梯的标准配筋构造

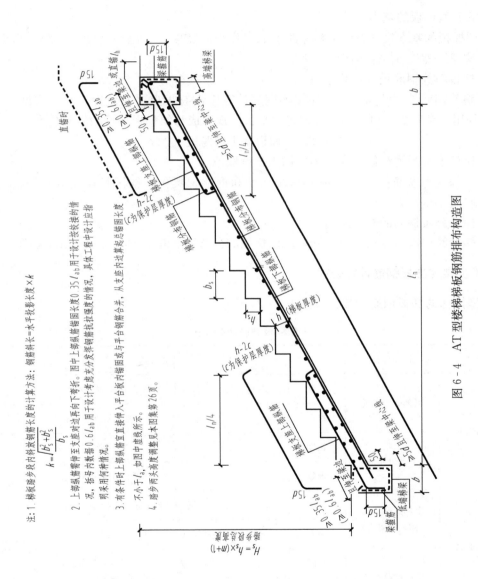

图 6-4　AT 型楼梯梯板钢筋排布构造图

注：1. 梯板踏步段内斜放钢筋长度的计算方法：钢筋斜长 = 水平投影长度 × k

$$k = \frac{\sqrt{b_s^2 + h_s^2}}{b_s}$$

2. 上部纵筋需伸至支座对边再向下弯折。图中上部纵筋锚固长度 0.35l_{ab} 用于设计按铰接时的情况，括号内数据 0.6l_{ab} 用于设计考虑充分发挥钢筋抗拉强度时的情况，具体工程中设计应指明采用何种情况。

3. 有条件时上部纵筋宜直接伸入平台板内锚固或与平台板负弯矩钢筋合并，从支座内边算起总锚固长度不小于 l_a，如图中虚线所示。

4. 踏步两头高度调整见本图集第 26 页。

6.3 楼梯平法识图和钢筋计算综合实训案例

1. AT 型板式楼梯钢筋计算预备知识

（1）AT 型梯板的基本尺寸。

AT 型梯板的基本尺寸有：梯板净跨度 l_n、梯板净宽度 b_n、踏面宽度 b_s、踢面高度 h_s、平台梁（梯梁）宽度 b、梯板厚度 h。

（2）梯板斜放钢筋长度计算系数 k。

梯板斜放钢筋长度计算系数 k 在楼梯钢筋计算中占有很重要的位置，其公式见图 6 - 3 的注 1。利用这个系数，可以很容易地将水平长度换算成与斜梯板平行的斜向长度。

$$梯板斜长 = 梯板水平净跨度 \ l_n \times k$$

（3）梯板下部受力纵筋在梯梁内的锚固长度取值。

梯板下部受力纵筋两端分别锚入高端梯梁和低端梯梁内，锚固长度要满足 $\geqslant 5d$ 且 $\geqslant bk/2$。即取值 $\max(5d, bk/2)$。

（4）梯板分布钢筋的起步距离。

梯板的钢筋构造与楼板大致相同，所以梯板的分布钢筋起步距离为 50mm，见图 6 - 4。

2. AT 型楼梯梯板钢筋计算公式

AT 型楼梯的梯板钢筋计算公式见表 6 - 2。

表 6 - 2　　　　　　　　　　　　　　　　AT 型梯板钢筋计算公式

钢筋名称	钢筋详称		计算公式
梯板下部钢筋	下部受力纵筋	长度	$L = l_n \times k + 2\max(5d, bk/2)$
		根数	$n = (b_n - 2 \times 板 c)/间距 + 1$
	下部分布筋	长度	$L = b_n - 2 \times 板 c$
		根数	$n = (l_n \times k - 2 \times 50)/间距 + 1$
梯板上部钢筋	上部支座负筋（锚入梯梁内）	长度	$L = (l_n/4 + b - 梁 c - 梁箍筋直径) \times k + 15d + (h - 2 板 c)$
		根数	$n = (b_n - 2 板 c)/间距 + 1$
	负筋的分布筋	长度	$L = b_n - 2 板 c(同下部分布筋)$
		根数	$n = [(l_n/4) \times k - 50]/间距 + 1$
备注	上部支座负筋锚入高端平台板内时的长度公式：$L = k \times l_n/4 + (h - 2 板 c) + l_a$		

注 1. 计算根数时，每个商取整数，只入不舍。

2. 上部支座负筋锚入支座的直段长度，当设计按铰接时 $\geqslant 0.35 l_{ab}$；设计考虑充分发挥钢筋抗拉强度时 $\geqslant 0.6 l_{ab}$。

3. 当采用光面钢筋时，末端应做 180°弯钩。

【楼梯综合实训案例——AT 型板式楼梯】

AT3 楼梯平法施工图，如图 6-5 所示。解读该图并应用图 6-4 中的钢筋排布构造计算梯板的钢筋造价长度。规定图 6-5 中梯板上部负筋在支座处设计按铰接考虑，梯梁箍筋直径为 6mm。

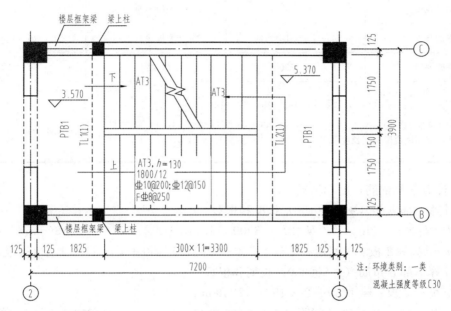

图 6-5　AT3 楼梯平法施工图

1. 识读 AT3 平板楼梯平法施工图

从图 6-5 中读出的内容有：

（1）外围标注内容解读。

楼梯间的平面尺寸开间为 3900mm，进深为 7200mm；楼层平台的结构标高为 5.370m；层间平台的结构标高为 3.570m；梯板的平面几何尺寸梯段宽 1750mm，梯段的水平投影长度为 3300mm；梯井宽 150mm；楼层和层间平台宽均为 1825mm；图下方有文字说明：混凝土强度等级为 C30，环境类别为一类。另外还有墙厚有 250mm；楼梯的上下方向箭头等。

（2）集中标注内容解读。

图中集中标注有 5 项内容，分别是第 1 项为梯板类型代号与序号 AT3；第 2 项为梯板厚度 $h=130$mm；第 3 项为踏步段总高度 $H_s=1800$mm，踏步级数为 12 级（步）；第 4 项梯板上部纵筋为 ⊈ 10@200，下部纵筋为 ⊈ 12@150；第 5 项梯板的分布筋为 ⊈ 8@250。

根据以上的解读内容，可以获得与楼梯计算相关的信息，见表 6-3。

2. AT3 平板楼梯的梯板钢筋计算

本步骤需要对照图 6-4、表 6-2 和表 6-3 进行。

表 6-3   与 AT3 楼梯计算相关的信息

名称	数值	名称	数值
板保护层厚度	板 $c=15$	基本锚固长度	$l_{ab}=35d$
梯梁保护层厚度	梁 $c=20$	锚固长度	$l_a=35d$
踏面宽度	$b_s=300$	梯板净跨	$l_n=3300$
踢面高度	$h_s=1800/12=150$	梯板净宽	$b_n=1750$
梯板厚度	$h=130$	梯梁宽	$b_{TL}=200$

斜坡系数：$k = \sqrt{b_s^2+h_s^2}/b_s = \sqrt{300^2+150^2}/300 = 1.118$

下部纵筋在支座内锚固长度 $= \max(5d, bk/2) = \max(5\times12, 200\times1.118/2) = 111.8$

上部负筋在支座内直段锚固长度 $\geqslant 0.35l_{ab} = 0.3\times35\times10 = 122.5$

（1）计算下部钢筋长度和根数。

1）计算下部纵筋（Φ 12@150）长度和根数。

$$l = l_n\times k + 2\max(5d, bk/2) = 3300\times1.118 + 2\times111.8 = 3913(mm)$$

$$n = (b_n - 2\,\text{板}\,c)/\text{间距} + 1 = (1750 - 2\times15)/150 + 1 = 12 + 1 = 13(\text{根})$$

2）计算下部分布筋（Φ 8@250）长度和根数。

$$l = b_n - 2\,\text{板}\,c = 1750 - 2\times15 = 1720(mm)$$

$$n = (l_n\times k - 2\times50)/\text{间距} + 1 = (3300\times1.118 - 2\times50)/250 + 1 = 16(\text{根})$$

（2）计算上部钢筋长度和根数。

1）计算上部支座负筋（Φ 10@200）长度和根数。

$$l = (l_n/4 + b - \text{梁}\,c - \text{梁箍筋直径})\times k + 15d + (h - 2\,\text{板}\,c)$$

$$= (3300/4 + 200 - 20 - 6)\times1.118 + 15\times10 + (130 - 2\times15)$$

$$\approx 1367(mm)$$

$$n = [(b_n - 2\,\text{板}\,c)/\text{间距} + 1]\times2$$

$$= [(1750 - 2\times15)/200 + 1]\times2$$

$$= (9 + 1)\times2$$

$$= 20(\text{根})$$

2）计算负筋的分布筋（Φ 8@250）长度和根数。

$$l = b_n - 2\,\text{板}\,c = 1750 - 2\times15 = 1720(mm)$$

$$n = [(k\times l_n/4 - 50)/\text{间距} + 1]\times2$$

$$= [(1.118\times3300/4 - 50)/250 + 1]\times2$$

$$= (4 + 1)\times2$$

$$= 10(\text{根})$$

（3）根据以上计算结果，分别计算 Φ 8、Φ 10、Φ 12 的造价总长度

$$l(8) = 1720\times10 + 1720\times16 = 44\ 720(mm)$$

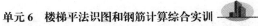

$$l(10) = 1367 \times 20 = 27\ 340(\text{mm})$$
$$l(12) = 3913 \times 13 = 50\ 869(\text{mm})$$

 实操练习

　　前面介绍了楼梯综合实训案例，请读者在书后附录工程案例图中选取楼梯的配筋图，实际操练楼梯梯板的钢筋长度的计算。

单元7　独立基础平法识图和钢筋计算综合实训

7.1　独立基础的平法识图规则解读

1. 独立基础的平法编号和竖向尺寸表达

（1）独立基础的平法编号。

平法根据外形不同将独立基础分成了普通和杯口两类，每一类又细分为阶形和坡形。其对应编号见表7-1，编号对应的示意图见表7-2。

表7-1　　　　　　　　　　　　　独立基础平法编号

类型	基础底板截面形式	代号	序号	说明
普通独立基础	阶形	DJ_J	××	（1）下标J表示阶形，下标P表示坡形；
	坡形	DJ_P	××	（2）单阶截面即为平板独立基础；
杯口独立基础	阶形	BJ_J	××	（3）坡形截面基础底板可为四坡、三坡、
	坡形	BJ_P	××	双坡及单坡

表7-2　　　　　　　　　　　　各种编号的独立基础对应示意图

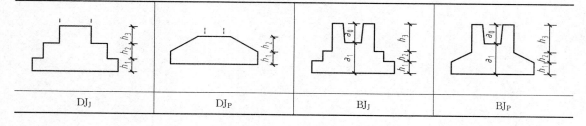

DJ_J	DJ_P	BJ_J	BJ_P

例如，DJ_J4表示4号阶形普通独立基础，BJ_P2，表示2号杯口坡形独立基础。杯口独立基础与预制柱配套，一般用于工业厂房；普通独立基础与现浇柱配套，是民用建筑最常用也是最常见的基础类型。至于阶形和坡形，设计师可任选其中一种。

（2）独立基础的竖向尺寸表达。

普通独立基础的竖向尺寸注写只有一组，如：$h_1/h_2/h_3/\cdots\cdots$；杯口独立基础的竖向尺寸标注有两组，一组表达杯口内（自上而下注写），另一组表达杯口外（自下而上注写），两组尺寸以"，"分隔，注写为a_0/a_1，$h_1/h_2/h_3/\cdots\cdots$，其含义见表7-2所示。其中杯口深度a_0为预制柱子插入杯口的尺寸加50mm。

【例7-1】　当阶形截面普通独立基础DJ_J4的竖向尺寸注写为350/300/300时，表示

$h_1 = 350$、$h_2 = 300$、$h_3 = 300$，基础底板总厚度为 $h_1 + h_2 + h_3 = 950$mm。

【例 7 - 2】 当坡形截面普通独立基础 DJ_p3 的竖向尺寸注写为 400/300 时，表示 $h_1 = 400$、$h_2 = 300$，基础底板总厚度为 $h_1 + h_2 = 700$mm。

【例 7 - 3】 当坡形截面杯口独立基础 BJ_p6 的竖向尺寸注写为 400/300，300/200/200 时，表示 $a_0 = 400$、$a_1 = 300$，$h_1 = 300$、$h_2 = 200$、$h_3 = 200$。

2. 独立基础的平面注写方式

独立基础平法施工图有平面注写和截面注写两种表达方式。工程中主要采用平面注写方式，因此本书主要讲述平面注写方式。

绘制独立基础平面布置图时，应将独立基础平面与柱子一起绘制。基础平面图上应标注基础定位尺寸；当柱子中心与建筑轴线不重合时，应标注偏心尺寸。编号相同且定位尺寸相同的基础，可仅选择一个进行标注。

独立基础的平面注写方式是指直接在独立基础平面布置图上进行竖向尺寸、底板配筋等数据项目的注写，可分为集中标注和原位标注两部分内容，见图 7 - 1。

（1）独立基础的集中标注内容。

集中标注是在基础平面图上集中引注基础编号、截面竖向尺寸、配筋三项必注内容，以及基础底面标高（与基础底面基准标高不同时）和必要的文字注解两项选注内容。以图 7 - 2 为例讲解集中标注内容的含义。

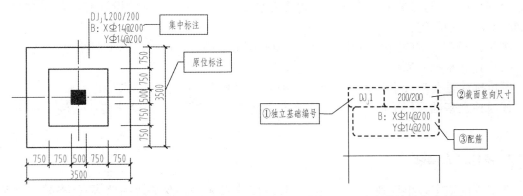

图 7 - 1　独立基础平面注写方式　　　　图 7 - 2　独立基础的集中标注

1）第一项注写独立基础的编号，此项为必注值，见表 7 - 1。例如，图 7 - 2 中的编号 "DJ_j1" 表示 1 号阶形普通独立基础。

2）第二项注写独立基础截面的竖向尺寸，此项为必注值，见表 7 - 2。例如，图 7 - 2 中的第二项 "200/200" 表示该独立基础的截面竖向尺寸 $h_1 = 200$、$h_2 = 200$，基础底板总厚度为 400mm。

3）第三项注写独立基础的底板配筋，此项为必注值。

普通和杯口独立基础的底板双向配筋注写规定如下：

①以 B 代表各种独立基础底板的底部配筋。

②X 向配筋以 X 打头、Y 向配筋以 Y 打头注写；当两向配筋相同时，则以 X&Y 打头注写。

【例7-4】 当独立基础底板配筋标注为：B：X⚫14@200，Y⚫16@150；表示基础底板底部配置 HRB335 级钢筋，X 向直径为 14mm，分布间距为 200mm；Y 向直径为 16mm，分布间距为 150mm，见图 7-3。

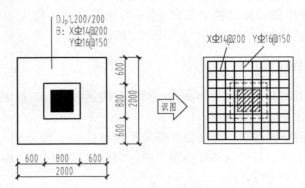

图 7-3 独立基础底板双向配筋示意图

例如，图 7-2 中的第三项 "B：X⚫14@200，Y⚫14@200" 表示独立基础 DJ$_J$1 底板的底部配筋 X 向直径为⚫14，分布间距为 200mm；Y 向配筋与 X 向相同。

4）第四项注写基础底面标高，此项为选注值。当独立基础的底面标高与基础底面基准标高不同时，应将独立基础底面标高直接注写在 "（ ）" 内。

5）第五项注写必要的文字注解，此项为选注值。当独立基础的设计有特殊要求时，宜增加必要的文字注解。

例如，图 7-2 的集中标注中没有第四项和第五项内容，所以选择不用注写。

（2）独立基础的原位标注。

原位标注是在基础平面布置图上标注独立基础的平面尺寸，见图 7-1。

普通独立基础采用平面注写方式的集中标注和原位标注综合设计表达示例，见图 7-1 和图 7-3。

3. 多柱独立基础

独立基础通常为单柱独立基础，也可为多柱独立基础（双柱或四柱等）。多柱独立基础的编号、几何尺寸和配筋的标注方法与单柱独立基础相同。

当为双柱独立基础且柱距较小时，通常与单柱独立基础一样仅配置基础底部钢筋即可；当柱距较大时，除了基础底部配筋外，还需要在两柱间配置基础顶部钢筋或者设置基础梁；当为四柱独立基础时，通常可设置两道平行的基础梁，需要时可在两道基础梁之间配置基础顶部钢筋。

多柱独立基础顶部配筋和基础梁配筋的注写方法规定如下：

（1）注写无基础梁双柱独立基础底板的顶部配筋。

无基础梁的双柱独立基础底板的顶部配筋，通常对称分布在双柱中心线两侧，注写为：双柱间纵向受力钢筋/分布钢筋。

【例7-5】 某无基础梁的双柱独立基础配筋项注写为 "T：11⚫18@100/φ10@200"；以 T 打头代表独立基础底板的顶部配筋；表示独立基础顶部配置 HRB400 级纵向受力钢筋，

直径为 Φ 18 设置 11 根，间距 100mm；分布筋为 HPB300 级钢筋，直径为 Φ 10，分布间距 200mm，见图 7 - 4。

（2）注写双柱独立基础的基础梁配筋。

当双柱独立基础设置基础梁时，是不需要在基础底板的顶部设置钢筋的，但需要对基础梁进行平面注写。基础梁的平面注写分集中标注和原位标注，见图 7 - 5。基础梁集中标注和原位标注的各项内容含义与框架梁相同，此处不再赘述。

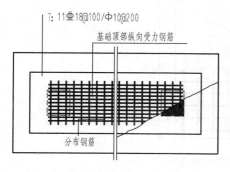

图 7 - 4　双柱独立基础（无基础梁）
顶部配筋示意

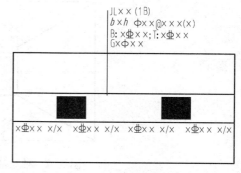

图 7 - 5　双柱独立基础的基础梁
配筋注写示意图

双柱独立基础的底板配筋与单柱独立基础底板配筋的注写相同。

（3）注写配置两道基础梁的四柱独立基础底板的顶部配筋。

当四柱独立基础已设置两道平行的基础梁时，根据内力需要可在双梁之间及梁的长度范围内配置基础顶部钢筋，注写为：梁间受力钢筋/分布钢筋。

【例 7 - 6】　某四柱独立基础的配筋项注写为"T：Φ 16@120/Φ 10@200"；表示在四柱独立基础顶部两道基础梁之间配置 HRB400 级受力钢筋，直径为 Φ 16，间距 120mm；分布筋为 HPB300 级钢筋，直径为 Φ 10，分布间距 200mm，见图 7 - 6。

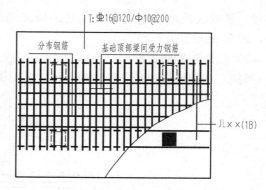

图 7 - 6　四柱独立基础（设置两道基础梁）
顶部配筋示意图

7.2　独立基础的标准配筋构造解读

1. 独立基础标准配筋构造解读

独立基础底板钢筋构造分为一般构造和长度减短 10% 构造。

（1）独立基础底板配筋一般构造。

独立基础底板配筋必须配置双向钢筋网，见图 7 - 7。

图 7 - 7 解读如下：

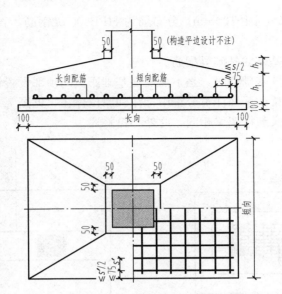

图 7-7　独立基础底板钢筋排布构造图

1）独立基础底板双向钢筋长向钢筋在下，短向钢筋在上。这与前面学过的双向楼面板钢筋摆放正好相反，这是因为楼板的荷载方向朝下，而基础底板承受的地基反力方向朝上的缘故。

2）基础底板最外侧第一根钢筋距边缘的距离为≤75mm 且≤$s/2$（s 为同向钢筋的间距），即取 $\min(75，s/2)$。

（2）独立基础底板配筋长度减短 10％构造。

当独立基础底板边长≥2500mm 时，采用钢筋长度减短 10％构造，见图 7-8。

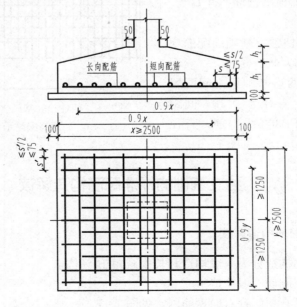

图 7-8　独基底筋长度减短 10％的排布构造

图 7-8 解读如下：

1）四周最外侧的四根钢筋不减短，其内侧所有钢筋的长度可取相应方向底板边长的 0.9 倍。

2）图 7-7 的两条解读同样适用于本图。

2. 双柱普通独立基础顶面和底面钢筋排布构造

双柱普通独立基础顶面和底面钢筋排布构造，见图 7-9。

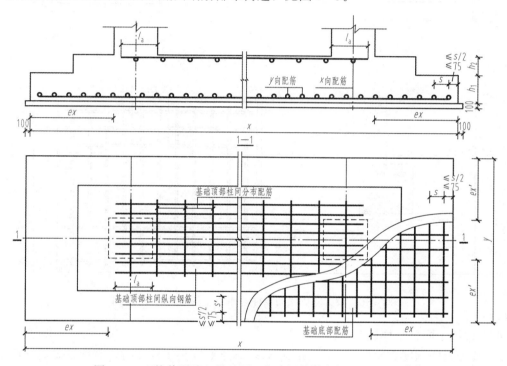

图 7-9 双柱普通独立基础顶、底面钢筋排布构造（$ex>ex'$）

图 7-9 解读如下：

1）基础的几何尺寸和配筋见具体施工图中的标注。

2）基础底板下部双向交叉钢筋的上下排序是根据图中 ex 和 ex' 的大小来确定，较大者方向的钢筋设置在下，较小者方向的钢筋设置在上。

3）双柱普通独立基础顶面设置的纵向受力钢筋的锚固长度为 l_a，其分布钢筋宜设置在受力纵筋之下。

4）基础底板最外侧第一根钢筋距边缘的距离为 $\leqslant 75\text{mm}$ 且 $\leqslant s/2$（s 为同向钢筋的间距），即取 $\min(75, s/2)$。

3. 设置基础梁的双柱普通独立基础钢筋排布构造

设置基础梁的双柱普通独立基础钢筋排布构造，见图 7-10。

图 7-10 解读如下：

1）双柱独立基础底板短向钢筋为受力钢筋，其设置在基础梁纵筋之下，与基础梁箍筋

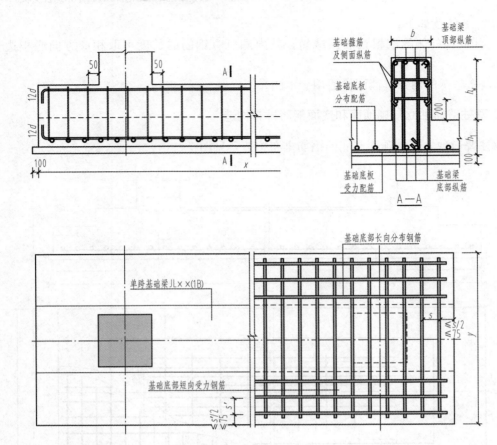

图 7-10 设置基础梁的双柱普通独立基础钢筋排布构造

的下水平边位于同一个层面。

2）基础梁的宽度宜比柱宽≥100mm。若基础梁宽度小于柱宽时，需增设梁包柱侧腋。

3）基础底板最外侧第一根钢筋距边缘的距离为≤75mm 且≤$s/2$（s 为同向钢筋的间距），即取 min(75，$s/2$)。

4）基础梁上、下部纵筋的弯钩长度均为 12d。

7.3 独立基础平法识图和钢筋计算综合实训案例

本节将通过对阶形普通独立基础 DJ$_J$1 的平法施工图的识读，来巩固、理解并最终能熟练灵活运用独立基础的标准配筋构造；通过计算独基内各种钢筋的造价总长度，使我们对独基内的钢筋有深刻而全方位的掌握，最终使读者达到正确识读独基平法施工图并能计算钢筋造价长度的目的。

【独立基础综合实训案例——阶形普通独立基础】

阶形普通独立基础 DJ$_J$1 的平法施工图，见图 7-11。要求识读 DJ$_J$1 的平法施工图并计算底板的钢筋。

1. 独立基础 DJ$_J$1 的平法施工图识读

对图 7-11 的识读如下：

1 号阶形单柱普通独立基础 DJ$_J$1，基础底面尺寸为 2200×2200，台阶宽度均为 450mm；基础截面竖向尺寸 $h_1 = 400$，$h_2 = 300$，基础底板总厚度为 700mm，见图 7-12。DJ$_J$1 底板的底部配筋 X 向直径为 $\Phi 14$，分布间距为 200mm；Y 向直径也为 $\Phi 14$，分布间距为 180mm。

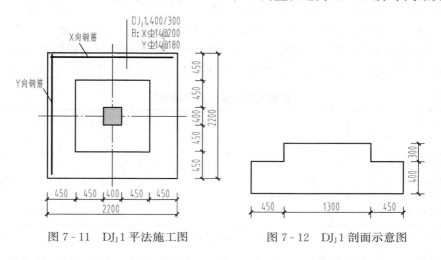

图 7-11 DJ$_J$1 平法施工图　　　图 7-12 DJ$_J$1 剖面示意图

2. 独立基础 DJ$_J$1 的钢筋计算

因为独立基础底面边长 2200mm < 2500mm，所以计算底部钢筋时选用一般构造；基础钢筋的保护层取 40mm。此步骤需要对照图 7-7 进行。

（1）计算 X 向钢筋的长度和根数。

1）计算 X 向钢筋的长度。

$$l_x = 2200 - 40 \times 2 = 2120 (\text{mm})$$

2）计算 X 向钢筋（$\Phi 14@200$）的根数。

最外侧第一根钢筋的起步尺寸 $= \min(75, s/2) = \min(75, 200/2) = 75 (\text{mm})$

$$n_x = （Y \text{向底板边长} - 2 \times \text{起步尺寸})/\text{间距} + 1$$
$$= (2200 - 2 \times 75)/200 + 1 = 11 + 1 = 12 (\text{根})$$

（2）计算 Y 向钢筋的长度和根数。

1）计算 Y 向钢筋的长度。

$$l_Y = 2200 - 40 \times 2 = 2120 (\text{mm})$$

2）计算 Y 向钢筋（$\Phi 14@180$）的根数

最外侧第一根钢筋的起步尺寸 $= \min(75, s/2) = \min(75, 180/2) = 75 (\text{mm})$

$$n_Y = （X \text{向底板边长} - 2 \times \text{起步尺寸})/\text{间距} + 1$$
$$= (2200 - 2 \times 75)/180 + 1 = 12 + 1 = 13 (\text{根})$$

7.4 梁板式筏形基础平法识图规则解读

筏形基础一般用于高层建筑框架结构或剪力墙结构，可分为梁板式筏形基础和平板式筏形基础。本书只介绍梁板式筏形基础，平板式筏形基础见图集 11G101‐3 的相关内容。

1. 梁板式筏形基础构件的平法编号

梁板式筏形基础有基础主梁、基础次梁和基础平板等构件，其平法编号见表 7‐3。梁板式筏形基础就如同倒置的梁板式楼盖结构，因为筏形基础底板承受的地基反力方向是朝上的，正好与楼面板承受的荷载方向是相反的，所以可以把前面讲过的楼面梁和楼面板的钢筋配置上下颠倒过来考虑，这样来学习基础梁和基础平板的钢筋构造就很容易理解和记忆了。

表 7‐3   梁板式筏形基础构件的编号

构件类型	代号	序号	跨数及有无外伸
基础主梁（柱下）	JL	××	（××）或（××A）或（××B）
基础次梁	JCL	××	（××）或（××A）或（××B）
梁板式基础平板	LPB	××	

注 （××A）为一端有外伸，（××B）为两端有外伸，外伸不计入跨数。

表中基础主梁的代号在旧版 04G101‐3 第 6 页构件编号表中规定为"JZL"，因与井字梁代号"JZL"重号，为避免混淆，新版 11G101‐3 中将基础主梁的代号修改为表 7‐3 中的"JL"。

2. 基础主梁和基础次梁的平面注写方式

基础主梁 JL 和基础次梁 JCL 的平面注写包括集中标注与原位标注两部分内容，见图 7‐13。

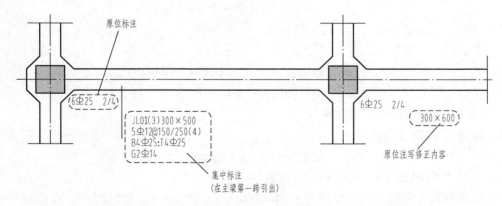

图 7‐13 基础主、次梁平法施工图的平面注写表达方式

（1）基础主、次梁的集中标注。

基础主次梁的集中标注包括：基础梁编号、截面尺寸、配筋三项必注内容，以及基础梁底面标高高差（相对于筏形基础平板底面标高）一项选注内容，见图 7-14。

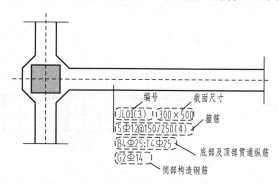

图 7-14　基础主、次梁的集中标注内容示意图

集中标注内容的具体规定如下：

1）注写基础梁的编号：该项为必注值，见表 7-3。编号举例见表 7-4。

表 7-4　　　　　　　　　　　　　　　　基础主、次梁编号举例

编号	识　　图
JL01（3）	基础主梁 01，3 跨，端部无外伸
JL02（5A）	基础主梁 02，5 跨，一端有外伸
JCL03（4）	基础次梁 03，4 跨，端部无外伸
JCL06（3B）	基础次梁 06，3 跨，两端有外伸

2）注写基础梁的截面尺寸：该项为必注值。以 $b \times h$ 表示梁截面宽度与高度；当加腋时，用 $b \times h\ GYc1 \times c2$ 表示，其中 $c1$ 为腋长，$c2$ 为腋高。分别见图 7-15 和图 7-16。

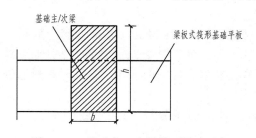

图 7-15　基础主、次梁截面尺寸示意

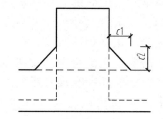

图 7-16　基础主、次梁加腋截面尺寸示意

3）注写基础梁的配筋：该项为必注值。

①注写基础梁的箍筋：可设置一种箍筋间距［比如 Φ 10@200（2）］和两种箍筋间距［8Φ12@100/200（2）］两种情况，见表 7-5 所示。

表 7 - 5 箍筋在基础梁内的配置示意

箍筋表示方法	识　图
Φ 12@250（2）	只有一种间距，双脚箍 JL01(3)300×500 Φ12@250(2) B2Φ25:T2Φ25 G2Φ14 只有一种箍筋间距
5 Φ 12@150/250（2）	两端各布置 5 根 Φ 12 间距 150 的箍筋，中间剩余部位按间距 250 布置，均为双肢箍 JL01(3)300×500 5Φ12@150/250(2) B2Φ25:T2Φ25 G2Φ14 两端第一种箍筋 5Φ12@150(2)　　中间剩余部位 Φ12@250(2)

　　两向基础主梁相交的柱下区域，应有一向截面较高的基础主梁按梁端箍筋贯通设置；当两向基础主梁高度相同时，任选一向基础主梁箍筋贯通设置。

　　注意：基础次梁的箍筋仅在净跨内设置；基础主梁的箍筋标注只包含净跨内箍筋，两向基础主梁相交的柱下区域应有一向按梁端箍筋全面贯通，但柱下区域的贯通箍筋不包含在集中标注箍筋的具体数量之内。

　　②注写基础梁的底部、顶部贯通纵筋。

　　以 B 打头，先注写梁底部贯通纵筋（楼面梁首先注写上部通长纵筋，基础梁首先注写下部贯通纵筋，正好相反），应不少于底部纵筋总面积的 1/3。当底部跨中所注根数少于箍筋肢数时，需要在底部跨中加设架立筋以固定箍筋，注写时，用"＋"号将贯通纵筋和架立筋相联系，架立筋注写在加号后面的括号内。

　　以 T 打头，接续注写梁顶部贯通纵筋。注写时用分号"；"将底部和顶部贯通纵筋分隔开。

　　【例 7 - 7】 B8 Φ 28 3/5；T5 Φ 32，表示基础梁底部配置 8 Φ 28 的贯通纵筋，顶部配置 5 Φ 32 的贯通纵筋。底部贯通纵筋分两排摆放，上一排纵筋为 3 Φ 28，下一排纵筋 5 Φ 28。

　　③注写基础梁的侧面纵向钢筋。

　　以大写字母 G 打头注写基础梁两侧面对称设置的纵向构造钢筋的总配筋值（当梁腹板高度≥450mm 时，根据需要配置）。

当需要配置抗扭纵筋时，梁两个侧面设置的抗扭纵向钢筋以 N 打头。

侧面构造纵筋的搭接和锚固长度可取为 $15d$。侧面抗扭纵筋的锚固长度为 l_a，搭接长度为 l_l；其锚固方式同基础梁的上部纵筋。

4）注写基础梁底面标高高差（指相对于筏形基础平板底面标高的高差值），该项为选注值。有高差时，需将高差写入括号内，如"高板位"与"中板位"基础梁的底面与基础平板底面标高的高差值；若无高差则不用注写，如"低板位"筏形基础的基础梁。图 7 - 17 为高板位、中板位和低板位基础梁与基础平板的位置示意，工程中以低板位筏形基础最为常用。

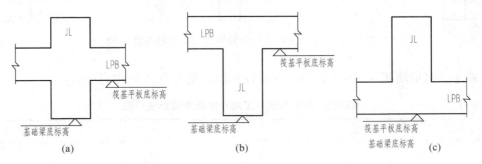

图 7 - 17　高板位、中板位和低板位基础梁示意

(a) 中板位基础梁；(b) 高板位基础梁；(c) 低板位基础梁

（2）基础主、次梁的原位标注。

1）注写梁端（支座）区域的底部全部纵筋包括已经集中标注过的贯通纵筋在内的所有纵筋，见图 7 - 18。

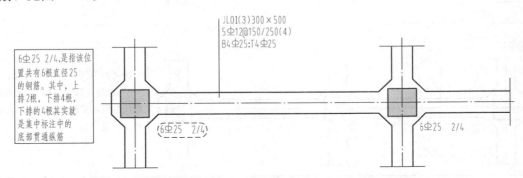

图 7 - 18　基础主、次梁端部（支座）区域的底部全部纵筋示意

2）注写基础梁的附加箍筋或（反扣）吊筋。将其直接画在平面图中的主梁上，用线引注总配筋值，见图 7 - 19。

3）当基础梁外伸部位变截面高度时，在该部位原位注写 $b \times h_1/h_2$，h_1 为根部截面高度，h_2 为尽端截面高度。

4）注写修正内容。

当在基础梁上集中标注的某项内容（如截面尺寸、箍筋底部与顶部贯通纵筋、梁侧面构造钢筋、梁底标高高差等）不适用于某跨或某外伸部位时，将其修正内容原位标注在该跨或该外伸部位，施工时原位标注取值优先。

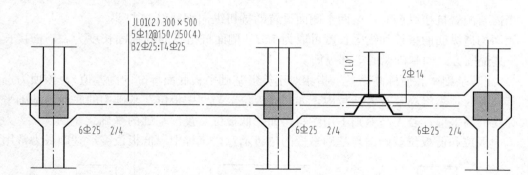

图 7-19　基础主次梁相交处附加吊筋平法标注示例

基础主、次梁端部（支座）区域原位标注识图，见表 7-6 的内容。

表 7-6　　　　　　　　　　基础主、次梁端部（支座）区域原位标注识图

表 示 方 法	识　图
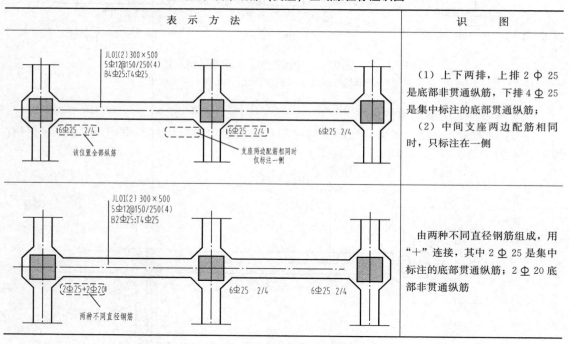 JL01(2) 300×500 5⊈12@150/250(4) B4⊈25:T4⊈25 6⊈25 2/4（该位置全部纵筋） 6⊈25 2/4（支座两边配筋相同时仅标注一侧） 6⊈25 2/4	（1）上下两排，上排 2 ⊈ 25 是底部非贯通纵筋，下排 4 ⊈ 25 是集中标注的底部贯通纵筋； （2）中间支座两边配筋相同时，只标注在一侧
JL01(2) 300×500 5⊈12@150/250(4) B2⊈25:T4⊈25 2⊈25+2⊈20（两种不同直径钢筋） 6⊈25 2/4　6⊈25 2/4	由两种不同直径钢筋组成，用"＋"连接，其中 2 ⊈ 25 是集中标注的底部贯通纵筋；2 ⊈ 20 底部非贯通纵筋

3. 梁板式筏形基础平板 LPB 的平面注写方式

梁板式筏形基础平板 LPB 的平面注写分板底部与顶部贯通纵筋的集中标注和板底部附加非贯通纵筋的原位标注两部分内容。当仅设置贯通纵筋而未设置附加非贯通纵筋时，仅做集中标注。

（1）梁板式筏形基础平板 LPB 的集中标注。

LPB 的集中标注应在所表达的"板区"，双向均在第一跨的板上引出。

"板区"的划分条件：板厚相同、基础平板底部与顶部贯通纵筋配置相同的区域为同一板区。

图 7-20 所示为梁板式筏基平板 LPB 的集中标注示例解读。

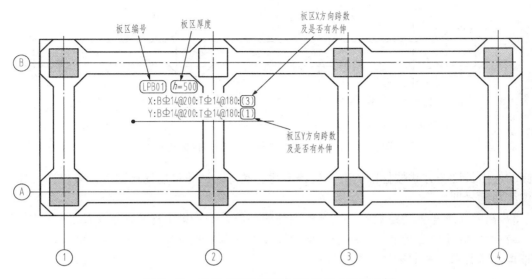

图 7-20　梁板式筏基平板 LPB 的集中标注示例

LPB "板区"的集中标注内容如下：

1）注写基础平板的编号：见表 7-3，如图 7-20 中的 LPB01。

2）注写基础平板的截面尺寸：如图 7-20 中 $h=500$。

3）注写基础平板的底部与顶部贯通纵筋及其总长度。

先注写 X 向底部（B 打头）贯通纵筋与顶部（T 打头）贯通纵筋及纵向长度范围；再注写 Y 向底部（B 打头）贯通纵筋与顶部（T 打头）贯通纵筋及纵向长度范围（图面从左到右为 X 向，从下到上为 Y 向）。贯通纵筋的总长度注写在括号中。

【例 7-8】　　X：B ⊕ 20@150；　　T ⊕ 18@150（4B）
　　　　　　　　Y：B ⊕ 18@200；　　T ⊕ 16@200（6A）

表示基础平板 X 向底部配置 ⊕ 20 间距 150mm 的贯通纵筋，顶部配置 ⊕ 18 间距 150mm 的贯通纵筋，纵向总长度为 4 跨两端有外伸；Y 向底部配置 ⊕ 18 间距 200mm 的贯通纵筋，顶部配置 ⊕ 16 间距 200mm 的贯通纵筋，纵向总长度为 6 跨一端有外伸。

（2）梁板式筏形基础平板 LPB 的原位标注。

LPB 的原位标注主要表达板底部附加非贯通纵筋。

图 7-21 为梁板式筏基平板 LPB 的原位标注示例解读。

1）原位注写位置及内容。板底部原位标注的附加非贯通纵筋，应在配置相同跨的第一跨表达（当在基础梁外伸部位单独配置时则在原位注写）。在配置相同跨的第一跨，垂直于基础梁绘制一段中粗虚线（当该筋通长设置在外伸部位或短跨板下部时，应画至对边或贯通短跨），在虚线上注写编号（如①、②等）、配筋值、横向布置的跨数及是否布置到外伸部位。

2）板底部附加非贯通纵筋向两边跨内的伸出长度值注写在虚线的下方位置。当该筋向两侧对称伸出时，可仅在一侧标注，另一侧不注；当布置在边梁下时，向基础平板外伸部位

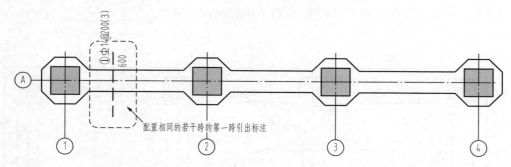

图 7-21 梁板式筏基平板 LPB 的原位标注示例

一侧的伸出长度与方式按标准构造，设计不注。底部附加非贯通筋相同者，可仅注一处，其他仅注写编号即可。

3）横向连续布置的跨数及是否布置到外伸部位，不受集中标注贯通纵筋的板区限制。

4）原位标注的底部非贯通纵筋与集中标注的底部贯通纵筋，宜采用"隔一布一"的方式布置，即要求二者的标注间距相同。

7.5 筏形基础的标准配筋构造解读

1. 梁板式筏形基础的钢筋种类

梁板式筏形基础的基础主梁 JL、基础次梁 JCL 和基础平板 LPB 的钢筋种类，见表 7-7。

表 7-7   梁板式筏形基础构件的钢筋种类

构件	钢 筋 种 类		《11G101-3》页码
基础主梁 JL	纵筋	底部贯通纵筋	第 71、73、74 页
		顶部贯通纵筋	
		梁端（支座）区域底部非贯通纵筋	
		侧部构造筋	第 73 页
	箍筋		第 71、72 页
	其他钢筋	附加吊筋	第 71 页
		附加箍筋	
		加腋筋	第 72 页
基础次梁 JCL	纵筋	底部贯通纵筋	第 76、78 页
		顶部贯通纵筋	
		梁端（支座）区域底部非贯通纵筋	
	箍筋		第 76、77 页
	其他钢筋	加腋筋	第 77 页

构件	钢 筋 种 类	《11G101-3》页码
梁板式基础平板 LPB	底部贯通纵筋	第79、80页 封边构造第84页
	顶部贯通纵筋	
	横跨基础梁下的板底部非贯通纵筋	

2. 基础主梁 JL 的钢筋标准构造解读

（1）基础主梁 JL 纵向钢筋构造，见图 7-22。

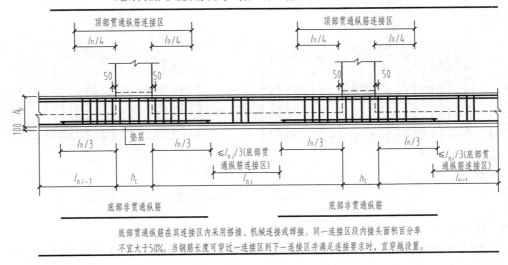

图 7-22　基础主梁 JL 纵向钢筋和箍筋构造

图 7-22 解读如下：

1）顶部贯通纵筋连接区为柱宽加柱两侧各 $l_n/4$ 范围；底部贯通纵筋连接区为本跨跨中 $l_{ni}/3$ 范围。底部非贯通纵筋向跨内延伸长度为 $l_n/3$，其中 l_n 为左右相邻跨净长的较大值。

2）当两毗邻跨的底部贯通纵筋配置不同时，应将配置较大一跨的底部贯通纵筋越过其标注的跨数终点或起点，伸至配置较小的毗邻跨的跨中连接区进行连接。

3）两向交叉基础主梁的柱下节点区域内的箍筋按梁端箍筋设置；若基础主梁高度不同时，节点区域内的箍筋按截面高度较大的基础梁设置。同跨箍筋有两种间距时，按设计要求设置。

（2）基础主梁 JL 配置两种箍筋构造，见图 7-23。此图也是箍筋、拉筋的排布构造。

（3）基础主梁 JL 端部外伸部位钢筋排布构造，见图 7-24。

图 7-24 解读如下：

1）当 $l'_n + h_c \leqslant l_a$ 时，基础梁的下部钢筋应伸至端部后弯折，且从外柱内边算起水平段长度 $\geqslant 0.4 l_{ab}$，弯折长度由图中的 $12d$ 改为 $15d$。

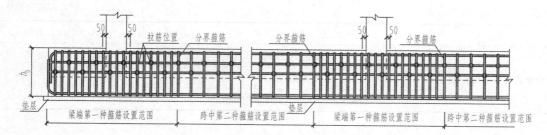

图 7-23　基础主梁箍筋和拉筋排布构造（配置两种箍筋构造）

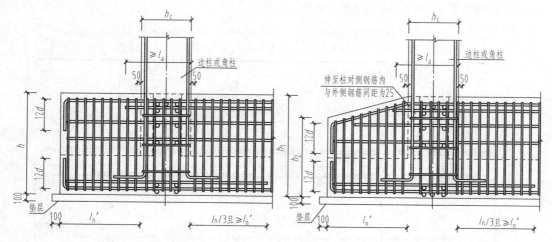

图 7-24　基础主梁 JL 端部等（变）截面外伸部位钢筋排布构造

2）柱下节点区域内箍筋设置同梁端箍筋设置。

3）本图节点内的梁、柱均有箍筋，施工前应组织好施工顺序，以避免梁或柱的箍筋无法放置。

4）基础梁外伸部位的封边构造同筏形基础平板，见图 7-31。

（4）基础主梁 JL 端部无外伸钢筋排布构造，见图 7-25。

图 7-25 解读如下：

1）端部无外伸构造中基础梁底部与顶部纵筋应成对连通设置（可采用通长钢筋，或将其焊接连接后弯折成形）。成对连通后剩余底部与顶部纵筋可伸至端部弯折 $15d$（底部筋上弯，顶部筋下弯）。

2）基础梁侧面钢筋抗扭时，自柱边开始伸入支座的锚固长度不小于 l_a，当直锚长度不够时，可向上弯折 $15d$。

3）基础梁顶部下排钢筋伸至尽端钢筋内侧后弯折 $15d$，当水平段长度 $\geqslant l_a$ 时可不弯折；基础梁底部上排钢筋伸至尽端钢筋内侧后弯折 $15d$，且满足水平段长度 $\geqslant 0.4l_{ab}$ 的要求。

（5）基础次梁 JCL 纵向钢筋与箍筋构造，见图 7-26。

图 7-26 解读如下：

1）基础次梁顶部贯通纵筋连接区为主梁宽加主梁两侧各 $l_n/4$ 范围；底部贯通纵筋连接区为本跨跨中 $l_{ni}/3$ 范围。底部非贯通筋向跨内延伸长度为 $l_n/3$，其中 l_n 为左右相邻跨净长

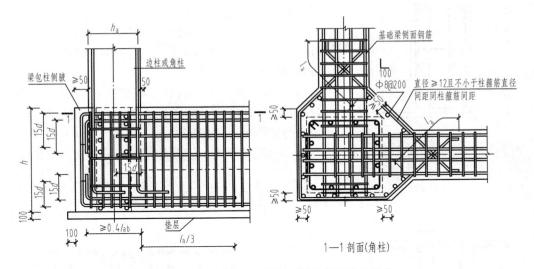

图 7-25　基础主梁 JL 端部无外伸钢筋排布构造

顶部贯通纵筋在连接区内采用搭接、机械连接或焊接。同一连接区段内接头面积百分率
不宜大于50%。当钢筋长度可穿过一连接区到下一连接区并满足连接要求时，宜穿越设置。

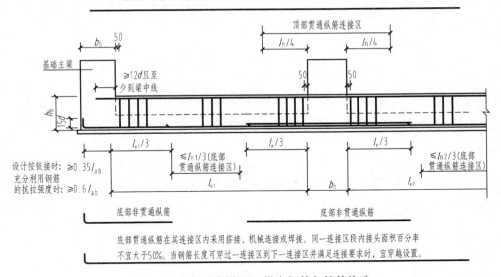

图 7-26　基础次梁 JCL 纵向钢筋与箍筋构造

的较大值。

2）基础次梁端部无外伸时，端支座上部钢筋伸入支座 $\geqslant 12d$ 且至少到梁中线；下部钢筋伸至端部弯折 $15d$，且从主梁内边算起水平段长度要满足：当设计按铰接时 $\geqslant 0.35l_{ab}$；当充分利用钢筋的抗拉强度时 $\geqslant 0.6l_{ab}$。

3）基础次梁的端部等（变）截面外伸构造同基础主梁。

4）基础次梁的箍筋仅在跨内设置，节点区不设，第一根箍筋的起步距离为 50mm。

（6）基础梁侧面纵筋和拉筋构造，见图 7-27。

137

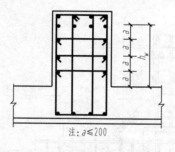

注：a≤200

图 7-27　基础梁侧面纵筋和拉筋

图 7-27 解读如下：

1）基础梁侧面纵筋的拉筋直径除注明者外均为 8mm，间距为箍筋间距的 2 倍。多排拉筋时，上下两排拉筋竖向错开设置。

2）基础梁侧面纵向构造钢筋搭接和锚固长度均为 15d；当为受扭时，搭接长度为 l_l，其锚固长度为 l_a，锚固方式同梁上部纵筋。

（7）基础梁附加箍筋和附加吊筋构造，见图 7-28。

间距8d（d为箍筋直径）；且其最大间距应≤所在区域的箍筋间距，附加箍筋应在基础次梁两侧对称设置

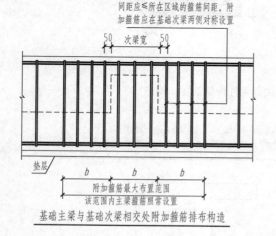

基础主梁与基础次梁相交处附加箍筋排布构造

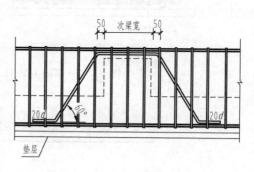

基础主梁与基础次梁相交处反扣钢筋排布构造

图 7-28　基础梁附加箍筋和附加吊筋构造

（8）梁板式筏形基础平板 LPB 钢筋构造，见图 7-29。

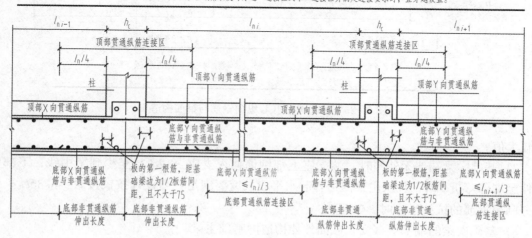

图 7-29　梁板式筏形基础平板 LPB 钢筋构造（柱下区域）

图 7 - 29 解读如下：

1）顶部贯通纵筋的连接区为柱宽加柱两侧各 $l_n/4$ 范围；底部贯通纵筋连接区为本跨跨中 $l_{ni}/3$ 范围。底部非贯通筋向跨内延伸长度见具体设计标注。其中 l_n 为左右相邻跨净长的较大值。

2）基础平板上部和下部钢筋的起步距离均为距基础梁边 1/2 板筋间距且≤75mm。

3）本图为柱下区域的 LPB 钢筋构造，跨中区域的 LPB 构造与本图基本相同，区别是顶部贯通纵筋的连接区为基础梁宽加基础梁两侧各 $l_n/4$ 范围。

（9）梁板式筏形基础平板外伸端部钢筋排布构造，见图 7 - 30。

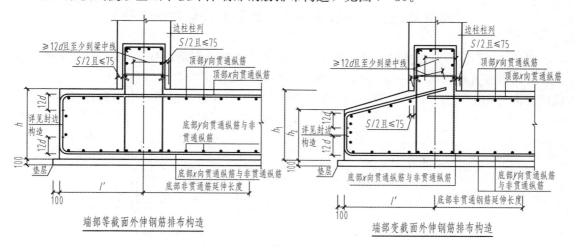

图 7 - 30　梁板式筏形基础平板外伸端部钢筋排布构造

（10）板边缘侧面封边构造，见图 7 - 31。

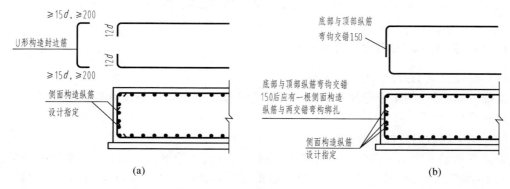

图 7 - 31　板边缘侧面封边构造
（a）U 形筋构造封边方式；（b）纵筋弯钩交错封边方式

图 7 - 31 解读如下：

1）板边缘侧面封边构造同样适用于基础梁外伸部位，采用何种做法由设计指定。当设计未指定时，施工单位可根据实际情况任选一种做法。

2）外伸部位变截面时侧面构造与本图一致。

7.6 筏形基础平法识图和钢筋计算综合实训案例

本节将通过对梁板式筏形基础主梁 JL03 的平法施工图的识读,来巩固、理解并最终能熟练灵活运用筏形基础的标准配筋构造;通过计算筏形基础内各种钢筋的造价长度和下料长度,使我们对筏形基础内的钢筋有深刻而全方位的掌握,最终使读者达到正确识读筏形基础平法施工图并能计算钢筋造价长度和下料长度的目的。

【筏形基础综合实训案例——梁板式筏形基础主梁】

图 7-32 为筏形基础主梁的平法施工图,梁包柱侧腋见图示;基础平板厚度为 300mm,板底双向钢筋直径均为 18mm;基础梁混凝土强度等级为 C30,基础保护层厚度为 40mm。试识读该基础主梁 JL03 并计算主梁内的钢筋造价和下料长度,最后给出钢筋材料明细表。

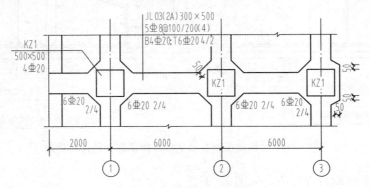

图 7-32 基础主梁 JL03 平法施工图

1. 基础主梁 JL03 的平法施工图识读

(1) 基础主梁 JL03 的图面内容解读。

基础主梁 JL03 的集中标注和原位标注内容解读,本例略。请读者根据前面的讲解,练习完成此步骤。

(2) 图中隐含内容的解读。

识读基础梁平法施工图时,应特别注意图中隐含内容的解读。比如该基础梁集中标注中无"基础梁底面标高高差"这一项,说明基础梁的底面标高与筏形基础平板的底面标高一致,即前面讲到的"底板位"基础梁。

(3) 根据基础梁平法施工图直接绘制钢筋剖面简图。

将图 7-32 集中标注中的上部、下部贯通纵筋及省略未标注的钢筋,一起分别原位注写到梁的相应部位(见图 7-33 中的矩形方框内的钢筋)并给出关键部位剖面 1-1~3-3,如图 7-33 所示。最后根据图 7-33 直接绘制主梁的剖面图,见图 7-33 下方的钢筋简图。

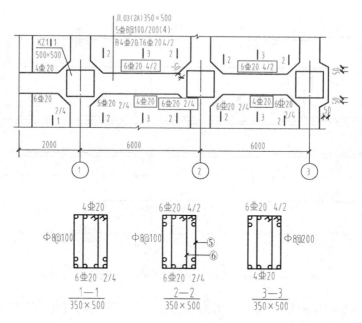

图 7-33 根据基础梁平法施工图直接绘制钢筋剖面简图

2. 基础主梁 JL03 的纵向钢筋计算

（1）绘制该基础主梁的纵向剖面模板图。

根据案例中给出的基础梁工程信息，绘制该基础主梁的纵向剖面模板图。与前面讲过的楼面梁相似，请读者练习完成该模板图的绘制。

（2）绘制基础主梁 JL03 的纵向剖面配筋图。

该步骤应对照图 7-22、图 7-24、图 7-25、图 7-31 进行。

基础梁外伸部位封边构造选择图 7-31 的（b）图纵向弯钩交错封边。

③轴线处基础梁无外伸端，顶部上排和底部下排贯通纵筋均为 4 Φ 20，根据图 7-25 的构造要求，上、下成对连通设置；顶部下排 2 Φ 20 贯通筋和底部上排 2 Φ 20 非贯通筋也成对连通设置。

根据前面的识图以及对关键部位构造的分析和选择，在纵向剖面模板图中绘制基础主梁 JL03 的钢筋，如图 7-34 所示。

（3）关键部位数据计算。

1）查表求保护层和 l_{ab}。

查相关表格，得到：基础梁的保护层为 20mm；$l_{ab} = 35d$，$\zeta_a = 1.0$

因此有：$l_a = \zeta_a \times l_{ab} = 35d = 35 \times 20\text{mm} = 700\text{mm}$

2）下部非贯通筋在跨内的截断点位置。

$$l_n = 6000\text{mm} - 500\text{mm} = 5500\text{mm}$$

$$l_n/3 = 5500\text{mm}/3 \approx 1833\text{mm}$$

3）求图 7-34 中的 Δ_1、Δ_2、Δ_3。

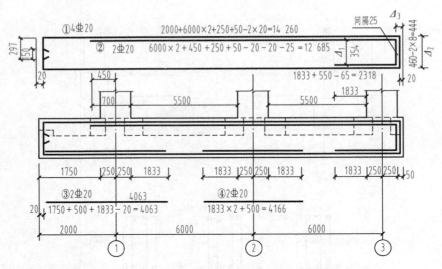

图 7 - 34 基础主梁的纵向剖面配筋及钢筋计算原理图

$\Delta_1 = $ 梁高 $-$ 2 倍保护层厚度 $-$ 2 倍箍筋直径 $-$ 上、下纵筋直径 $-$ 2 倍的纵筋净距

$= 500 - 2 \times 20 - 2 \times 8 - 2 \times 20 - 2 \times 25$

$= 354(\text{mm})$

$\Delta_2 = $ 梁高 $-$ 2 倍保护层厚度 $-$ 2 倍箍筋直径

$= 500 - 2 \times 20 - 2 \times 8$

$= 444(\text{mm})$

$\Delta_3 = $ 保护层厚度 $+$ 纵筋直径 $+$ 纵筋净距

$= 20 + 20 + 25$

$= 65(\text{mm})$

4) 基础梁外伸部位纵向弯钩交错封边弯钩长度。

基础梁外伸部位封边构造选用图 7 - 31 的（b）图纵向弯钩交错 150mm 封边。

竖向弯钩长度 $= \Delta_2/2 + 150/2 = 222 + 75 = 297(\text{mm})$

（4）分离绘制主梁的钢筋、计算长度并编号。

分离绘制梁的钢筋，上下连通的钢筋绘制到上方，下部的非贯通筋绘制在梁的下方；将关键部位数据的计算结果填补到图 7 - 34 中相应的部位，在分离的纵筋上直接计算钢筋长度；最后根据钢筋长度、规格、形状等对所有纵筋进行编号。

3. 基础主梁 JL03 的箍筋计算

（1）箍筋道数 n 计算。

此步骤应对照图 7 - 23 进行。可对照箍筋排布图直接计算箍筋的道数；若不太熟练，为避免出错，也可绘制箍筋计算简图（见图 7 - 35），根据简图来计算箍筋道数。

$n = $ 梁端箍筋范围 / 第一种箍筋间距 $+$ 跨中箍筋范围 / 第二种箍筋间距 $+$ 1

$= 2700/100 + 4600/200 + 1400/100 + 4600/200 + 1000/100 + 1$

$= 97 + 1 = 98(\text{道})$

142

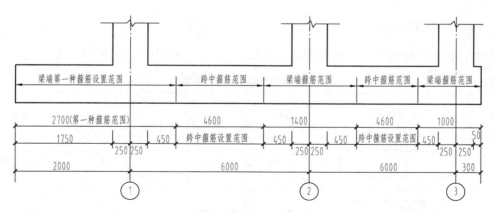

图 7-35　基础主梁 JL03 箍筋计算简图

（2）箍筋长度的计算。

此步骤应对照图 7-36 进行。从图中不难看出，基础主梁的下部纵筋摆放在基础平板底部双向贯通纵筋最下排 X 向钢筋的上面，即基础梁箍筋的下框平直段与平板底部双向贯通纵筋最下排 X 向钢筋位于同一个层面，见图 7-36。

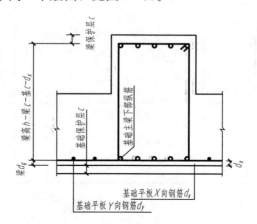

图 7-36　基础主梁箍筋长度计算原理图

外箍竖肢长度 L_1 和水平段长度 L_2 的计算如下：

$L_1 =$ 梁高 - 梁保护层 - 基础保护层 - LPB 最下排纵筋的直径 d_x + 梁箍筋的直径 d_y

$= 500 - 20 - 40 - 18 + 8$

$= 430（mm）$

$L_2 =$ 梁宽 - 2 倍梁保护层厚度

$= 350 - 2 \times 20$

$= 310（mm）$

外箍长度 l_3 和 l_4 以及内箍长度的计算，请读者作为练习，将结果填到钢筋材料明细表中。

4. 给出钢筋材料明细表

汇总上面的计算结果，给出钢筋材料明细表 7 - 8，将表中空白处补充完整。

表 7 - 8 　　　　　　　　　　　　　　基础主梁 JL03 钢筋材料明细表

编号	钢筋简图	规格	设计长度 （mm）	下料长度 （mm）	数量 （根）	备注
①	297 297 ┌ 14 260 ┐ 444 └ 14 260 ┘	Φ 20	29 558		4	上下成对连通钢筋
②	12 685 ┐ 354 2318 ┘	Φ 20	15 357		2	上下成对连通钢筋
③	4063	Φ 20	4063	4063	2	下部非贯通筋
④	4166	Φ 20	4166	4166	2	下部非贯通筋
⑤	430 310	Φ 8			98	外箍
⑥	430	Φ 8			98	内箍

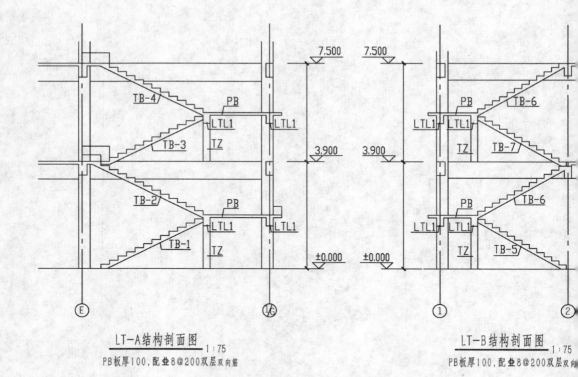

7.500

3.900

±0.000

LT-A结构剖面图 1:75
PB板厚100,配Φ8@200双层双向筋

7.500

3.900

±0.000

LT-B结构剖面图 1:75
PB板厚100,配Φ8@200双层双向

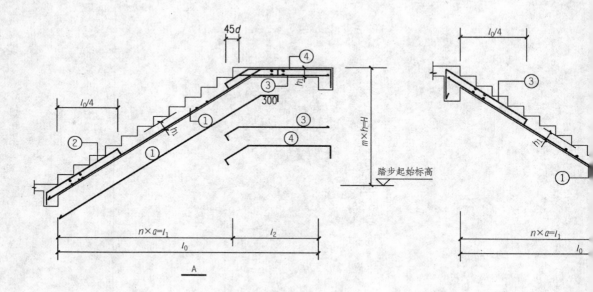

A

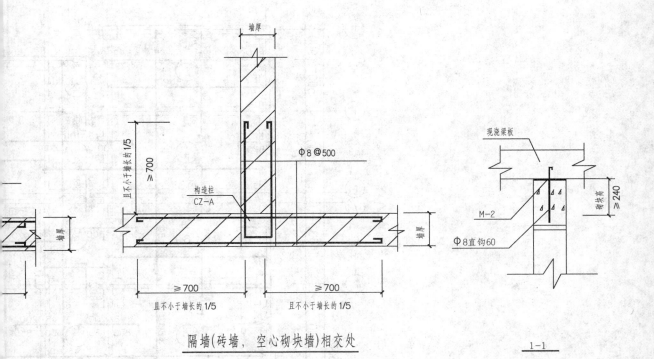

墙厚

≥700 且不小于墙长的1/5

Φ8@500

构造柱
CZ-A

墙厚

≥700
且不小于墙长的1/5

≥700
且不小于墙长的1/5

现浇梁板

M-2

Φ8直钩60

砌块高
≥240

隔墙(砖墙，空心砌块墙)相交处

1-1

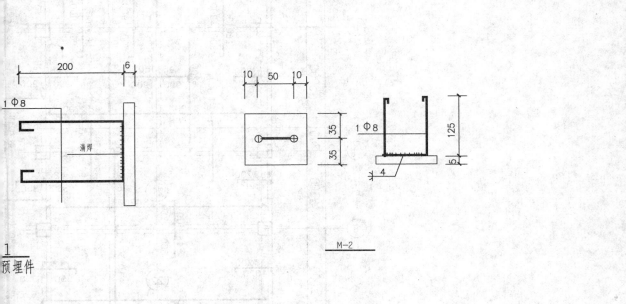

200   6

1 Φ8

满焊

1
预埋件

10 50 10

35

35

1 Φ8

125

5

4

M-2

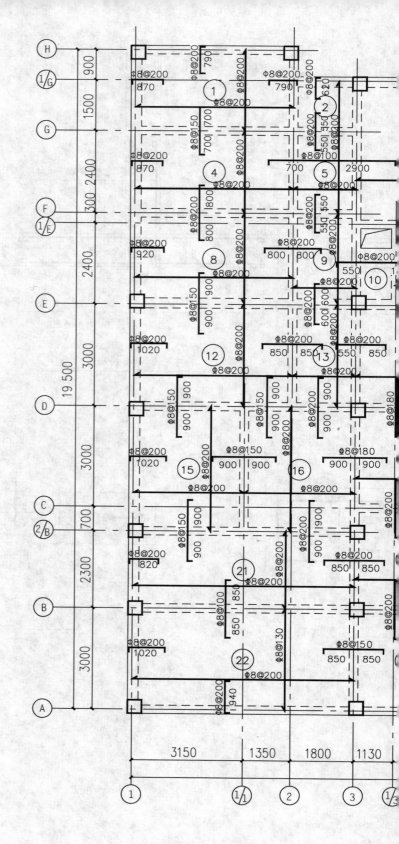

屋面层

除注明外，现
未注明分布

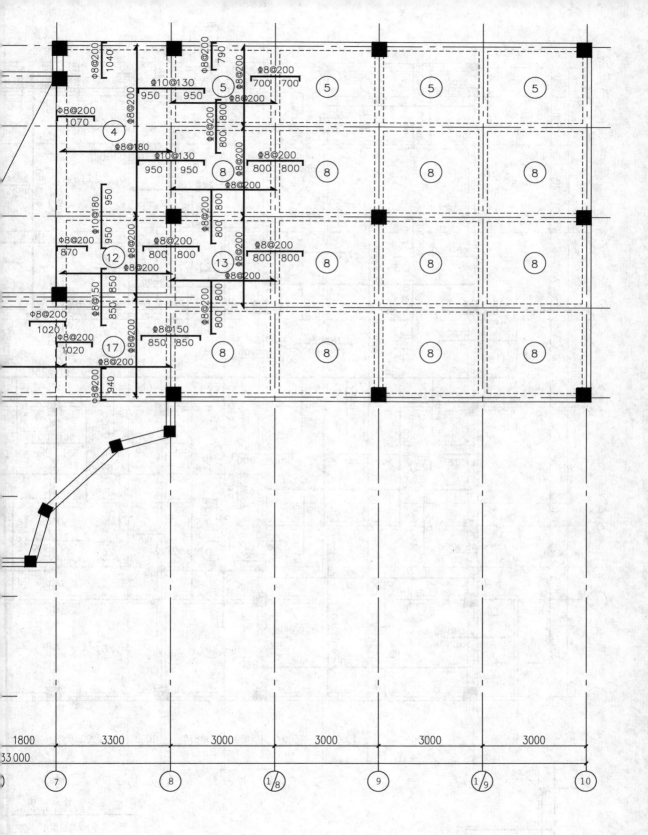

结施 12

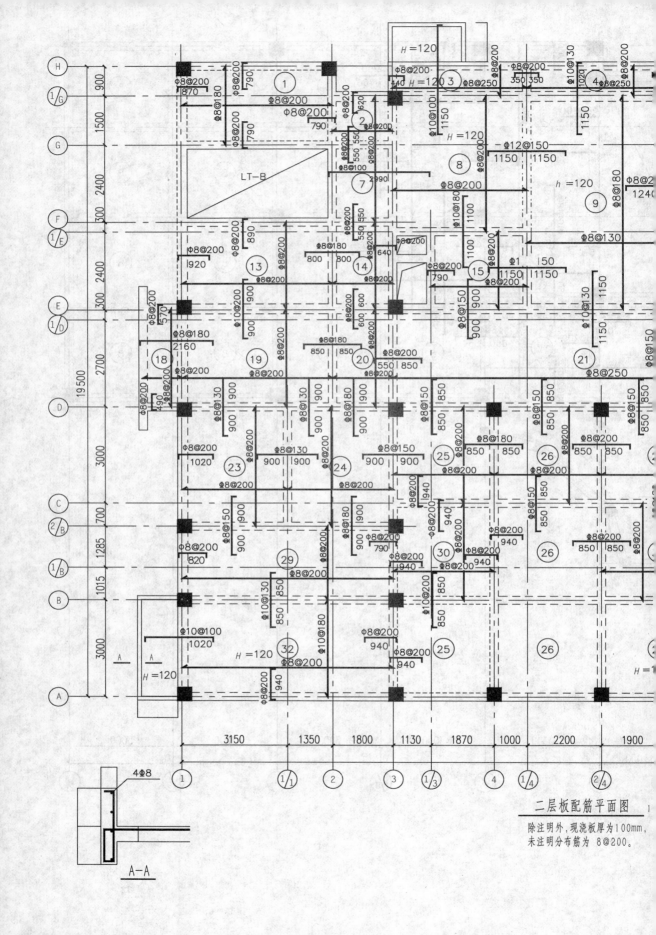

二层板配筋平面图

除注明外,现浇板厚为100mm,
未注明分布筋为 8@200。

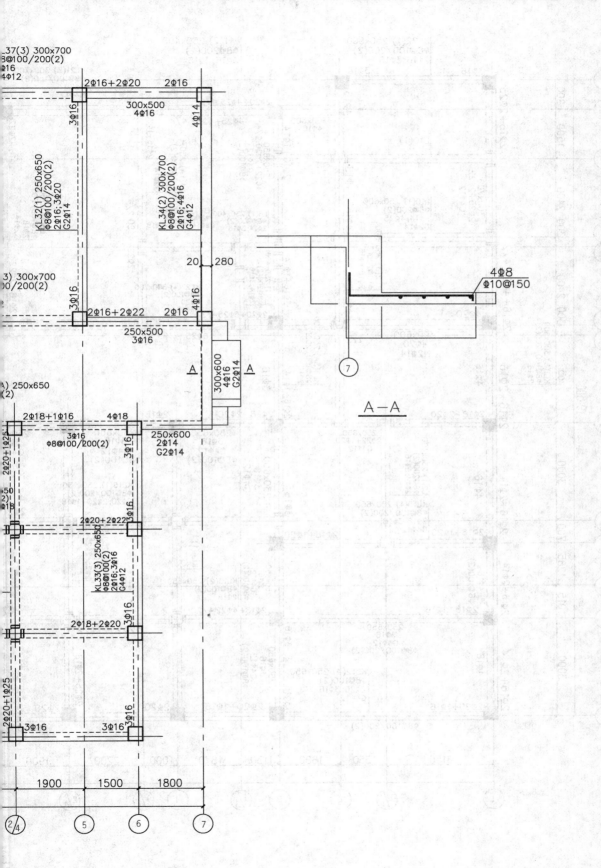

L37(3) 300×700
B@100/200(2)
Φ16
4Φ12

2Φ16+2Φ20   2Φ16

300×500
4Φ16

3Φ16   4Φ14

KL32(1) 250×650
Φ8@100/200(2)
2Φ16;3Φ20
G2Φ14

KL34(2) 300×700
Φ8@100/200(2)
2Φ16;4Φ16
G4Φ12

3) 300×700
0/200(2)

3Φ16

20   280

2Φ16+2Φ22   2Φ16   4Φ16

250×500
3Φ16

A   A

300×600
4Φ16
G2Φ14

A) 250×650
2)

2Φ18+1Φ16   4Φ18

3Φ16
Φ8@100/200(2)

3Φ16

250×600
2Φ14
G2Φ14

2Φ20+1Φ25

2Φ20+2Φ22   3Φ16

KL33(3) 250×650
Φ8@100(2)
2Φ16;3Φ16
G4Φ12

3Φ16

2Φ18+2Φ20   3Φ16

50
2)
Φ18

2Φ20+1Φ25

3Φ16   3Φ16

3Φ16

4Φ8
Φ10@150

7

A－A

1900   1500   1800

2/4   5   6   7

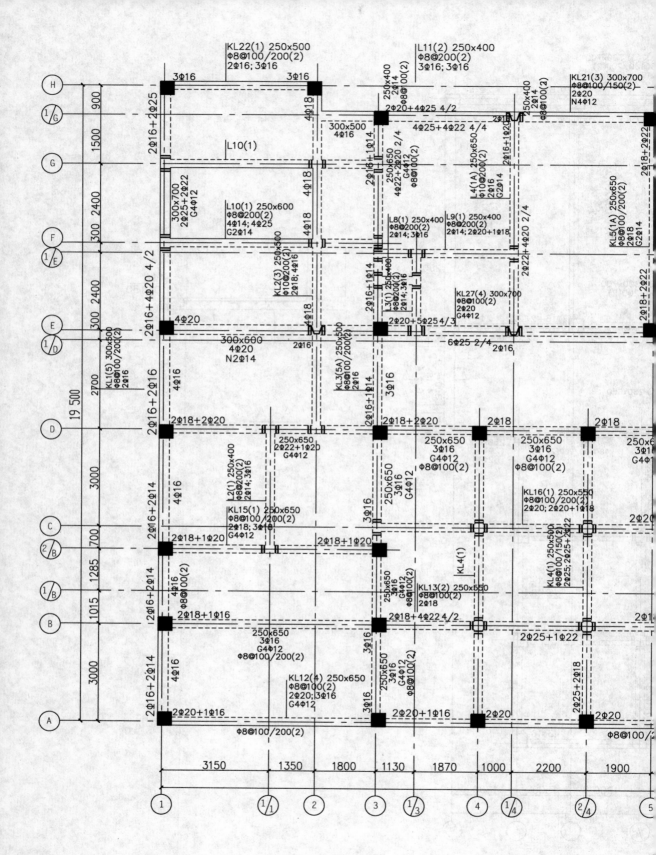

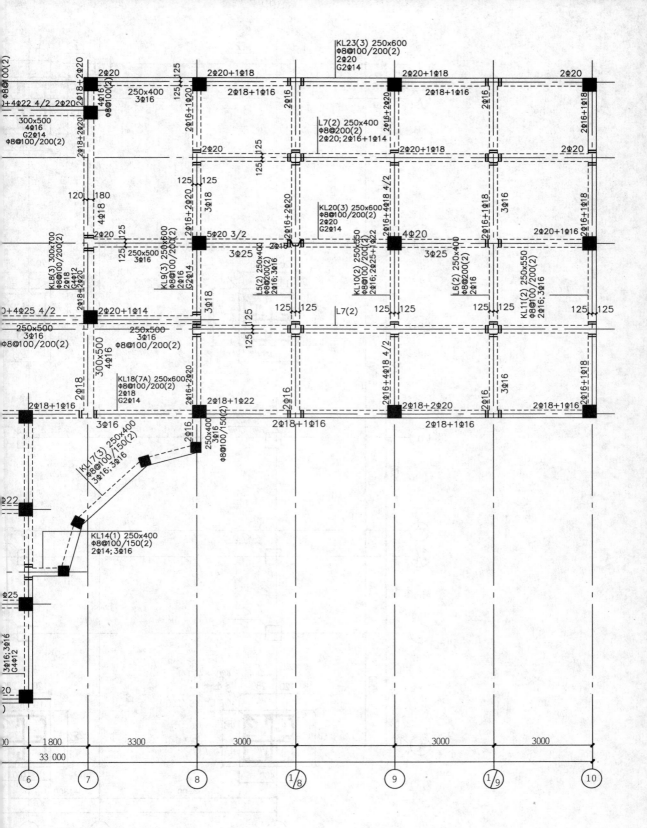

KL23(3) 250x600
Φ8@100/200(2)
2Φ20
G2Φ14

2Φ20+1Φ18   2Φ20+1Φ18   2Φ20

2Φ18+2Φ20   2Φ20+1Φ18   2Φ18+1Φ16   2Φ16   2Φ18+1Φ16

125   125

4Φ16   250x400   2Φ16+1Φ20   2Φ16   2Φ16

Φ8@100/200(2)   3Φ16   2Φ16+2Φ20

300x500   L7(2) 250x400
4Φ16   Φ8@200(2)
G2Φ14   2Φ20; 2Φ16+1Φ14

Φ8@100/200(2)

2Φ18+2Φ20   2Φ20   2Φ20+1Φ18   2Φ20

125   2Φ16+2Φ20

2Φ18+2Φ20   125   125   2Φ16+2Φ20

120   180   2Φ16+2Φ20   3Φ18   2Φ16+4Φ18 4/2   2Φ16+1Φ18   3Φ16   2Φ16+1Φ18

4Φ18   KL20(3) 250x600   2Φ16+1Φ18
Φ8@100/200(2)
2Φ20
G2Φ14

2Φ20   125   2Φ16+2Φ20   4Φ20   2Φ20+1Φ16

KL8(3) 300x700   2Φ18   250x500 250x600   2Φ18   250x550
Φ8@100/200(2)   125   Φ8@100/200(2)   3Φ25   Φ8@100/200(2)   3Φ25   250x550
2Φ18   KL9(3)   2Φ16;2Φ25+1Φ22   KL11(2)   Φ8@100/200(2)
G4Φ12   3Φ16   L5(2) 250x400   3Φ16   KL10(2) 250x550   L6(2) 250x400   2Φ16;3Φ16
2Φ18+2Φ20   G2Φ14   Φ8@200(2)   Φ8@200(2)   Φ8@200(2)
2Φ16;3Φ16   2Φ16   2Φ16

2Φ20+1Φ14   3Φ18   125   125   L7(2)   125   125   125   125   125   125

250x500   250x500   3Φ16
Φ8@100/200(2)   3Φ16   2Φ16+2Φ20   125   2Φ16+4Φ18 4/2
300x500   Φ8@100/200(2)
4Φ16

KL18(7A) 250x600   2Φ18+1Φ22
Φ8@100/200(2)
2Φ18
G2Φ14   2Φ18+1Φ16   2Φ18+1Φ16   2Φ18+1Φ18

2Φ18+1Φ16   2Φ18   2Φ16   250x400   2Φ16   2Φ18+2Φ20   2Φ16   2Φ16+1Φ18
3Φ16   3Φ16   3Φ16
Φ8@100/150(2)   2Φ18+1Φ16   2Φ18+1Φ16   3Φ16

KL17(3) 250x400
Φ8@100/150(2)
3Φ16; 3Φ16

Φ22

KL14(1) 250x400
Φ8@100/150(2)
2Φ14; 3Φ16

Φ25

3Φ16;3Φ16
G4Φ12

20

1800   3300   3000   3000   3000

33 000

⑥   ⑦   ⑧   1/8   ⑨   1/9   ⑩

平面图 1:75

结施 8

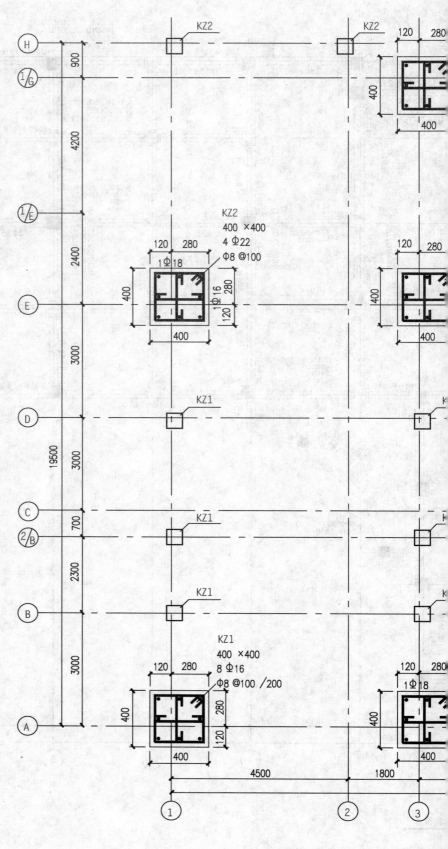

三层柱配筋

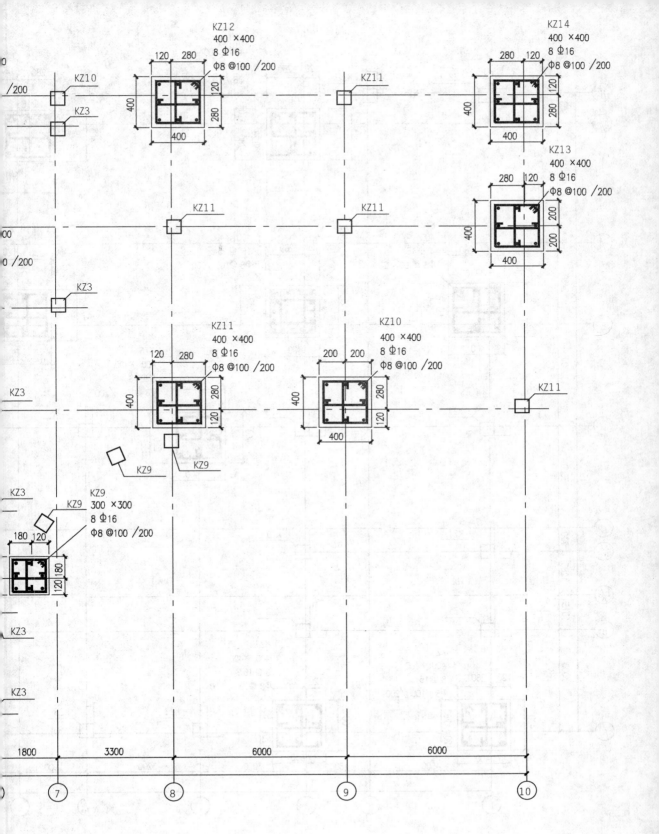

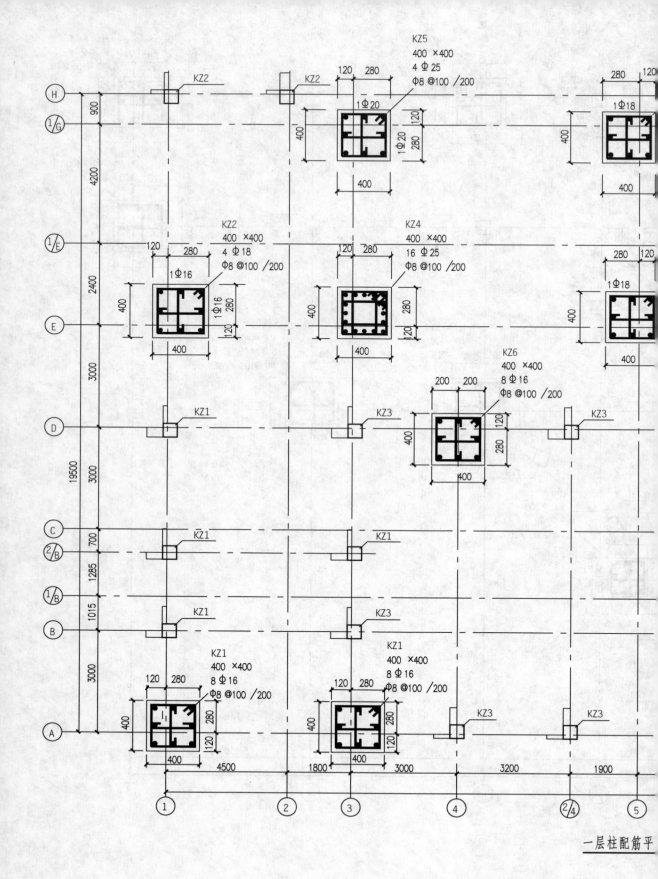

一层柱配筋平

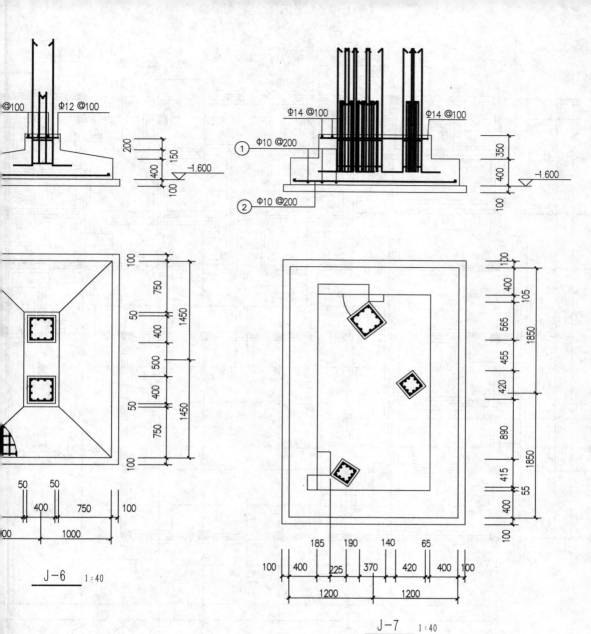

@100 Φ12 @100

200
150
400
-1.600
100

Φ14 @100 Φ14 @100

① Φ10 @200
350
400 -1.600
100

② Φ10 @200

100
750
50 1450
400
500
50
400
50 1450
750
100

50 50
400 750 100
00 1000

J－6 1:40

100
400
105
565
1850
455
420
890
415 1850
55
400
100

185 190 140 65
100 400 370 420 400 100
225
1200 1200

J－7 1:40

结施 4

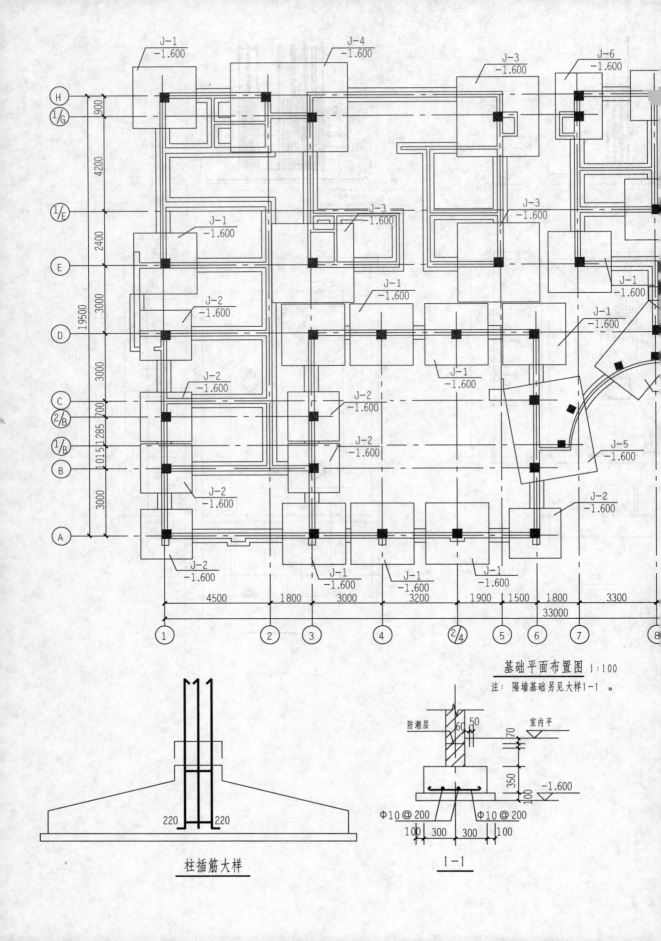

基础平面布置图 1:100

注：隔墙基础另见大样1-1。

柱插筋大样

1—1

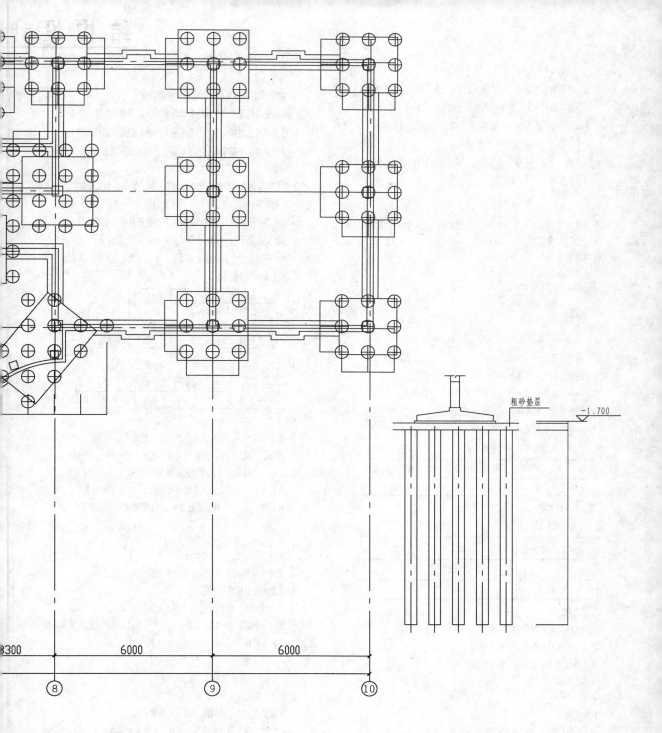

粗砂垫层

−1.700

3300　　　　　6000　　　　　6000

⑧　　　　　⑨　　　　　⑩

结施 2

一、工程概况

1.本工程采用框架结构，抗震设防烈度为6度，框架抗震等级为4级，建筑场地类别为Ⅱ类。混凝土结构的环境类别；

基础、外墙、屋面板：二(a)类。基础、基础梁、挡土墙混凝土二(b)类；其他混凝土：一类。

2.本工程建筑结构安全等级为二级。地基基础设计等级为丙级。

3.本工程设计基准期为50年。

二、设计依据

(一)自然条件

1.地震：本工程抗震设防烈度为6度，设计基本地震加速度值为0.05g，第二组。

2.基本风压 $W_0 = 0.45kN/m^2$。

3.基本雪压 $S_0 = 0.30kN/m^2$。

4.《岩土工程勘察报告》。

(二)设计遵循的规范规定

1.《建筑结构荷载规范》(GBJ 50009 — 2001)。

2.《混凝土结构设计规范》(GB 50010 — 2010)。

3.《建筑地基基础设计规范》(GB 50007 — 2002)。

4.《建筑抗震设计规范》(GB 50011 — 2001)。

5.《建筑地基处理技术规范》(JGJ 9 — 2002)。

6.《湿陷性黄土地区建筑规范》(GB 50025 — 2004)。

7.《砌体结构设计规范》(GB 50003 — 2001)。

(三)屋面和楼面均布活荷载标准值及其准永久值系数：

类别	标准值(kN/m²)	准永久值系数
不上人屋面	0.5	0.0

三、主要结构材料

(一)混凝土强度等级

构件	楼层标高 基础顶~屋顶
柱	C25
梁板	C25

(二)钢筋

1.以φ标示热轧钢筋 HPB300。

2.以Φ标示热轧钢筋 HRB335。

3.以Φ标示热轧钢筋 HRB400。

(三)型钢

钢板：AF3。

(四)焊条

E43用于HPB300钢筋焊接。E50用于HRB335级钢筋焊接。

四、构造要求（各分项有具体要求时，以分项说明为准）

(一)受力钢筋的混凝土净保护层厚度

柱：30mm；梁：30mm；现浇板：20mm。

(二)钢筋的锚固

纵向受力钢筋的最小锚固长度 l_a 应符合下列要求

φ为35d；Φ为40d；Φ为50d

纵向受拉钢筋的锚固长度不应小于300mm。

(三)钢筋的接头

（各分项有具体要求时，以分项说明为准）

1.纵向受力钢筋采用机械接头或焊接接头。钢筋焊接接头的形式可采用闪光对焊、电弧焊或电渣压力焊。钢筋焊接接头的类型及质量应符合国家现行标准《混凝土结构工程施工及验收规范》的要求。

2.受力钢筋的接头位置应设在受力较小处，接头应相互错开，当采用非焊接的搭接接头时连接区段长度为1.3倍搭接长度，凡搭接接头中点位于该连接区段长度内的搭接接头均属于同一连接区。采用焊接接头时在焊接接头处的35d且不小于500mm内，有接头的受力钢筋截面面积占受力钢筋总截面面积的百分率应符合下表的规定。

接头形式	受拉区	受压区
绑扎骨架中钢筋的搭接接头	25	50
焊接骨架中钢筋的搭接接头	50	50
受力钢筋的焊接接头	50	不限制

3.纵向受力钢筋绑扎搭接接头的搭接长度 $l_a = a l_{aE}$。

纵向钢筋搭接接头面积百分率(%)	≤25	≤50	≤100
a	1.2	1.4	1.6

五、基础

1.根据山东众成工程建设服务有限公司提供的地质报告，本工程以第二层土层(粉质黏土)为持力层，承载力特征值：90kPa。基础采用深层搅拌桩进行地基加固，以第六层土(粉土)作为基础持力层，复合地基承载力标准值暂按160kPa计算。

2.防潮层：用1:2.5水泥砂浆掺入5%防水剂(水泥重量比)，20厚。

3.基础结构材料：

混凝土——C25，砌体水泥砂浆——M5，黄河淤泥砖≥MU10，素混凝土垫层——C15。

4.基础混凝土构件保护层：

基础受力筋：40mm；基础梁：40mm。

5.基础与基础工程的施工应遵照《地基与基础工程施工及验收规范》有关规定施工。

六、上部结构

(一)钢筋混凝土现浇板

1.板的底部钢筋应伸入支座，且>10d。

2.板的中间支座上部钢筋(负筋)两端弯直钩。

3.板的边支座负筋一般应伸至梁外皮(留保护层厚度)，锚固长度如已满足受拉钢筋的最小锚固长度，直锚长度同另一端，如不满足，此端加长垂直段，直到满足锚固长度为止。当边梁较宽时，负筋不必伸至梁外皮，按受拉钢筋的最小锚固长度或图中注明尺寸施工。当为HPB300钢筋时端部应另设弯钩。

4.双向板的底部钢筋，短跨钢筋在下排，长跨钢筋在上排。

5.当板底与梁底平时，板的下部钢筋按1：6的斜度伸入梁内且置于梁的下部纵向钢筋之上。

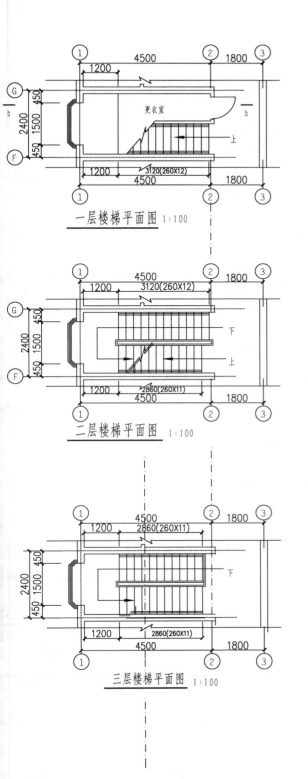

一层楼梯平面图 1:100

二层楼梯平面图 1:100

三层楼梯平面图 1:100

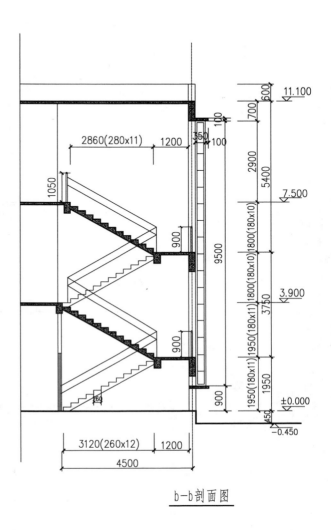

b—b剖面图

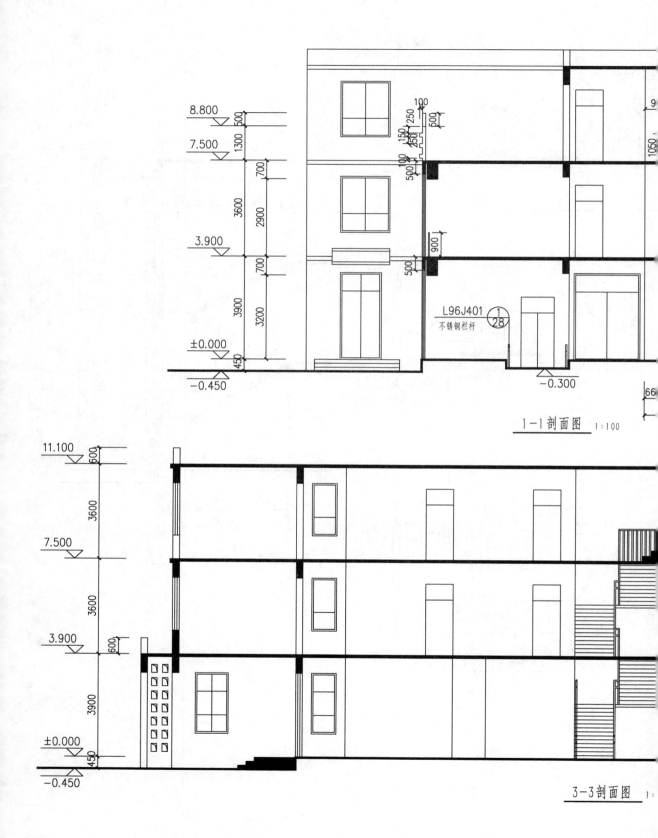

8.800

7.500

3.900

±0.000

−0.450

500
1300
700
3600 2900
700
3900 3200
450

100
250 150
250
500
100
500
900
500

9

1050

L96J401 ①
不锈钢栏杆 ⟨28⟩

−0.300

66

1—1剖面图 1:100

11.100

7.500

3.900

±0.000

−0.450

600
3600
3600
600
3900
450

3—3剖面图 1:

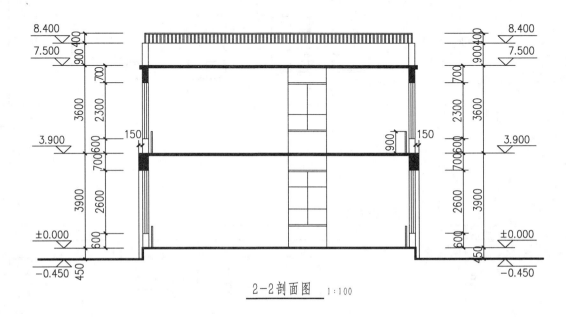

2-2剖面图 1:100

注:
1.标注部位为淡黄色外墙涂料;
2.标注部位为白色外墙涂料;
3.标注部位为深蓝色外墙涂料;
4.标注部位为艳红色外墙涂料;
5.标注部位为文化墙。

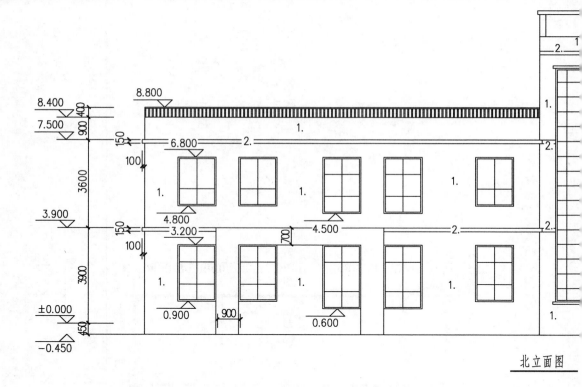

北立面图

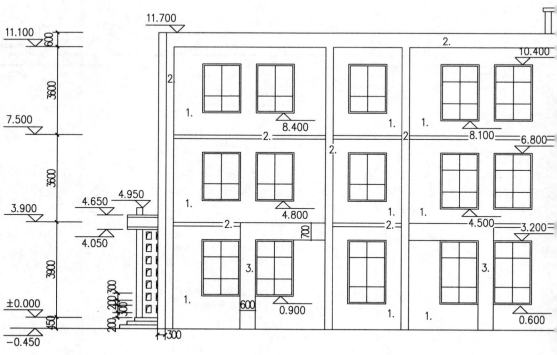

注:
1.标注部位为淡黄色外墙涂料;
2.标注部位为白色外墙涂料;
3.标注部位为深蓝色外墙涂料;
4.标注部位为艳红色外墙涂料。

南立面图

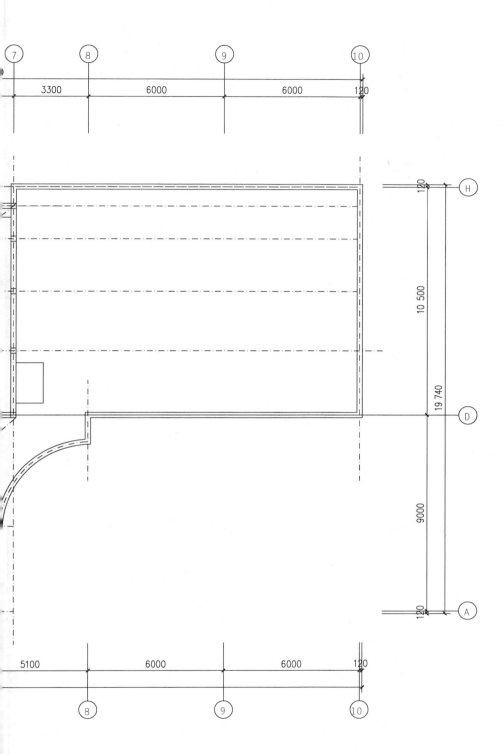

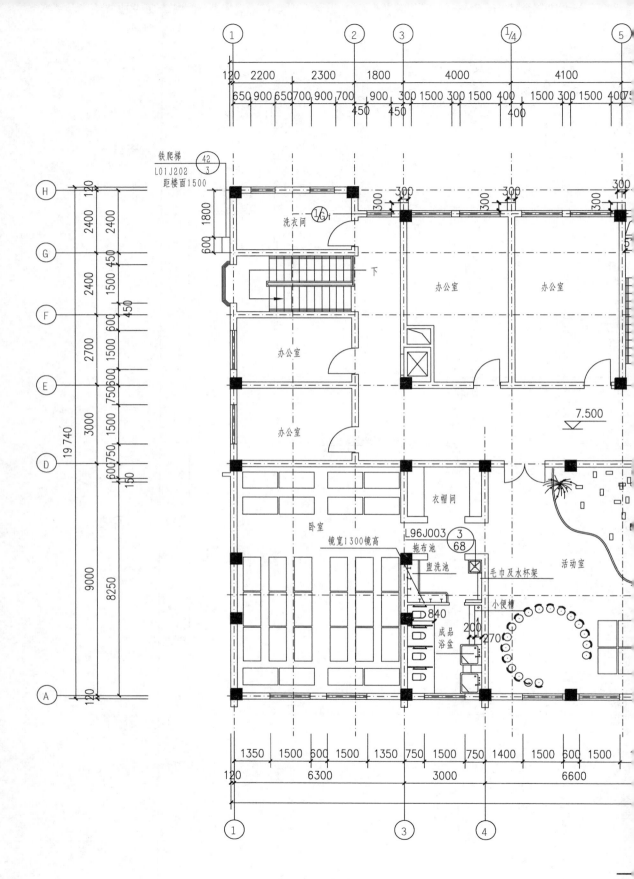

铁爬梯
L01J202
距楼面1500

洗衣间

办公室　办公室

下

办公室

办公室

7.500

衣帽间

卧室

镜宽1300镜高

L96J003 ③/68

拖布池

盥洗池

毛巾及水杯架

活动室

成品浴盆

小便槽

建筑

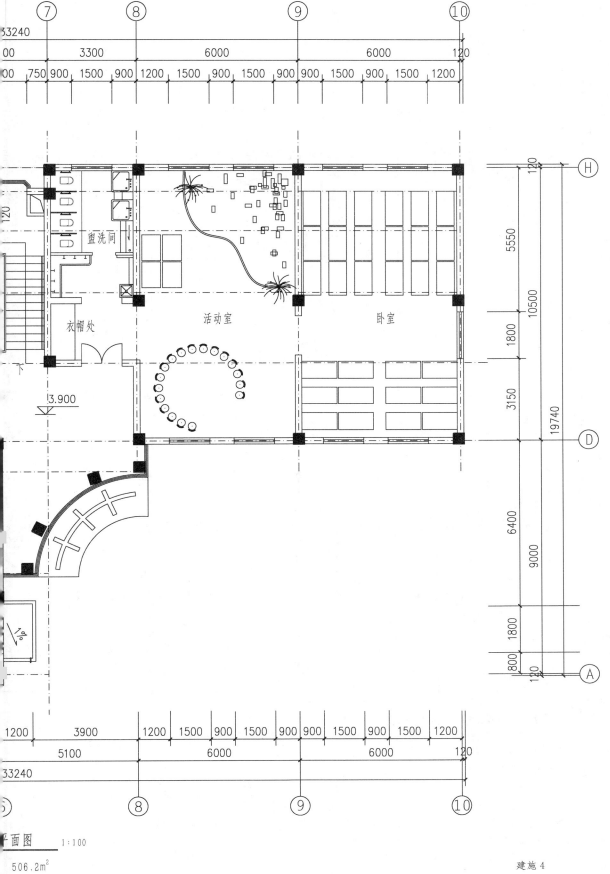

⑦　⑧　⑨　⑩

3300　6000　6000　120

00　750　900　1500　900　1200　1500　900　1500　900　900　1500　900　1500　1200

120

⑪

5550

10500

1800

3150

19740

盥洗间

衣帽处

下

3.900

活动室

卧室

6400

9000

1800

800

120

1%

120

H

D

A

1200　3900　1200　1500　900　1500　900　900　1500　900　1500　1200

5100　6000　6000　120

33240

⑥　⑧　⑨　⑩

平面图　　1:100

506.2m²

建施 4

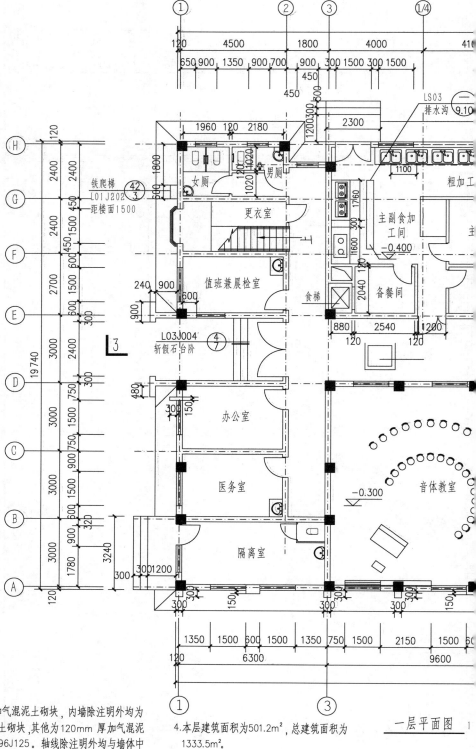

一层平面图

注:
1. 外墙为 240mm 厚加气混泥土砌块,内墙除注明外均为 240mm 厚加气混泥土砌块,其他为 120mm 厚加气混泥土砌块,做法详见 L96J125。轴线除注明外均与墙体中心线重合;门垛除注明外均为120mm(距墙外皮)。

2. 卫生间,厨房,阳台地面,均比室内地坪低 20mm,1%排水坡度坡向地漏,地漏位置详见水施图。

3. 首层窗加不锈钢防护网,活动室及卧室加设纱窗。玻璃底边距离楼地面小于1200mm的窗玻璃均采用安全玻璃;生产厂家均须执行JGJ113—2003有关规定。

4. 本层建筑面积为501.2m²,总建筑面积为1333.5m²。

5. 图例:

███ 钢筋混凝土柱　　▭ 加气混泥土砌块

6. 楼梯靠墙侧栏杆选用（仿L96J401 1-41／不锈钢栏杆 28）幼儿扶手），另一侧选用（仿L96J401／不锈钢栏杆／栏杆净宽≤11

其踏面以上高度改为1.05m,做法参（仿L96J401 1-3／不锈钢栏杆 5）。／栏杆净宽≤110

踢脚		内墙		顶棚	
编号	名称	编号	名称	编号	名称
踢2	水泥砂浆踢脚 踢脚高度为400	内墙9	水泥砂浆抹面	棚5	水泥砂浆顶棚
踢2	水泥砂浆踢脚 踢脚高度为100	内墙9	水泥砂浆抹面	棚5	水泥砂浆顶棚
		内墙43 内墙37 内墙38	防水砂浆瓷砖墙面	棚5	水泥砂浆顶棚
踢2	水泥砂浆踢脚 踢脚高度为100	内墙7 内墙9	水泥砂浆抹面	棚5	水泥砂浆顶棚
踢2	水泥砂浆踢脚 踢脚高度为100	内墙7 内墙8 内墙9	水泥砂浆抹面	棚5	水泥砂浆顶棚
踢2	水泥砂浆踢脚（踢脚高度为100）	内墙9	水泥砂浆抹面	棚5	水泥砂浆顶棚

防水等级为Ⅱ级

防水等级为Ⅱ级

防水等级为Ⅲ级，外贴橘红色英红瓦（仿 L01J202　43-1 ）

颜色详立面图

颜色详立面图

用于住宅入口处

用于残疾人坡道

建筑物四周，宽1000

一、设计依据

1. 本建筑设计图是在甲方所认可的方案的基础上，按甲方提供的变更设计要求及各专业的技术条件编制而成。
2. 本工程标高以m为单位，其余均以mm为单位。

二、设计指标

1. 建筑类别：二类建筑
2. 耐火等级：二级
3. 屋面防水等级：二级
4. 设计使用年限：50年

三、墙体工程

1. 本工程结构形式为框架异形柱结构，围护墙及户型内隔墙均为加气混泥土砌块。砌块构造详见L96J125。
2. 墙体除注明外均居轴线中。地下部分外墙为加气混泥土砌块，防水做法参见 L96J301 $\frac{1}{34}$ $\frac{1}{35}$，其中砖墙处距室外坪1.5m内采用防水涂抹。隔墙采用加气混凝土砌块。墙体厚度见各层平面图及注明。
3. 外墙体保温采用ZL聚苯颗粒保温系统。具体做法参见L02SJ111。

四、楼地面工程

1. 厨房、卫生间、阳台楼地面标高比相邻的房间地面低20mm，设排水坡1%向地漏找坡，地漏的具体位置详见水专业图纸。
2. 结构楼面所留地面厚度与标准的地面构造厚度有差异时，应调整地面构造中的找平层（或找坡层）厚度，使楼地面层标高符合设计标高。
3. 管道井楼板待管道安装完毕后浇筑。

五、装修工程

1. 室内门窗洞口及墙体之阳角距地楼面2.1m高范围内均用1:2.5水泥砂浆抹成暗护角R=3，宽100mm。
2. 所有门窗樘（除注明的外）均位于墙中。
3. 外装修构件颜色及质量须经设计认可后方可采用。
4. 油漆刷浆工程（包括木材，金属，钢筋混凝土及抹灰面）除图中另外注明者外，均按中级做法，面漆为二道调和漆，金属构件（铝合金，不锈钢制品除外）需先涂防锈底漆一道。
5. PVC塑料门窗为本色PVC塑料框，无色中空玻璃。型材为85系列，PVC塑料门窗做法应满足L99J605的要求。窗玻璃为5mm厚中空玻璃，门玻璃为6mm厚中空玻璃。面积大于1.5m²的玻璃、落地窗的玻璃及玻璃雨篷均需采用安全玻璃。选用玻璃须经厂家耐风压试验合格后方可使用。门玻璃面积大于0.5m²的采用安全玻璃。
6. 玻璃幕的样式及安装由生产厂家提供方案，经设计认可后由专业安装队伍进行施工，预埋件现玻璃幕墙的风压变形、雨水渗漏、空气渗透、平面内变形、保温、隔声及耐撞击等性能分级应符合国家现行产品标准的规定。玻璃幕墙玻璃采用安全玻璃。

7. 窗台板做法参见L96J901-52-D。
8. 油漆颜色，室内外金属制件，除图中特殊注明者外，均与所在部位墙面颜色同。
9. 本工程中所有门窗的外形尺寸均为洞口尺寸经核实后再进行门窗的制作，玻璃及门窗立面样式详门窗立面。外门、窗气密性为Ⅱ级。双层玻璃窗空气层厚度16mm。
10. 本工程中门窗数量及洞口尺寸需经现场核对后再订货。
11. 凡木制构件与砌体接触部分及木砖需满涂防腐剂。
12. 由厂家提供风压计算，窗樘尺寸，玻璃厚度，经设计方审核后方可施工。

六、屋面工程

1. 防水工程应由专业施工队施工，对进入施工现场的防水材料要有出厂合格证，并需要有进场试验报告，确保其符合设计要求，否则施工单位不得使用。
2. 防水等级按二级设计，采用二道防水设防，具体做法详建筑做法说明。

七、电梯

1. 电梯选用广州日立电梯有限公司产品，（由甲方提供资料）GVF-1000-CO105型电梯，载重量为1000kg，客梯数量为每单元一部，速度1.5m/s。
2. 在主体结构施工之前明确订货，并将厂家提供的技术资料与安装预留孔洞及预埋件资料对照本设计图做一次图纸会审与调整修改，安装时由厂家配合施工，以免造成返工。

八、节能设计

1. 按有关规定本建筑已做建筑节能设计。
2. 设计依据：
   a. 《民用建筑节能设计标准（采暖居住建筑部分）》（JGJ 26-2010）。
   b. 《民用建筑热工设计规范》（GB 50176-1993）。
   c. 《民用建筑节能设计标准（采暖居住建筑部分）山东省实施细则》（DBJ14-S2-1998）。
3. 本工程采取的节能措施：
   (1) 外墙：a.20mm厚水泥砂浆；   b.240mm厚加气混凝土砌块；
   c.20mm厚聚合物砂浆；   d.40mm厚ZL聚苯颗粒保温系统；
   e.金属六角网与墙体上带尾孔射钉双向@500绑扎；
   f.3mm厚保温砂浆；
   g.网格布 h.弹性底涂、柔性腻子K.外墙涂料（L02SJ111 $\frac{2}{22}$）。
   (2) 屋面：屋46（上人屋面）、屋27（不上人屋面）
   屋面保温采用100mm厚憎水膨胀珍珠岩保温块。

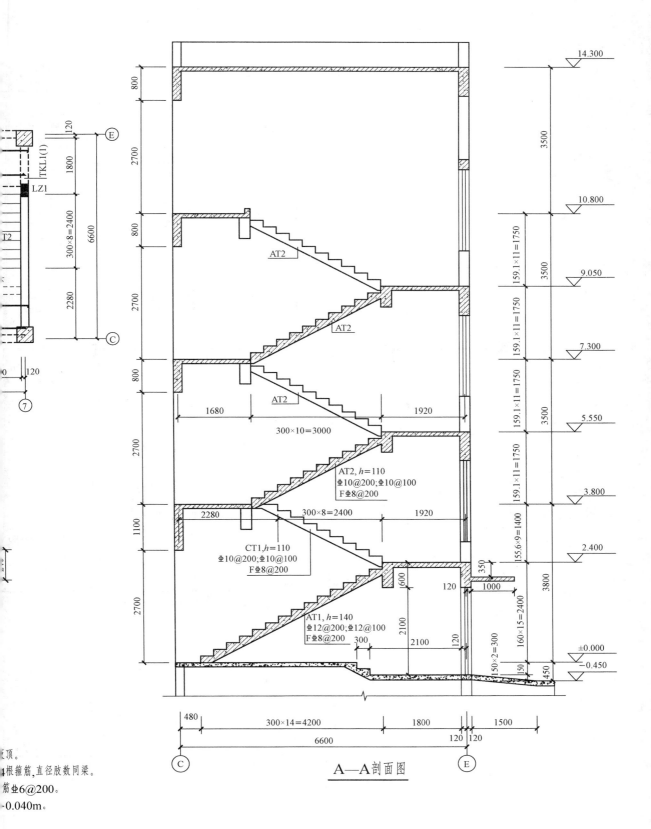

14.300

800

2700

3500

10.800

800

$159.1 \times 11 = 1750$

AT2

3500

2700

9.050

$159.1 \times 11 = 1750$

AT2

800

7.300

$159.1 \times 11 = 1750$

1680

AT2

1920

3500

2700

$300 \times 10 = 3000$

5.550

$159.1 \times 11 = 1750$

AT2, $h=110$
$\Phi10@200;\Phi10@100$
$F\Phi8@200$

1100

2280

$300 \times 8 = 2400$

1920

3.800

$155.6 \times 9 = 1400$

CT1, $h=110$
$\Phi10@200;\Phi10@100$
$F\Phi8@200$

350

1000

120

2.400

2700

600

120

$160 \times 15 = 2400$

3800

2100

AT1, $h=140$
$\Phi12@200;\Phi12@100$
$F\Phi8@200$

2100

300

120

±0.000

$150 \times 2 = 300$

150

150

450

−0.450

480

$300 \times 14 = 4200$

1800

1500

6600

120 120

C

E

A—A剖面图

120

TKL1(1)

E

1800

LZ1

6600

$300 \times 8 = 2400$

T2

2280

C

120

7

顶。
4根箍筋,直径肢数同梁。
筋Φ6@200。
−0.040m。

结施 13

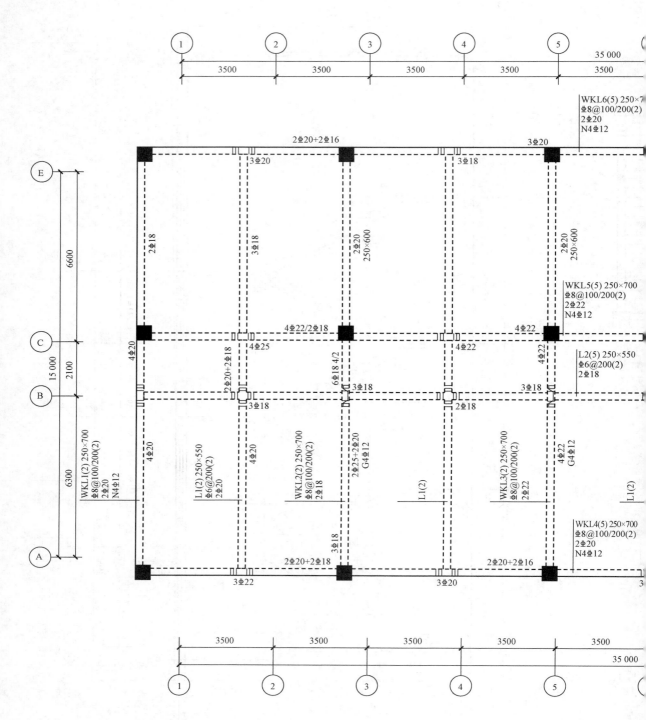

标高14.300屋面

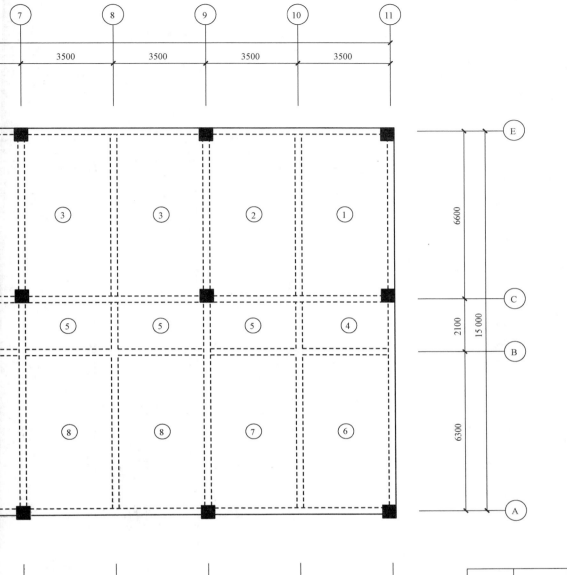

层号	标高(m)	层高 (m)
屋面	14.300	
4	10.760	3.540
3	7.260	3.500
2	3.760	3.500
1		

结构层楼面标高
结构层高

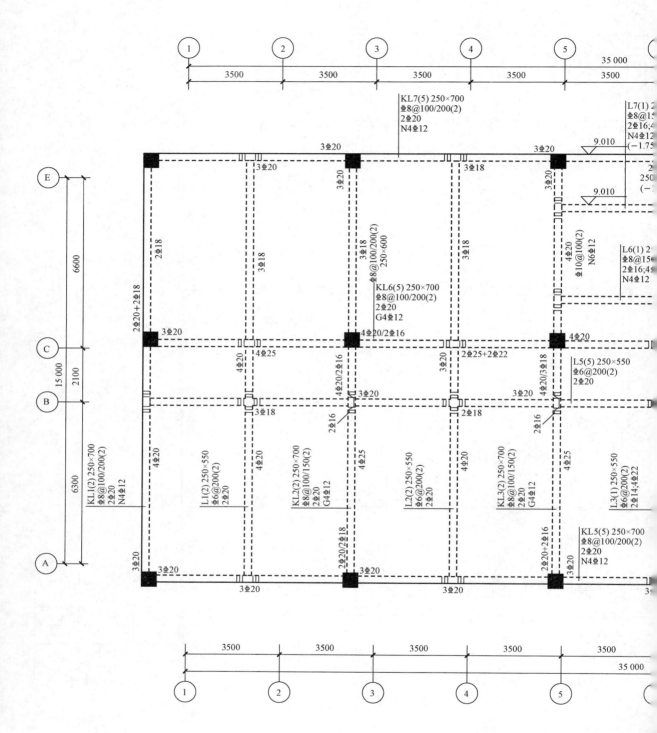

标高10.760楼面梁

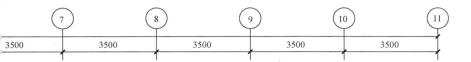

<table>
<tr><td>7</td><td>8</td><td>9</td><td>10</td><td>11</td></tr>
</table>

3500 | 3500 | 3500 | 3500 | 3500

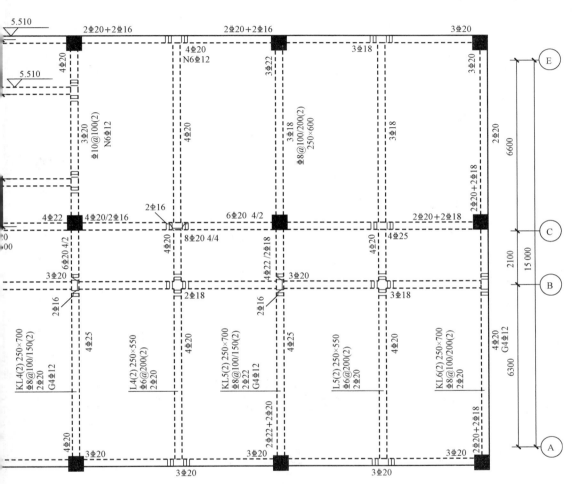

5.510

2Φ20+2Φ16   2Φ20+2Φ16   3Φ20

4Φ20
N6Φ12

5.510

3Φ18

3Φ20

4Φ20

3Φ20
Φ10@100(2)
N6Φ12

4Φ20

3Φ22

E

2Φ20

3Φ18
Φ8@100/200(2)
250×600

3Φ18

6600

2Φ20+2Φ18

4Φ22   4Φ20/2Φ16   2Φ16   6Φ20 4/2   2Φ20+2Φ18   C

4Φ20   8Φ20 4/4   4Φ20   4Φ25

15 000

6Φ20 4/2   3Φ20   3Φ20   2100

3Φ20   2Φ18   2Φ16   4Φ22/2Φ18   3Φ18   B

2Φ16

KL4(2) 250×700   L4(2) 250×550   KL5(2) 250×700   L5(2) 250×550   KL6(2) 250×700
Φ8@100/150(2)   Φ6@200(2)   Φ8@100/150(2)   Φ6@200(2)   Φ8@100/200(2)
2Φ20   2Φ20   2Φ22   2Φ20   2Φ20
G4Φ12   G4Φ12   G4Φ12   4Φ20   G4Φ12

4Φ25   4Φ20   4Φ25   4Φ20   6300

4Φ20   3Φ20   2Φ22+2Φ20   3Φ20   2Φ20+2Φ18   A

4Φ20   4Φ20

3Φ20   3Φ20   3Φ20

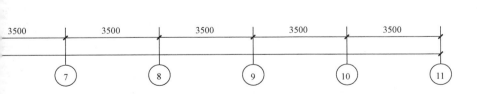

3500 | 3500 | 3500 | 3500 | 3500

<table>
<tr><td>7</td><td>8</td><td>9</td><td>10</td><td>11</td></tr>
</table>

层号	标高(m)	层高(m)
屋面	14.300	
4	10.760	3.540
3	7.260	3.500
2	3.760	3.500
1		

结构层楼面标高
结构层层高

结施 9

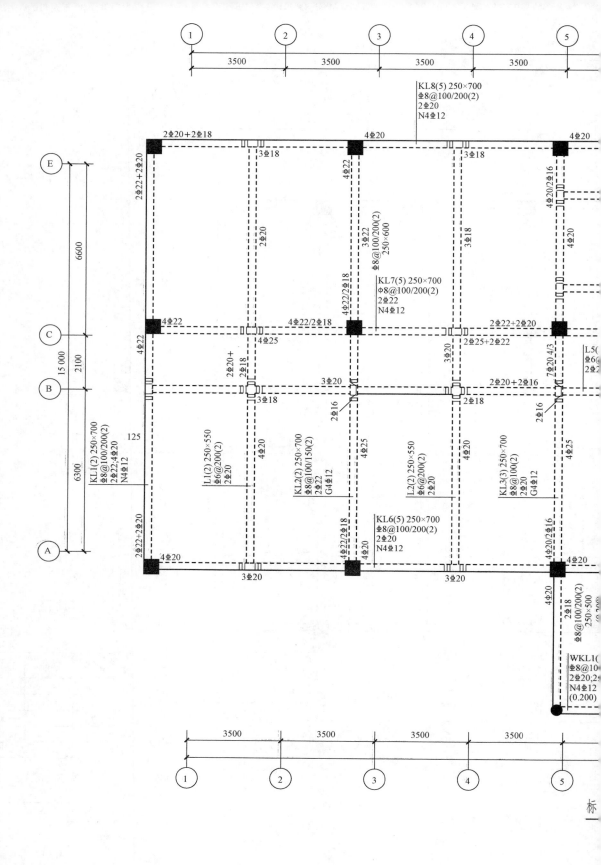

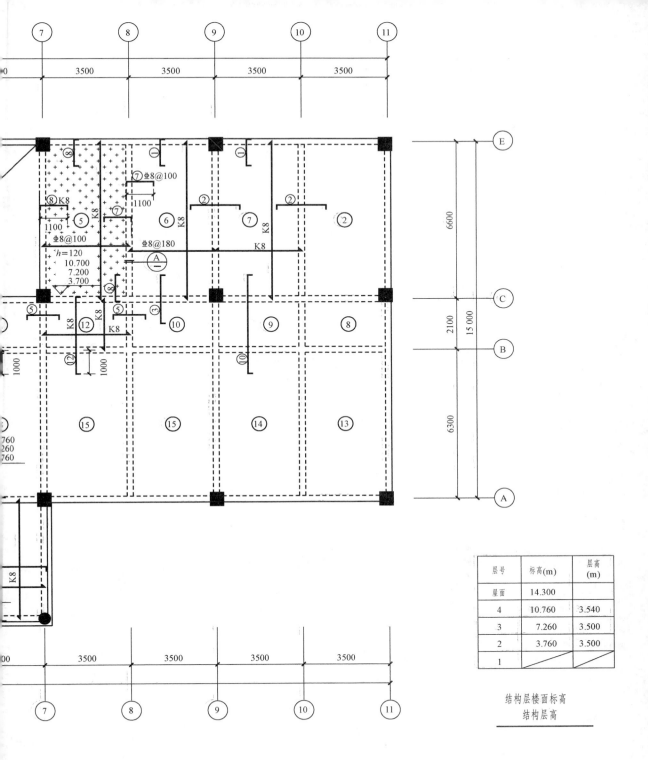

层号	标高(m)	层高 (m)
屋面	14.300	
4	10.760	3.540
3	7.260	3.500
2	3.760	3.500
1		

结构层楼面标高
结构层层高

楼面板配筋图

0m,10.760m。

Φ14钢筋,两端伸入梁内且满足锚固长度要求。

200; K8表示Φ8@200 K12表示Φ12@200。

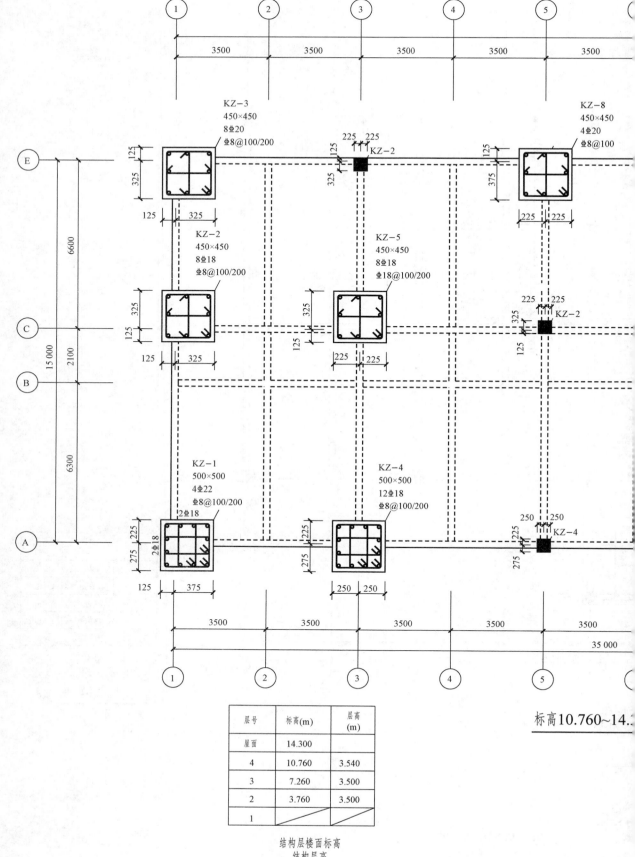

层号	标高(m)	层高(m)
屋面	14.300	
4	10.760	3.540
3	7.260	3.500
2	3.760	3.500
1		

结构层楼面标高
结构层高

标高10.760~14.

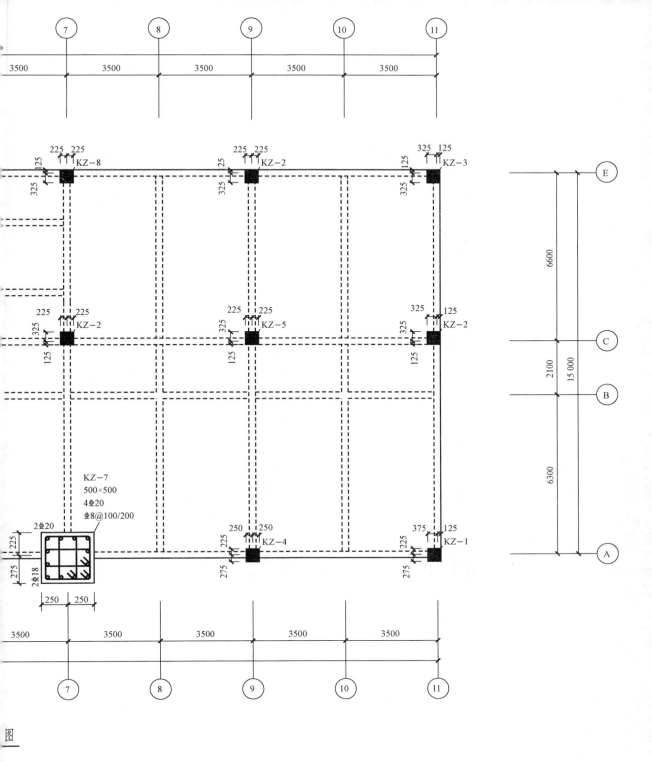

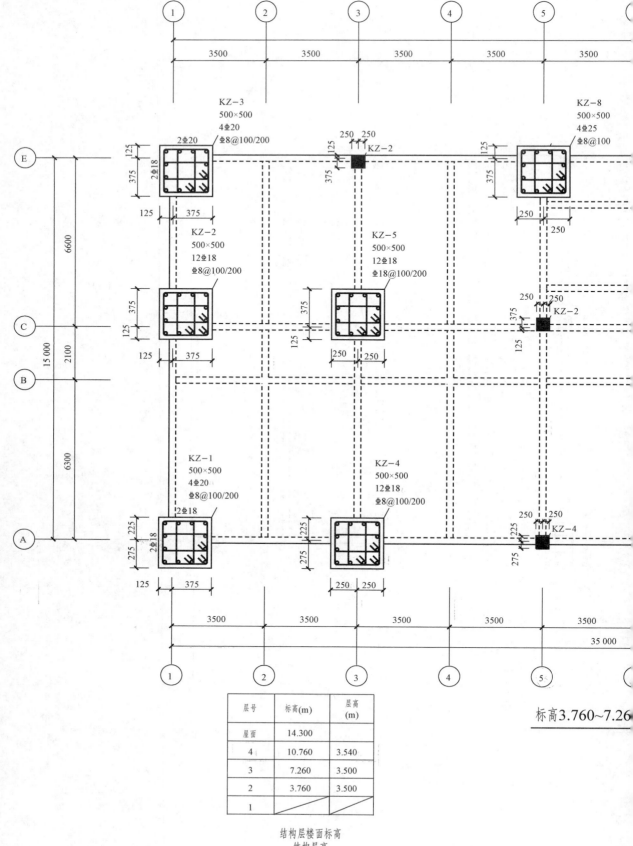

层号	标高(m)	层高(m)
屋面	14.300	
4	10.760	3.540
3	7.260	3.500
2	3.760	3.500
1		

结构层楼面标高
结构层高

标高3.760~7.26

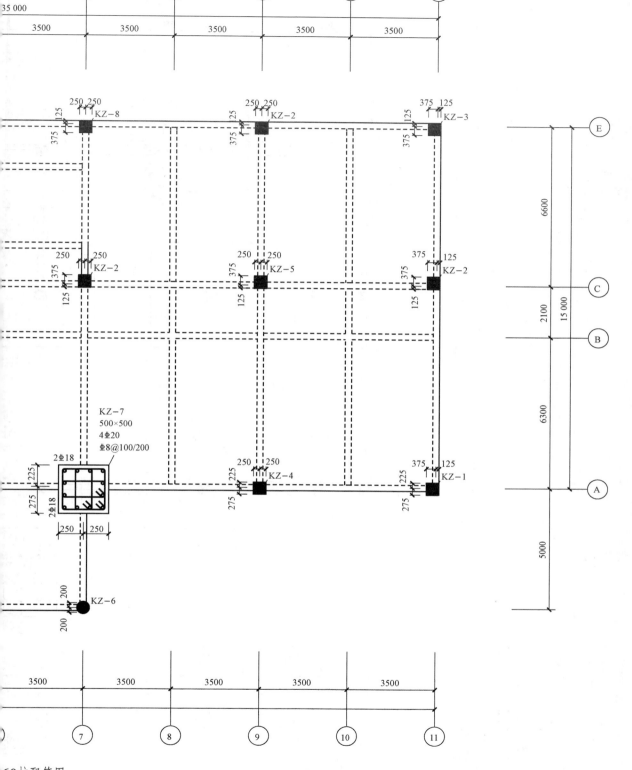

⑦ ⑧ ⑨ ⑩ ⑪

3500   3500   3500   3500   3500

250 250   KZ-8
125
375

250 250   KZ-2
25
375

375 125   KZ-3
125
375

E
6600

250   KZ-2
375
125

250 250   KZ-5
375
125

375 125   KZ-2
375
125

C
2100   15 000

B

KZ-7
500×500
4Φ20
Φ8@100/200

2Φ18
225
275
2Φ18

250 250   KZ-4
225
275

375 125   KZ-1
225
275

6300

A

5000

250 250

200 200   KZ-6
200

3500   3500   3500   3500   3500

⑦ ⑧ ⑨ ⑩ ⑪

60柱配筋图

结施 3

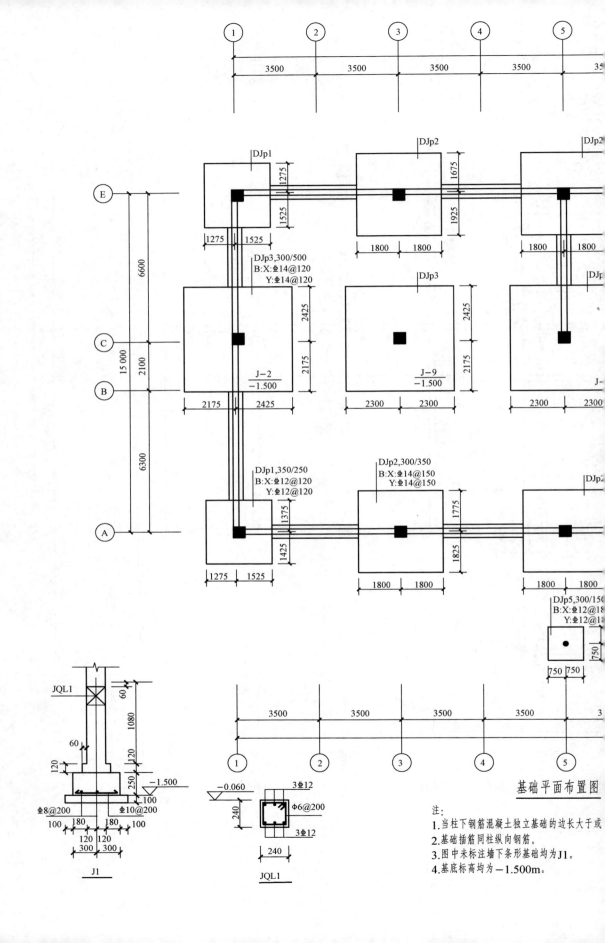

基础平面布置图

注:
1.当柱下钢筋混凝土独立基础的边长大于或
2.基础插筋同柱纵向钢筋。
3.图中未标注墙下条形基础均为J1。
4.基底标高均为－1.500m。

PB300钢筋(f_y=270N/mm²)，Φ表示HRB335钢筋(f_y=300N/mm²)，Φ表示HRB400

0N/mm²)。

拉钢筋的最小锚固长度l_{ab}(l_a)和抗震锚固长度l_{abE}(l_{aE})详见11G101-1。

墙体采用Mb5混合砂浆砌筑，A5.0加气混凝土砌块，加气混凝土砌块干容重不大于B07;室内

体，采用M10水泥砂浆砌筑，MU10烧结实心砖。

沿框架柱全高每隔2皮砌块且高度不超过500mm，设2Φ6拉结筋，拉结筋沿墙全长贯通。墙长

墙顶与梁应有拉结；填充墙长超过5.0 m，墙体中部设置构造柱；填充墙的构造柱，除特别注明外，

为240×240,纵筋4Φ12,箍筋Φ6@200。

墙构造详12G614-1、L13J3-3有关大样，应按建筑图中的填充墙位置预留与填充墙的拉结钢

留过梁或混凝土圈梁钢筋的部位，预留钢筋或埋件，不得遗漏。

施工要求

，梁上吊（箍筋），梁侧向纵向构造筋及拉筋，梁上起柱，箍筋加密等构造技术要求详见11G101-1。

同时，次梁的下部纵向钢筋应置于主梁下部纵向钢筋之上。

区段内的受拉钢筋搭接接头面积百分率要求：梁、板不大于25%，柱不大于50%。

等于4m时，模板按跨度的0.2%起拱；悬臂梁按悬臂长度的0.4%起拱，起拱高度不小于20mm。

板分布筋:Φ6@200。

图中注明者外，过梁选自L13G7荷载级别2级。

加箍筋构造，详见图（一）。

大样详见图（二）。

梯的预留洞、预埋件须与设备厂家提供的资料、要求校对无误后方可施工。

：11G101-1，2，3；12G614-1；L13J3-3

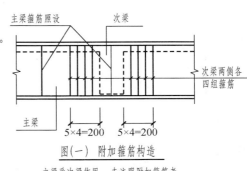

图（一） 附加箍筋构造

主梁受次梁作用，未注明附加箍筋者
均按本图加密箍筋

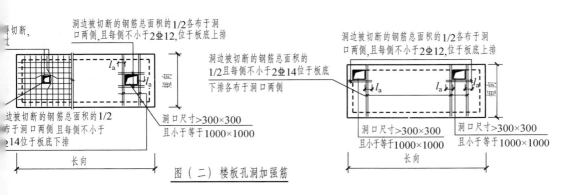

图（二）楼板孔洞加强筋

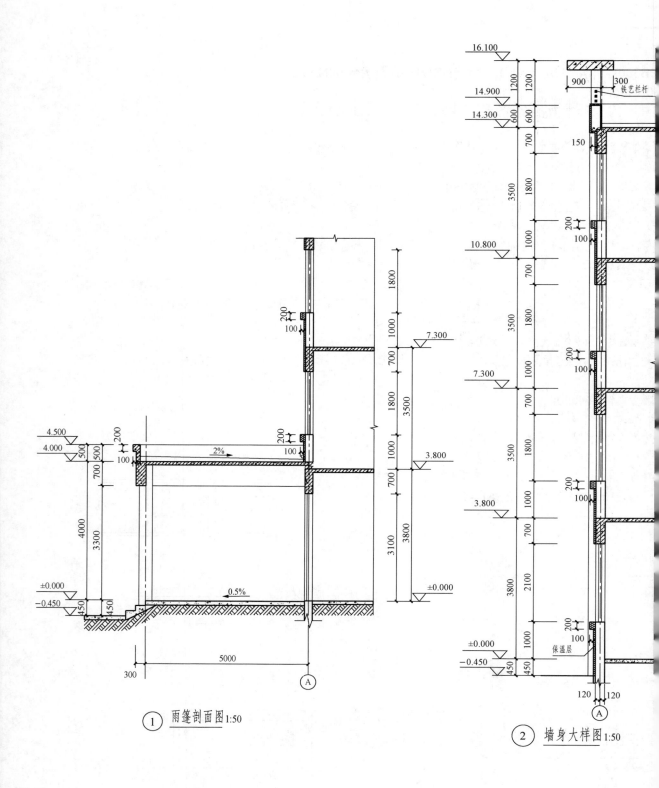

① 雨篷剖面图 1:50

② 墙身大样图 1:50

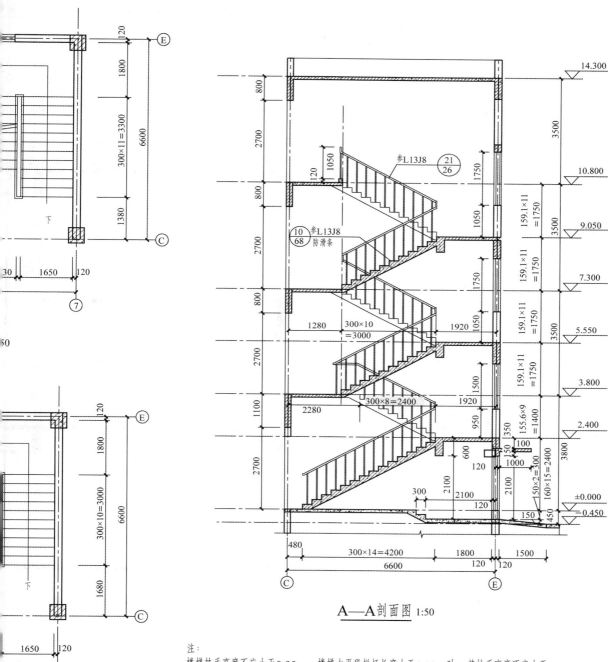

A—A剖面图 1:50

注：
楼梯扶手高度不应小于0.90m。楼梯水平段栏杆长度大于0.50m时，其扶手高度不应小于1.05m。
楼梯栏杆垂直杆件间净空不应大于0.11m。

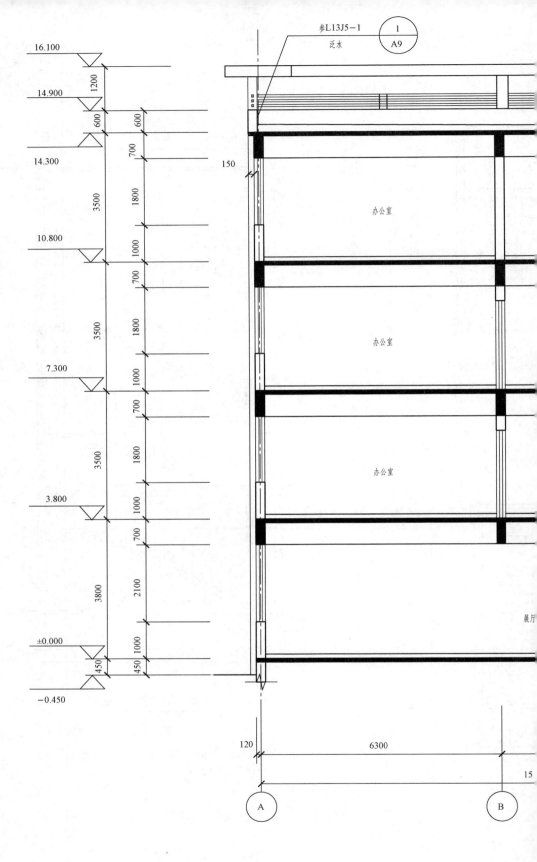

参L13J5-1
泛水

1
A9

16.100

1200

14.900

600   600

700

14.300

3500   1800

10.800

700

3500   1800

7.300

1000

700

3500   1800

3.800

1000

700

3800   2100

±0.000

450   1000

-0.450

450   450

150

办公室

1000

办公室

1000

办公室

1000

展厅

120   6300   15

A   B

1-

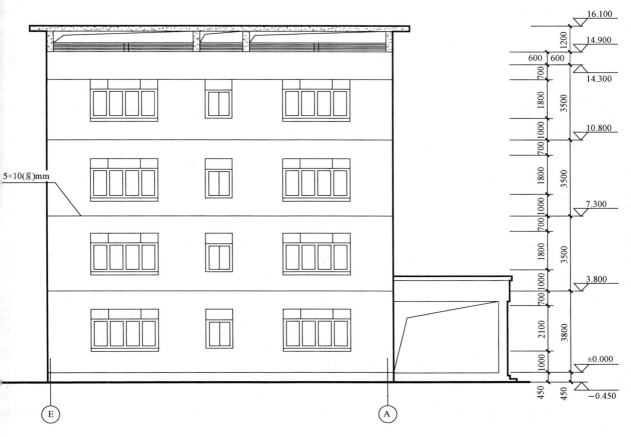

5×10(深)mm

16.100
1200
14.900
600 600
700
14.300
1800 3500
700 1000
10.800
1800 3500
700 1000
7.300
1800 3500
700 1000
3.800
2100 3800
1000
±0.000
450 450
−0.450

Ⓔ Ⓐ

Ⓔ—Ⓐ 立面图 1:100

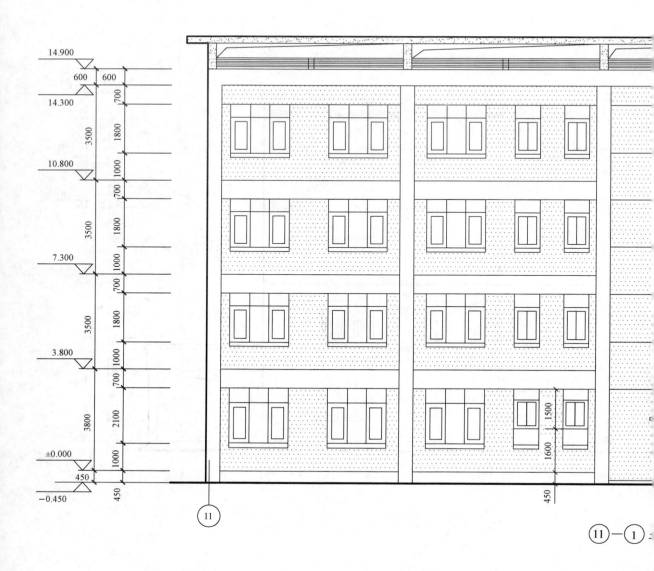

图例:

▢ 白色涂料(外墙1)

▨ 灰色涂料（外墙2）

▨ 白色装饰铝塑板

说明:

1.分隔缝内刷深灰色涂料;

2.装饰铝塑板由专业厂家设计制作安装。

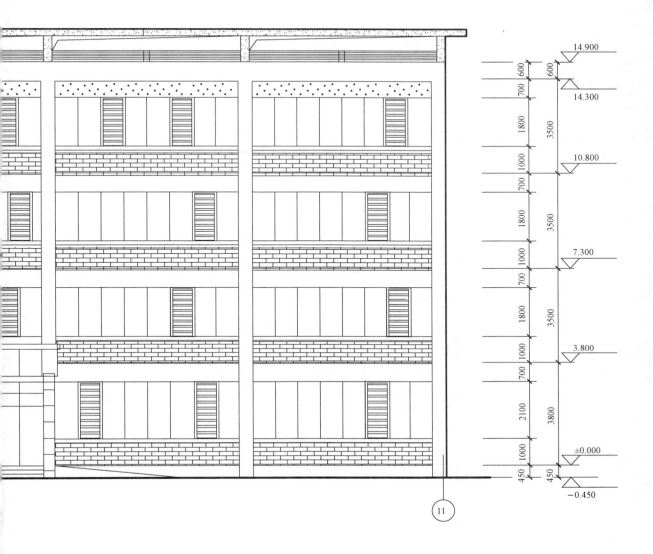

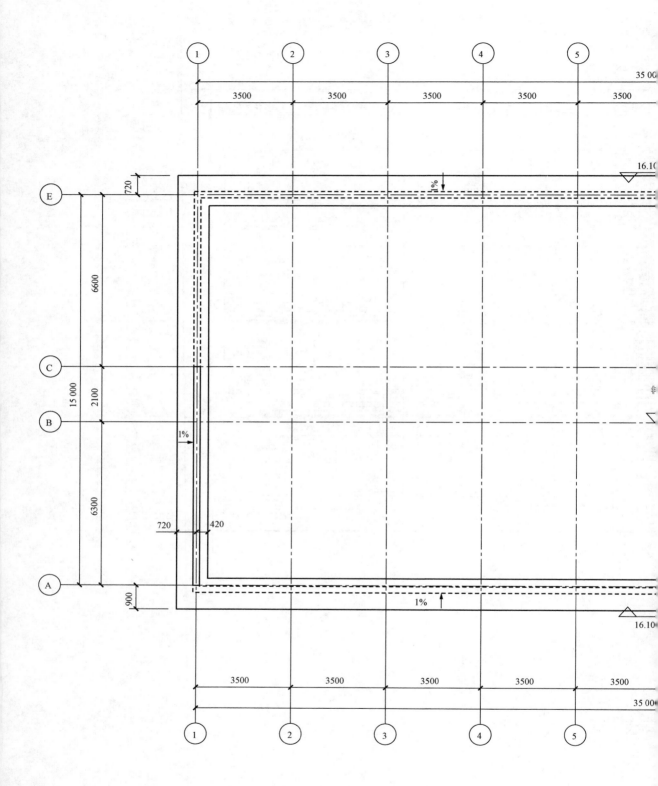

屋顶构架平

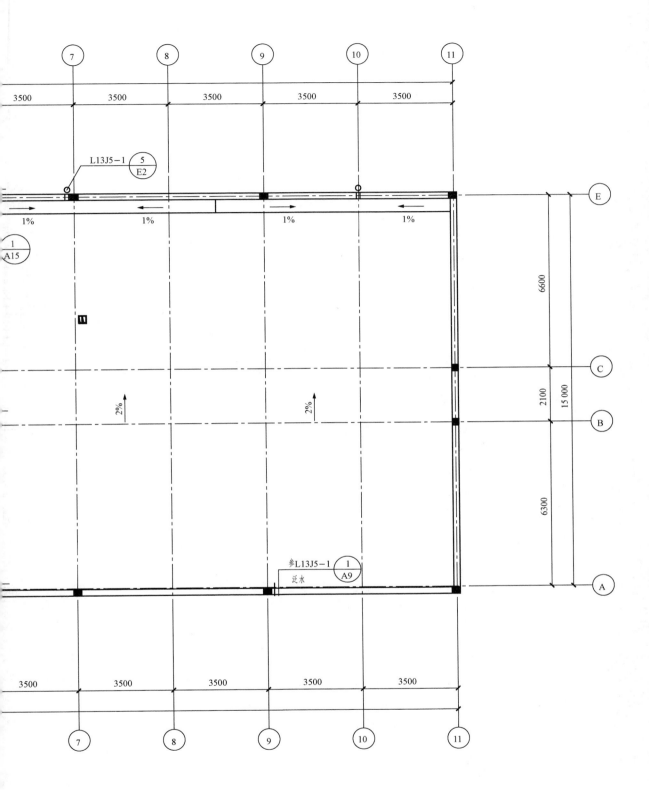

1:100

建施 6

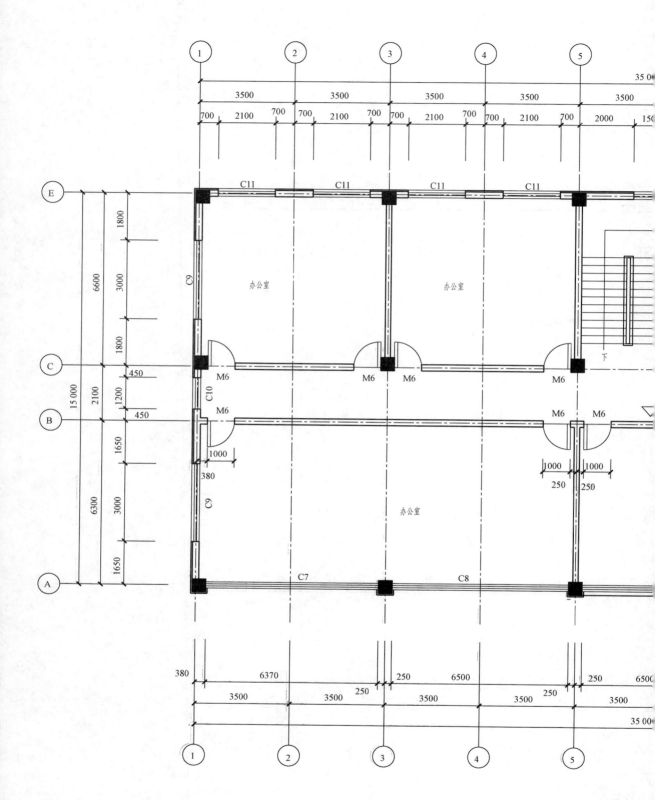

四层平面图 1:100

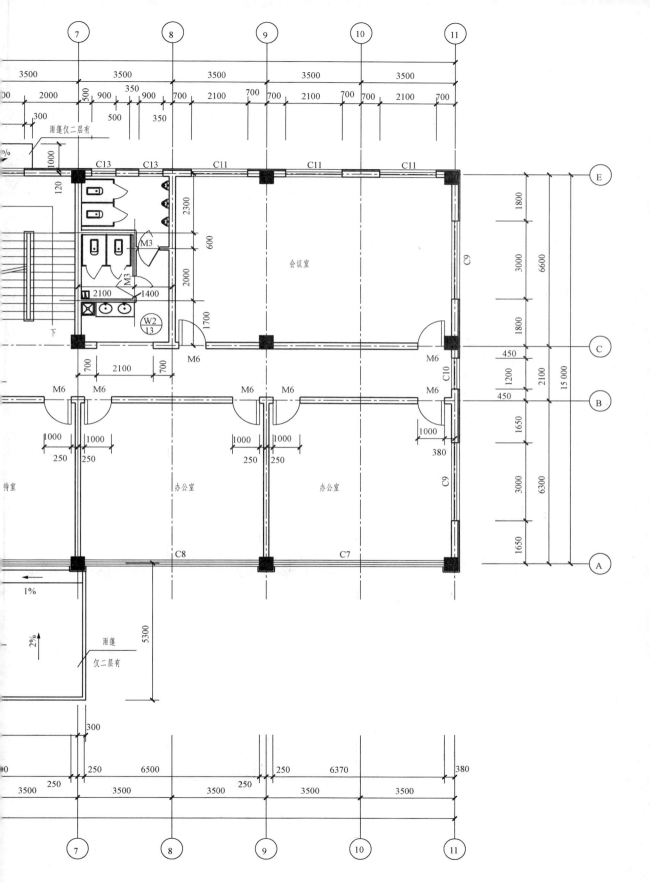

建施 4

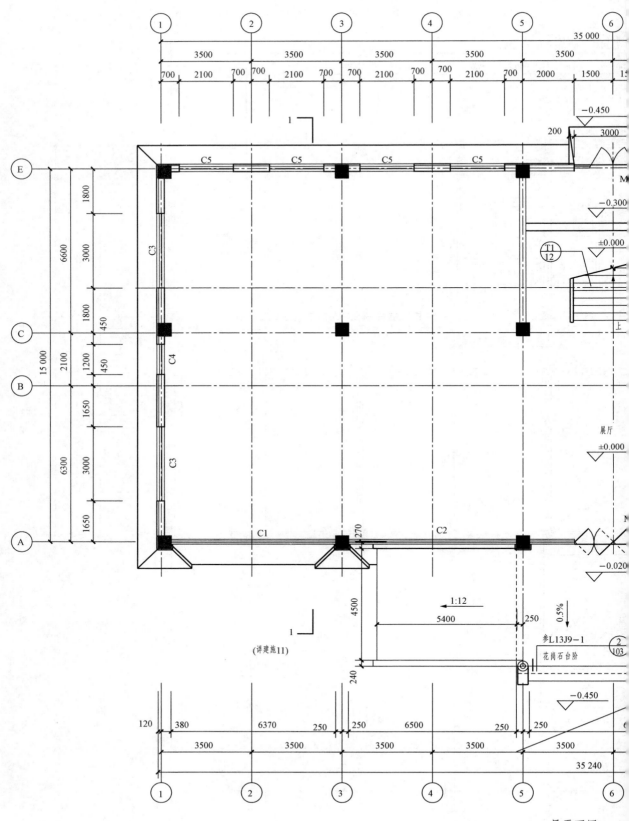

一层平面图 1:100

专项说明

外墙外保温系统的使用年限不应小于25年。

苯板、外墙采用55mm厚挤塑聚苯板，燃烧性能等级为B2级。外墙每层沿楼板位置设置宽度不小于300mm

公共建筑节能保温构造详图》(L09J130-69)；屋顶与外墙交界处、屋顶开口部位四周设置宽度不小于

见《公共建筑节能保温构造详图》(L09J130-142)；防火隔离带均应采用A级保温材料。屋顶防水层或可

置。墙体防火隔离带材料采用35mm厚硅酸钙板复合岩棉板预制防火隔离带，屋面防火隔离带材料采用

外保温系统应采用不燃或难燃材料作保护层。保护层应将保温材料完全覆盖。首层的保护层厚度不应小于

外墙保温系统及外墙装饰防火的其他问题应根据公安部、住房和城乡建设部公通字〔2009〕46号《民用

行规定》执行。

成套技术标准施工，不得更改系统构造和组成材料；应符合山东省建筑标准设计图集《外墙外保温应用技术

及《外墙外保温工程技术规程》(JGJ 144-2004)的要求。

轻钢屋面、玻璃采光顶等二次设计、制作、施工，涉及建筑节能的内容应满足本设计的节能要求。

火规定详见省标《公共建筑节能保温构造详图》(L09J130-69)。

公共建筑节能设计登记表

工号	建筑面积（采暖部分）	屋顶透明部分与屋顶总面积之比		规定值	设计值	结 构 类 型		
91001A-7	2148m²			≤0.2		□砌体 ☑框架 □剪力墙 □钢结构 □其他（　）		
体形系数		中厅屋顶透明部分与中厅屋顶面积之比		规定值	设计值			
0.26				≤0.7		窗墙面积比　南 0.25　东 0.49　西 0.29　北 0.25		

传热系数K限值 [W/(m²·K)]		选用做法传热系数K [W/(m²·K)]	做 法 说 明
体形系数S≤0.3	0.3<体形系数S≤0.4		
≤0.55	≤0.45	0.44	保温做法参见L09J130-140-3，挤塑聚苯板保温层70mm厚
≤0.60	≤0.50	0.473	外墙保温做法参见L07J109-17-1，保温层为挤塑聚苯板保温层55mm厚
≤0.60	≤0.50		
≤1.50	≤1.50		胶粉聚苯颗粒保温层10mm厚
≤1.50	≤1.50		
≤1.50	≤1.50		

热系数K (m²·K)	遮阳系数SC（东、南、西向/北向）	传热系数K [W/(m²·K)]	遮阳系数SC（东、南、西向/北向）	选用传热系数K	选用遮阳系数SC	
≤3.5	—	≤3.0				
≤3.0	—	≤2.5	—	2.7	0.70	PA隔热铝合金中空玻璃窗6+12A+6(mm)
≤2.7	≤0.70	≤2.3	≤0.70			
≤2.3	≤0.60	≤2.0	≤0.60	2.26	0.70	PA隔热铝合金框，辐射率≤0.25lowE中空玻璃，6+12A+6(间隔层气体为空气)
≤2.0	≤0.50	≤1.8	≤0.50			
≤2.7	≤0.50	≤2.7	≤0.50			
热阻R ²·K)/W]	≥1.50	选用做法热阻值R [(m²·K)/W]		1.57		挤塑聚苯板35mm，保温做法参见L09J130-56-12
	≥1.50					

设计单位(章)	审核	校对	设计

数是包括结构性热桥在内的平均传热系数。

建施 2

一、设计依据

现行的国家有关建筑设计规范、规程和规定：

(1)《城市居住区规划设计规范》(2002年版)(GB 50180—1993)
(2)《办公建筑设计规范》(JGJ 67—2006)
(3)《建筑设计防火规范》(GB 50016—2006)
(4)《屋面工程技术规范》(GB 50345—2012)
(5)《公共建筑节能设计标准》(J10786—2006)
(6)《民用建筑设计通则》(GB 50352—2005)
(7)《建筑内部装修设计防火规范》(GB 50222—1995)(2001年修订)
(8)《外墙外保温工程技术规程》(JGJ 144—2004)
(9)《无障碍设计规范》(GB 50763—2012)
(10)《民用建筑工程室内环境污染控制规范》(GB 50325—2010)
(11)《建筑玻璃应用技术规程》(JGJ 113—2009)
(12)《建筑工程建筑面积计算规范》(GB/T 50353—2013)
(13)《玻璃幕墙工程技术规范》(JGJ 5102—2003)
(14)《建筑安全玻璃管理规定》(发改运行[2003]2116号)
(15) 公安部、住房和城乡建设部公通字[2009]46号《民用建筑外保温系统及外墙装饰防火暂行规定》

二、项目概况

1. 本工程总建筑面积2148m²,建筑基底面积537m²。
2. 建筑层数、高度：地上四层。建筑高度14.75m。室内外高差0.45m。层高：一层3.8m,二~四层3.5m。
3. 建筑结构形式为框架结构,合理使用年限为50年,抗震设防烈度为7.5度。
4. 本工程耐火等级为二级,各建筑构件的设计均应满足《建筑设计防火规范》(GB 50016—2006)的要求。
5. 本工程设计范围为建筑施工图,装修设计由建设单位另行委托设计。

三、设计标高

1. 本工程±0.000由施工现场确定。
2. 各层标注标高为完成面标高(建筑面标高),屋面标高为结构面标高。
3. 本工程标高以m为单位,总平面尺寸以m为单位,其他尺寸以mm为单位。

四、墙体工程

1. 本项目外墙为240mm厚加气混凝土砌块,除注明外内墙为240mm厚加气混凝土砌块。卫生间内隔墙采用120mm厚加气混凝土砌块。房间隔墙耐火极限≥2小时,均砌至梁板底部,不留缝隙。
2. 墙体除注明外,轴线居中,柱子尺寸、与墙体轴线定位详见结施图。未注明的门垛尺寸均为240mm,或与柱齐、墙边齐,其余门垛见图纸标注。
3. 墙体留洞及封堵
1)钢筋混凝土墙上的留洞见结施和设备图。
2)砌筑墙留洞见施工及设备图。
3)砌筑墙体预留洞过梁见结施说明。
4)预留洞的封堵：混凝土墙留洞的封堵见结施,其余砌筑墙留洞待管道设备安装完毕后,用C20细石混凝土填实,补砌到板、梁底,本施工图不再表示留洞位置及尺寸。

墙体图例

墙体材料	图　例	备　注
钢筋混凝土		
加气混凝土砌块		

5. 墙身留潮层：在室内地坪下约60mm处做20mm厚1:2水泥砂浆内加3%~5%防水剂的墙身防潮层(在此标高为钢筋混凝土构造,为砌石构造时可不做)。当室内地坪变化处防潮层应重叠(附图1),并在高低差埋土一侧墙身做20mm厚1:2水泥砂浆防潮层,如埋土为室外,还应刷1.5mm厚聚氨酯防水涂料(或其他防潮材料)。

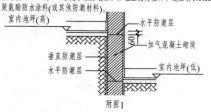

附图1

五、楼地面工程

1. 楼地面做法详见《室内装修做法表》。执行《建筑地面设计规范》(GB 50037)。
2. 楼地面的面层须待设备、栏杆等安装完毕后再行施工。
3. 基层混凝土每6米见方设置纵横变形缝,采用平头缝,缝间以防水油膏嵌填。
4. 楼面防水：
(1)卫生间等有水湿房间四周上翻200mm高(相对房间完成面)防水混凝土,厚度同墙厚。防水层沿墙面高出地面300mm。
(2)卫生间门口标高均比楼层标高低20mm,楼地面找坡坡向地漏,坡度0.5%~1.0%。
(3)凡管道穿过此类房间地面时,须预埋套管,高出地面50mm。地漏周围、穿地面或墙面防水层管道及预埋件周围与找平层之间预留宽10mm、深7mm的凹槽,并嵌填密封材料。
5. 地面垫层：垫层下的垫土应选用沙土、粉土、及其他有效填料,不得使用过湿淤泥、腐植土、膨胀土、冻土及有机物含量不大于8%的土。填土地基的密实度,压实系数应大于0.95。

六、屋面工程

1. 本工程的屋面防水等级为Ⅱ级,防水层合理使用年限为15年。
2. 屋面做法详见下表：

做法选用图集L06J002

编号	名称	适用范围	备注
屋面15	水泥砂浆平屋面	非上人屋面(第6条取消)	标高为4.000的屋面
屋面15	水泥砂浆平屋面	非上人保温屋面	标高为14.300的屋面

3. 屋面防水材料的选择和施工应遵照《屋面工程质量验收规范》(GB 50207—2002)执行。

七、门窗工程

1. 本工程门窗代号如下：

门窗代号

M	C
木门	铝合金窗

2. 建筑外门窗抗风压性能分级、气密性能分级、水密性能分级、保温性能分级、空气声隔声性能分级应符合国家标准的要求。外门窗气密性能等级不低于4级,水密性能等级不低于3级,空气声隔声性能等级不低于3级,传热系数2.7W/(m²·K),抗风压性能、保温性能等级由专业厂家根据当地情况确定。
3. 门窗玻璃：门窗玻璃选择详见门窗表,厚度应满足抗风压性能要求并执行《建筑玻璃应用技术规程》(JGJ 113—2009)标准。按照国家《建筑安全玻璃管理规定》下列部位必须使用安全玻璃：7层及7层以上建筑物外开窗、面积大于1.5m²的窗玻璃或玻璃底边离装修面小于0.5m的落地窗等。面积大于0.5m²的玻璃门,室内隔断,入口门厅易受撞击,并造成人体伤害的其他部位采用安全玻璃。对落地玻璃门、窗、隔断应采取防护措施。
4. 内墙门窗立樘位置除注明外均居于墙中。外门窗位置见墙身详图。管井检修门与管井壁外侧墙面平。
5. 窗台高度低于800的外窗,室内均设防护栏杆,有效防护高度应自可踏面起算800高。
6. 门窗立面表示洞口尺寸,门窗与框架相互尺寸主要满足装饰面及中空玻璃厚度要求,由承包商予以调整,并满足抗风压门窗规范要求,准确无误后方可施工。所有门、窗、玻璃幕墙,其选用的玻璃厚度和框料均应满足安全强度要求,其风压变形、雨水渗漏、平面内变形、保温、隔声及内撞击等性能应符合国家现行产品标准的规定。
7. 门窗选料、颜色、玻璃见"门窗表"附注。

八、外装修工程

1. 外装修设计和做法索引详见立面图及外墙详图。

名称	标准层索引	备注
涂料外墙	外墙20	位置详见立面图
面砖外墙	外墙25	位置详见立面图

注：做法选用图集《建筑工程做法》(L06J002)。

2. 设有外墙外保温的建筑构造详见节能专项说明及外墙详图。
3. 外装修选用的各项材料其材质、规格、颜色等,均由施工单位提供样板,以渲染图为依据,经建设和设计单位确认后进行封样,并据此验收。

九、内装修工程

1. 内装修工程严格执行《建筑内部装修设计防火规范》(GB 50222)的规定,楼地面部分执行《建筑地面设计规范》(GB 50037)。

小公楼（框架结构）施工图

说明

《室内装修做法表》，并执行《建筑装饰装修工程质量验收规范》（GB 50209）。

用的各项材料，均由施工单位制作样板和选择，经确认后进行封样，并
验收。内部装修材料的燃烧性能应满足《建筑内部装修设计防火规范》
222—1995）(2001年局部修订）相关规定的要求，其中：楼梯间的顶、
地面的装修材料燃烧性能等级不应低于A级。

应满足防火及环保要求。

装修部分作二次装修设计，凡二次设计中增加的墙体及其他构件，均不得破坏原
防火分区和安全性，并应严格执行国家有关规范及标准。

污染物浓度控制限量应满足I类民用建筑工程的规定。

化处，除图中另有注明者外均位于齐门门扇开启面处。

管道井内壁用1:2水泥砂浆抹面，厚度为20，无法二次抹灰的竖井，均用砌
砌随抹灰、赶光。

工程

所采用的油漆涂料见《室内装修做法表》。

门窗油漆选用银色调和漆，做法为涂1，内木门窗油漆选用米色调和漆
（合门套构造）。

台、护窗钢栏杆选用灰色调和漆，做法为涂11（钢构件除锈后先刷两遍

漆选用果壳色调和漆，做法为涂1。

项露明金属件的油漆为刷防锈漆2道后再做同室内外部位相同颜色
法为涂22。

由施工单位制作样板，经确认后进行封样，并据此进行验收。

标准图集及代号

标准图集选用目录

集号	图集名称	备注
J1	《建筑工程做法》	山东省建筑标准设计
6	《外装修》	山东省建筑标准设计
8	《楼梯》	山东省建筑标准设计
9-1	《室外工程》	山东省建筑标准设计
4-1	《常用门窗》	山东省建筑标准设计
4-2	《专用门窗》	山东省建筑标准设计
5-1	《平屋面》	山东省建筑标准设计
5-2	《坡屋面》	山东省建筑标准设计
104~105	《住宅防火型烟气集中排放系统》	山东省建筑标准设计
109	《外墙外保温构造详图二》	山东省建筑标准设计
7-1	《内装修-墙面、楼地面》	山东省建筑标准设计
J05	《蒸压轻质加气混凝土(AAC)砌块和板材结构构造》	国家建筑标准设计
130	《公共建筑节能保温构造详图》	山东省建筑标准设计

工中注意事项

准图中有对结构工种的预埋件、预留洞，如楼梯、平台钢栏杆、门窗、
本图所标注的各种留洞与预埋件应与各工种密切配合后，确认无误方可施工。

体交接处，应根据饰面材质在做饰面前加钉200mm宽金属网并在施工中加贴
，防止裂缝。

律刷防锈漆两遍，调和漆罩面，除不锈钢及铝合金扶手刷防锈漆及
磁漆两道，颜色另详。凡与砖（砌块）或混凝土接触的木材表面均涂涂防腐剂。

堵：待设备管线安装完毕后，用C20细石混凝土封堵密实，管道竖井每层进行

应坚固、耐久，且栏杆顶部能承受荷载规范规定的水平荷载大于1.0kN/m，
锚固连接。栏杆离地面或屋面100mm高度内不宜留空，放散上人屋面，
高不应低于1050mm(不含翻沿)，栏杆应采用防止攀爬的构造垂直栏杆间距不
m。

用50mm厚阻燃型聚苯板，外墙外保温工程的使用年限不应小于25年，详节

布置存放和使用火灾危险性为甲、乙类物品的商店、车间和仓库，并
噪声、振动和污染环境卫生的商店、车间和娱乐设施。

宜或各专业如有不符之处，及时与设计院联系明确，确认后方可进料

格执行国家各项施工质量验收规范。

建筑做法说明　（未注明处均采用L13J1）

类别	名称	标准图号	采用范围	备注
散水	细石混凝土散水	散2	建筑四周	宽为1000mm
地面	陶瓷地面砖地面	地201	一层地面（除卫生间、清洁间外）	采用的防滑地板砖，地板砖规格由甲方定，垫层上部增加35mm厚挤塑板保温层
	陶瓷地面砖防水地面	地201-F	卫生间、清洁间	垫层上部增加35mm厚挤塑板保温层
楼面	陶瓷地面砖楼面	楼201	办公室、会议室、接待室、走廊卫生间、盥洗室	地板砖规格由甲方定，楼地面完成面比相邻房间地面低20mm，地板砖品种规格中内装修时由甲方定
	陶瓷地面砖防水楼面	楼201-F		
	铺地面砖面层	L13J8-99-3	楼梯间	采用路面专用防滑砖
内墙面	釉面砖墙面(防水)	内墙6B/CFF1	卫生间	防水层至1800mm，卫生间面砖至顶、面砖规格、颜色现场确定
	混合砂浆墙面	内墙3BC	其余所有墙面	刷白色乳胶漆
踢脚	面砖踢脚	踢3BC		踢脚高度100mm
顶棚	混合砂浆顶棚	顶5	其余所有顶棚	刷白色乳胶漆 燃烧性能≥A1级
外墙	面砖外墙面			保温材料为膨胀聚苯板

门窗表

类型	设计编号	洞口尺寸(mm)	1层	2-3层	4层	合计	图集名称	页次	适用型号	备注
门	M1	5500×3100	1			1				铝合金门窗 详本图大样
	M2	3000×2100	1			1	L13J4-1		PM-3021	
	M3	800×2400	2	2×2=4	2	8	L13J4-1	80	PM-0824	磨砂玻璃
	M4	2400×2400	1			1	L13J4-1	11	MTC1-2424	
	M5	800×2400	1			1	L13J4-1	79	PM-0824	
	M6	1000×2400		16×2=32	12	44	仿L13J4-1	78	PM-1027	
窗	C1	6370×2100	2			2				铝合金门窗详本图大样
	C2	6500×2100	2			2				铝合金门窗详本图大样
	C3	3000×2100	4			4	仿L13J4-1	25	ZTC-3018	高度改为2100
	C4	1200×2100	2			2	L13J4-1	21	TC1-1221	
	C5	2100×2100	7			7	L13J4-1	21	TC1-2121	
	C6	900×1500	2			2	L13J4-1	21	TC1-0915	
	C7	6370×1800		2×2=4	2	6				铝合金门窗详本图大样
	C8	6500×1800		3×2=6	3	9				铝合金门窗详本图大样
	C9	3000×1800		4×2=8	4	12	L13J4-1	25	ZTC-3018	
	C10	1200×1800		2×2=4	2	6	L13J4-1	21	TC1-1218	
	C11	2100×1800		7×2=14	7	21	L13J4-1	21	TC1-2118	
	C12	3000×1500		1		1	L13J4-1	25	ZTC-3015	
	C13	900×1800		2×2=4	2	6	L13J4-1	21	TC1-0918	
	C14	3000×1750	1		1	2	仿L13J4-1	25	ZTC-3018	

注：隔热铝合金窗中空玻璃厚度为：6+12+6=24(mm)。

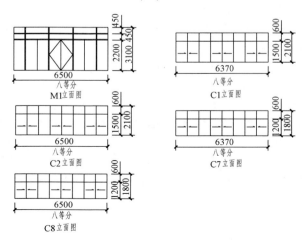

M1立面图　C1立面图　C2立面图　C7立面图　C8立面图

一、设计依据

1. 山东省工程建设标准《公共建筑节能设计标准》(DBJ 14—036—2006)

2. 山东省工程建设标准《外墙外保温应用技术规程》(DBJ 14—035—2007)

3. 国家标准《公共建筑节能设计标准》(GB 50189—2015)

4. 国家标准《民用建筑热工设计规范》(GB 50176—1993)

5. 国家标准《建筑节能工程施工质量验收规范》(GB 50411—2007)

6. 国家标准《外墙外保温工程技术规程》(JGJ 144—2004)

7. 中华人民共和国国务院令第530号《民用建筑节能条例》

8. 建设部令第143号《民用建筑节能管理规定》

9. 山东省人民政府令第181号《山东省新型墙体材料发展应用与建筑节能管理规定》

10. 公安部、住房和城乡建设部公通字〔2009〕46号《民用建筑外保温系统及外墙装饰防火暂行规定》

二、节能设计表格（详右表）

三、其他节能设计

1. 当窗（包括透明幕墙）墙面积比小于0.40时，玻璃（或其他透明材料）的可见光透射比不应小于0.40。

2. 建筑外窗可开启面积不应小于窗面积的30%，透明幕墙应具有可开启部分或设有通风换气装置，可开启部分面积不宜小于幕墙面积的15%。

3. 建筑外窗气密性能不应低于《建筑外门窗气密、水密、抗风压性能分级及检测方法》(GB/T 7106-2008)规定的4级，其气密性能分级指标值：单位缝长空气渗透量为$0.5 < q_1 \leq 1.50$[m³/(m·h)]；单位面积空气渗透量为$1.50 < q_2 \leq 4.50$[m³/(m·h)]。

4. 透明幕墙整体气密性能不应低于建筑幕墙国家标准中规定的3级。其气密性能分级指标值：
建筑幕墙开启部分为$0.5 < q_L \leq 1.50$[m³/(m·h)]；
建筑幕墙整体（含开启部分）为$0.5 < q_A \leq 1.20$[m³/(m²·h)]。

5. 建筑挑出构件及附墙部件（如阳台及栏板、雨篷）外露面均采用40mm厚胶粉聚苯颗粒，详见省标《公共建筑节能保温构造详图》(L09J 130-82-2)。

6. 门窗口周边外侧墙面采用20mm厚胶粉聚苯颗粒，详见省省标《公共建筑节能保温构造详图》(L09J130-81)。

7. 门、窗框与墙体之间的缝隙，应采用聚氨酯等高效保温材料填实，并用密封膏嵌缝，不得采用普通水泥砂浆补缝。

8. 玻璃幕墙、横向带形窗、竖向条形窗等，作为非透明幕墙部分的梁、柱、楼板、隔墙应按外墙保温要求采取构造措施，设45mm厚挤塑型聚苯板，参见省标《公共建筑节能保温构造详图》(L09J130-129-2、4, L09J130-130-2、4)。

9. 石材幕墙外墙保温节点参见省标《公共建筑节能保温构造详图》(L09J130-118~122)。

四、结论及其他要求

1. 该工程采用直接判定法，建筑热工设计符合《公共建筑节能设计标准》(DBJ 14-036-2006)的规定，能够达到总体节能50%的目标要求。

2. 保温材料的密度、导热系数或热阻、燃烧性能等指标，以及其他相关材料的性能，应符合山东省建筑标准设计图集《外墙外保温应用技术规程》(DBJ 14-035-2007)及省标《公共建筑节能保温构造详图》(L09J130-69)的要求。

3. 外饰面材料′，如涂料、面砖等的技术指标应符合山东省建筑标准设计图集《外墙外保温应用技术规程》(DBJ 14-035-2007)及外墙外保温工程技术规程》(JGJ 144-2004)的要求。

4. 在正常使用和正常维护的

5. 本工程屋面采用70mm厚
的防火隔离带，做法详见
500mm的防火隔离带，
燃保温层应采用不燃烧材
50mm厚YL微珠颗粒发
6mm，其他层不应小于
建筑外保温系统及外墙

6. 围护结构保温应严格按照
规程》(DBJ 14-035-

7. 玻璃幕墙、金属幕墙及石

8. 民用建筑外保温施工及使

工程名称		
天鸿·田园新城一期E-12#楼		
建筑外表面积	建筑体	
1980.5m²	7679.1m	
围护结构部位		
屋面		
外墙（包括非透明幕墙）		
底面接触室外空气的架空或外挑楼		
非采暖空调房间与采暖空调房间		
非采暖空调房间与采暖空调房间		
变形缝两侧墙体		
外窗（包括透明幕墙）		
单一朝向外窗（包括透明幕墙）	窗墙面积比≤0.2	
	0.2<窗墙面积比	
	0.3<窗墙面积比	
	0.4<窗墙面积比	
	0.5<窗墙面积比	
屋顶透明部分		
采暖空调房间地面		
采暖空调地下室外墙（与土壤接触		

注：外

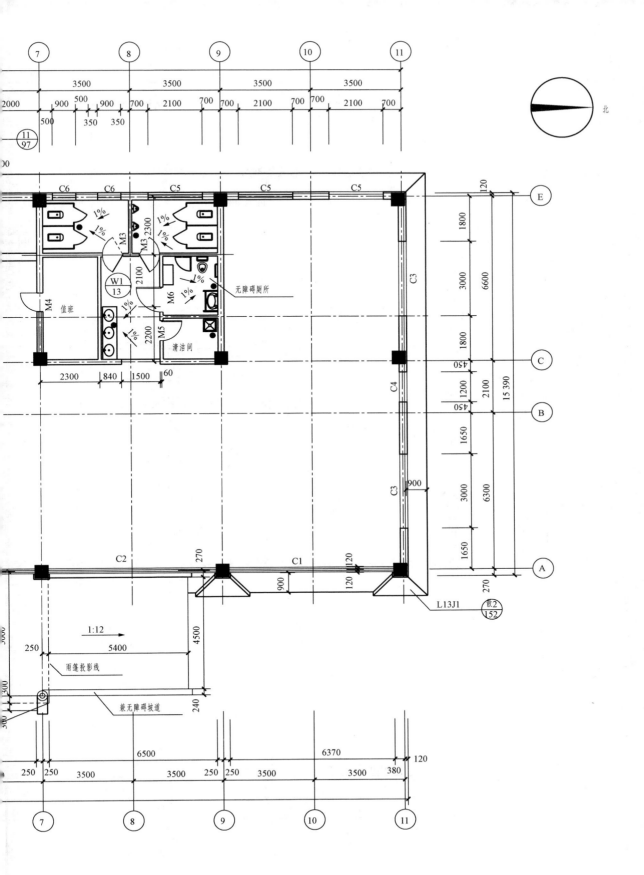

北

无障碍厕所

值班

清洁间

雨篷投影线

兼无障碍坡道

1:12

L13J1

建施 3

3

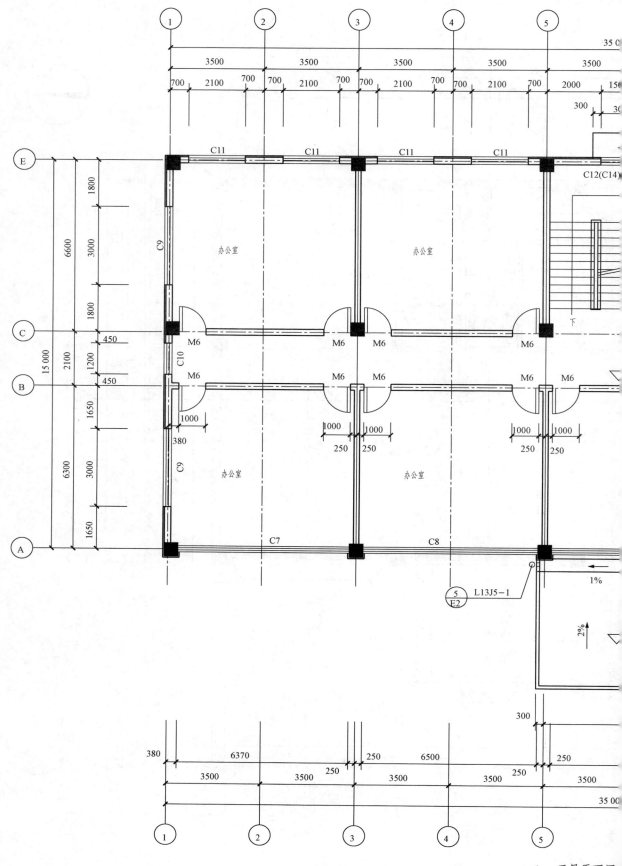

二、三层平面图

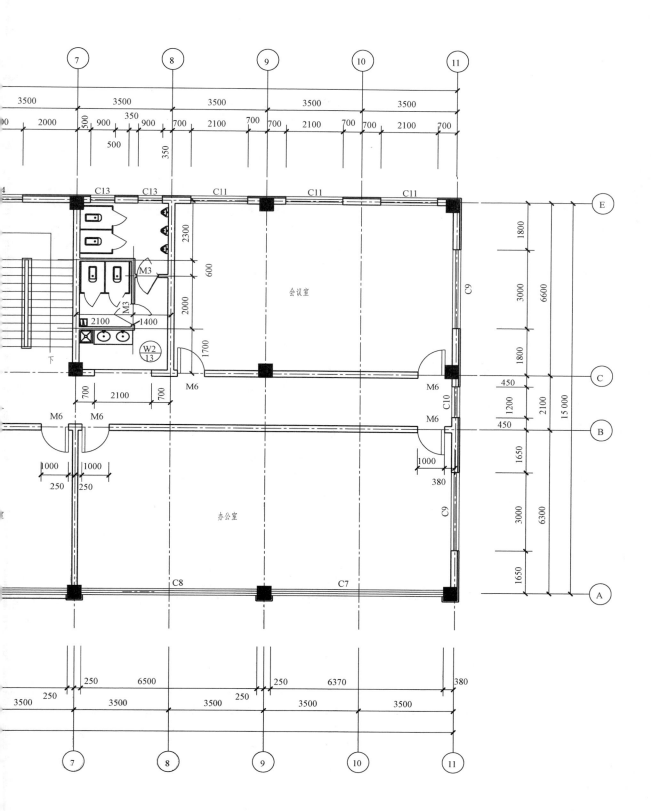

建施 5

5

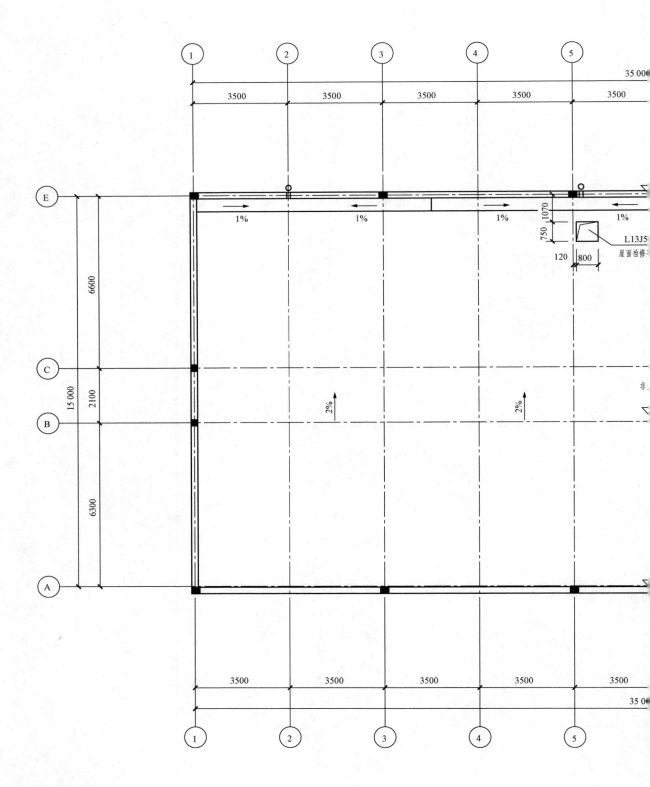

L13J5
屋面检修孔

屋顶

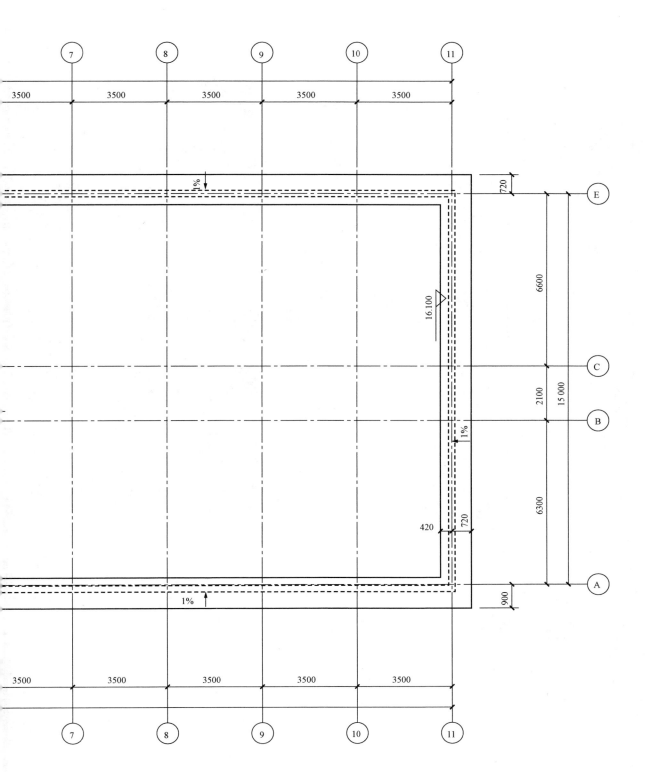

100

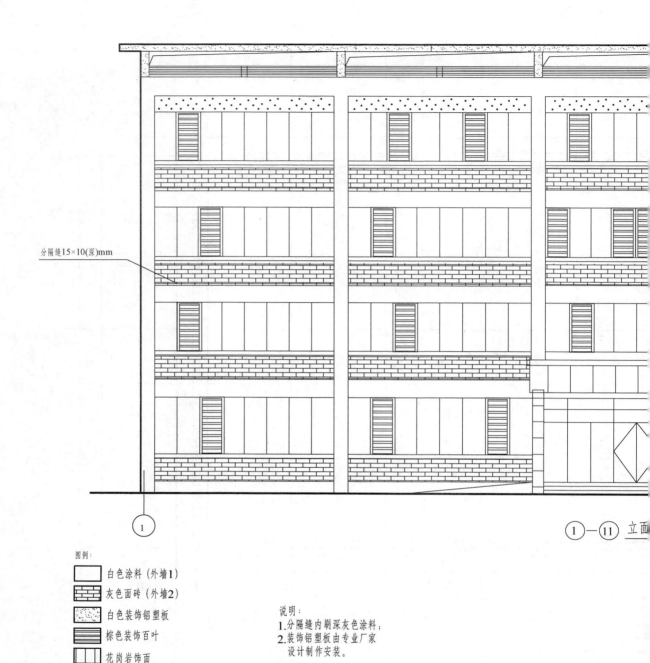

分隔缝15×10(深)mm

①

①—⑪ 立面

图例:

□ 白色涂料 (外墙1)

▨ 灰色面砖 (外墙2)

▧ 白色装饰铝塑板

▤ 棕色装饰百叶

▦ 花岗岩饰面

说明:
1.分隔缝内刷深灰色涂料;
2.装饰铝塑板由专业厂家
  设计制作安装。

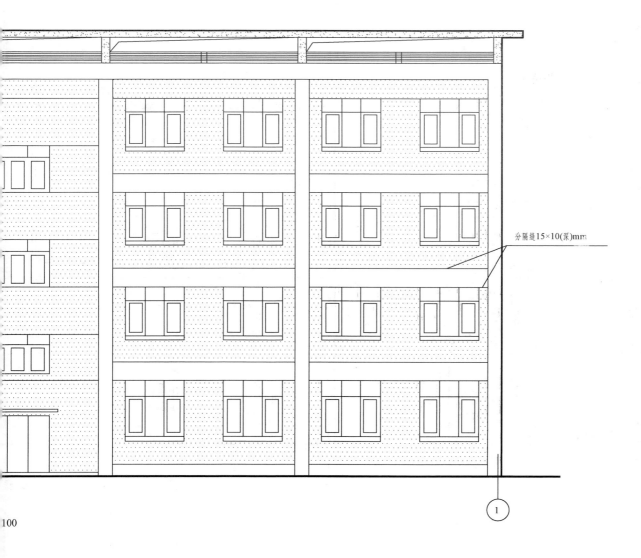

分隔缝15×10(深)mm

100

①

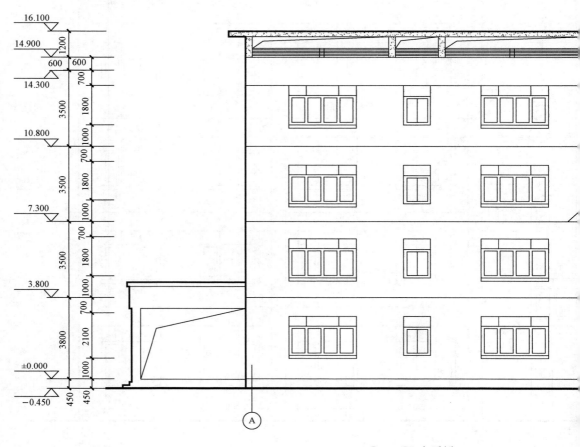

$\underline{A}$—$\underline{E}$ 立面图 1:100

图例

☐ 白色涂料(外墙1)

▦ 白色装饰铝塑板

说明:

1.分隔缝内刷深色涂料;

2.装饰铝塑板由专业厂家设计制作安装。

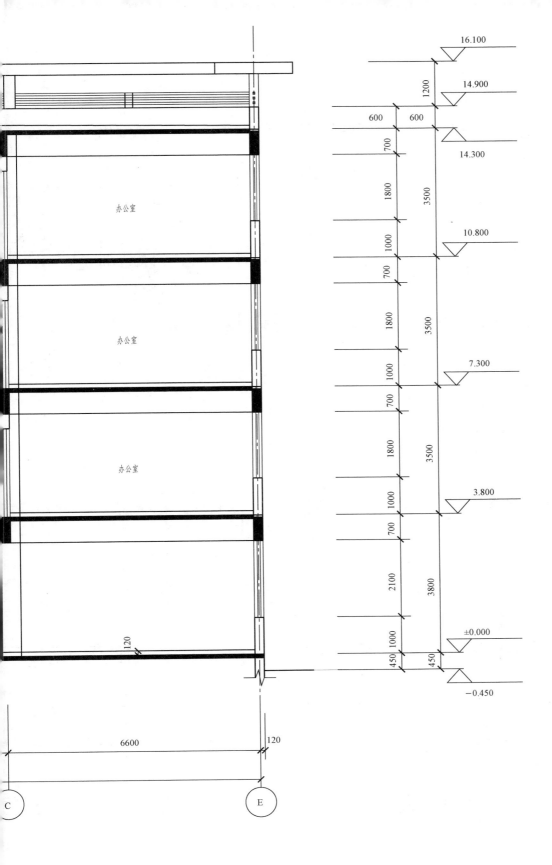

办公室

办公室

办公室

120

16.100

1200

14.900

600 600

14.300

700

1800

3500

10.800

700 1000

700

1800

3500

7.300

1000

700

1800

3500

3.800

1000

700

2100

3800

±0.000

450 1000

450

−0.450

6600

120

C

E

图 1:100

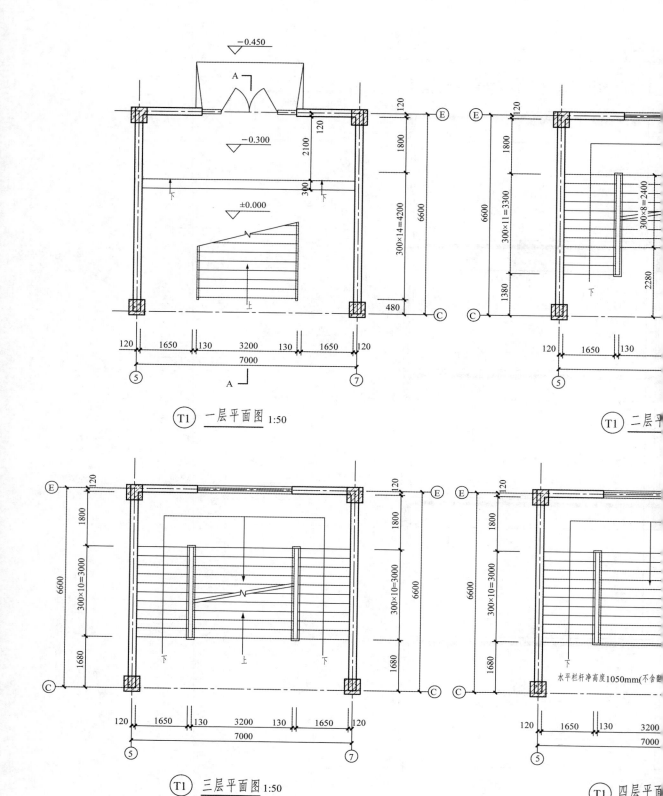

$\bigtriangledown$ −0.450

A

$\bigtriangledown$ −0.300

2100

120

$\bigtriangledown$ ±0.000

120

1800

6600

300×14=4200

480

E

C

120 1650 130 3200 130 1650 120

7000

⑤ A ⑦

(T1) 一层平面图 1:50

120

E

1800

6600

300×11=3300

300×8=2400

2280

1380

下

C

120 1650 130

⑤

(T1) 二层平面图

E 120

1800

6600

300×10=3000

1680

下 上 下

C

120 1650 130 3200 130 1650 120

7000

⑤ ⑦

(T1) 三层平面图 1:50

E 120

E

1800

6600

300×10=3000

1680

下

水平栏杆净高度1050mm(不含翻

C

120 1650 130 3200

7000

⑤

(T1) 四层平面图

12

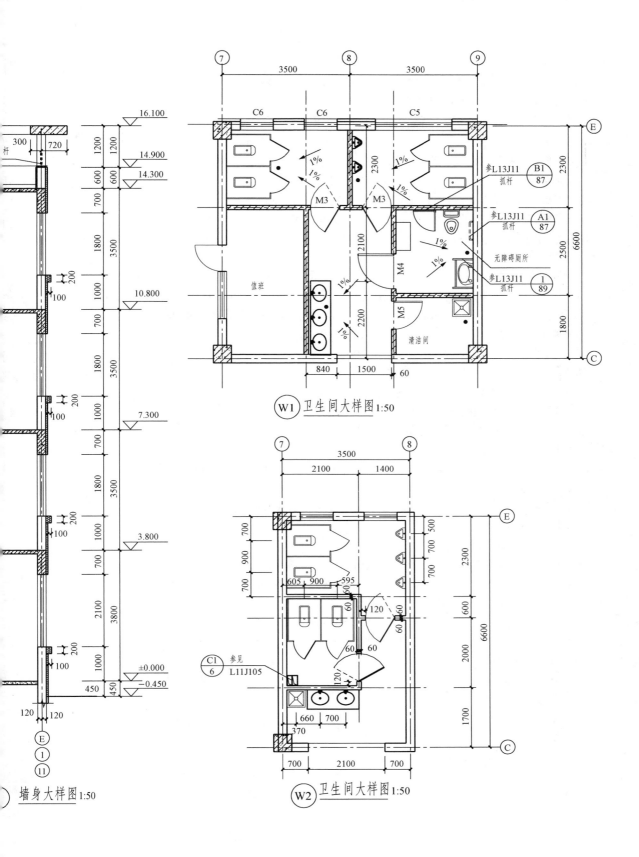

W1 卫生间大样图 1:50

W2 卫生间大样图 1:50

墙身大样图 1:50

参L13J11 B1 抓杆 87

参L13J11 A1 抓杆 87

无障碍厕所

参L13J11 1 抓杆 89

值班

清洁间

C1 参见 6 L11J105

建施 13

13

一、 工程概况和总则

1. ××有限公司办公楼，地上4层，室内外高差450 mm，建筑物高度14.750 m。
2. 上部结构体系：钢筋混凝土框架结构。
3. 本工程结构设计使用年限为50年。
4. 计量单位(除注明外)：长度：mm；角度：度；标高：m；强度：N/mm²。
5. 凡预留洞、预埋件应严格按照结构图并配合其他工种图纸进行施工；未经结构专业许可，严禁擅自留洞或事后凿洞。
6. 本工程各楼层梁及屋面梁、柱采用"平法"表示，其制图规则详见《混凝土结构施工图平面整体表示方法制图规则和构造详图》(11G101-1)。
7. 结构设计使用软件：中国建筑科学研究院的PKPM系列软件。

二、设计依据

1. 采用中华人民共和国现行国家标准、规范和规程进行设计，主要有：
《建筑结构荷载规范》 (GB 50009—2012) 《混凝土结构设计规范》 (GB 50010—2010)
《建筑抗震设计规范》 (GB 50011—2010) 《建筑地基基础设计规范》 (GB 50007—2011)
《建筑结构可靠度设计统一标准》 (GB 50068—2001)
《建筑工程抗震设防标准》 (GB 50223—2008)
《建筑结构制图标准》 (GB/T 50105—2010)

2. 建筑抗震设防类别为丙类，建筑结构安全等级为二级，所在地区的抗震设防烈度为7度，设计基本地震加速度0.10g。
3. 设计地震分组：第一组；场地类别：Ⅱ类；特征周期Tg=0.35s；建筑结构的阻尼比取0.05；框架抗震等级为三级。
4. 50年一遇的基本风压：0.40kN/m²，基本雪压0.40kN/m²，地面粗糙度：B类，风载体型系数：1.3。
5. 本工程混凝土结构的环境类别：基础及室外构件环境类别为二(b)类；卫生间环境类别为二(a)类；其他为一类。
6. 砌体施工质量控制等级为B级。
7. 活荷载取值屋面：0.5kN/m²，雨篷0.5kN/m²，走廊、楼梯2.5kN/m²；办公室、会议室2.0kN/m²，厕所2.5kN/m²，展厅3.5kN/m²。

三、地基与基础

1. 地基基础设计等级为丙级，基础采用柱下独立基础和墙下条形基础。
2. 根据山东省××工程勘察院提供的《××有限公司工程岩土工程勘察报告》，地基承载力特征值f_{ak}=150kPa。
3. 基槽(坑)开挖后，应先进行基槽检验，轻型动力触探检验深度2.5m，梅花形排列检验间距不大于1.5m，并会同相关人员验槽合格后，方可进行后续施工。

四、材料选用及要求

1. 混凝土

(1) 基础混凝土强度等级：C30；基础垫层：C10；梁、板、柱、楼梯混凝土强度等级：C30。
(2) 卫生间地面采用抗渗性混凝土，设计抗渗等级S6，四边上翻200mm (自建筑表面) 素混凝土。
(3) 混凝土保护层厚度根据构件所处的环境类别及混凝土强度等级详见11G101-1。

2. 钢材
（1）
钢筋
（2）
3. 墙体
（1）
外地
（2）
大于
构造
（3）
筋
五、抗
1. 框架
2. 主次
3. 位于
4. 梁跨
六、其
1. 图中
2. 门窗
3. 梁受
4. 板上
5. 设备
七、采

洞口尺寸
等于300×

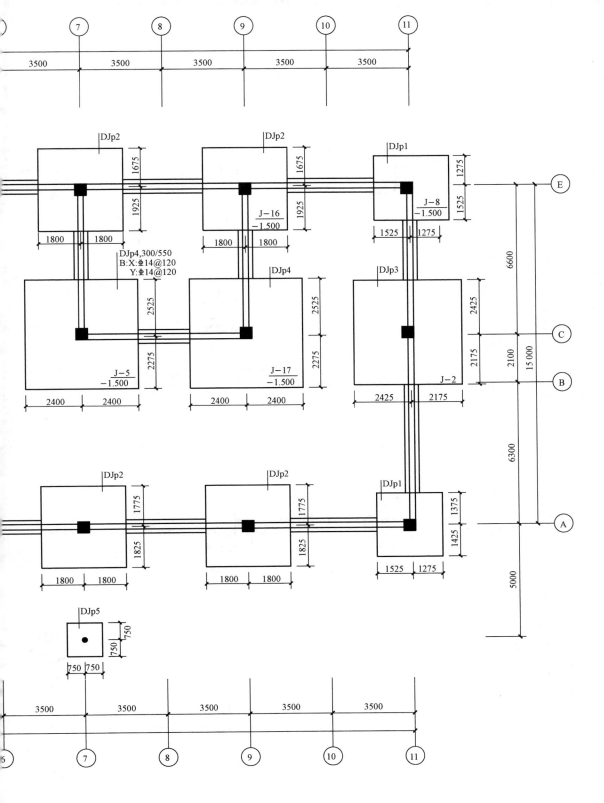

DJp2

DJp2

DJp1

1675

1675

1275

E

1925

1925

1525

J−16
−1.500

J−8
−1.500

1800 | 1800

1800 | 1800

1525 | 1275

6600

DJp4,300/550
B:X:Φ14@120
　　Y:Φ14@120

DJp4

DJp3

2525

2525

2425

C

2275

2275

2175

2100

15 000

J−5
−1.500

J−17
−1.500

J−2

B

2400 | 2400

2400 | 2400

2425 | 2175

6300

DJp2

DJp2

DJp1

1775

1775

1375

A

1825

1825

1425

1800 | 1800

1800 | 1800

1525 | 1275

5000

DJp5

750

750

750 | 750

3500	3500	3500	3500	3500

⑥	⑦	⑧	⑨	⑩	⑪

n时，底板钢筋的长度取边长0.9倍并交错布置。

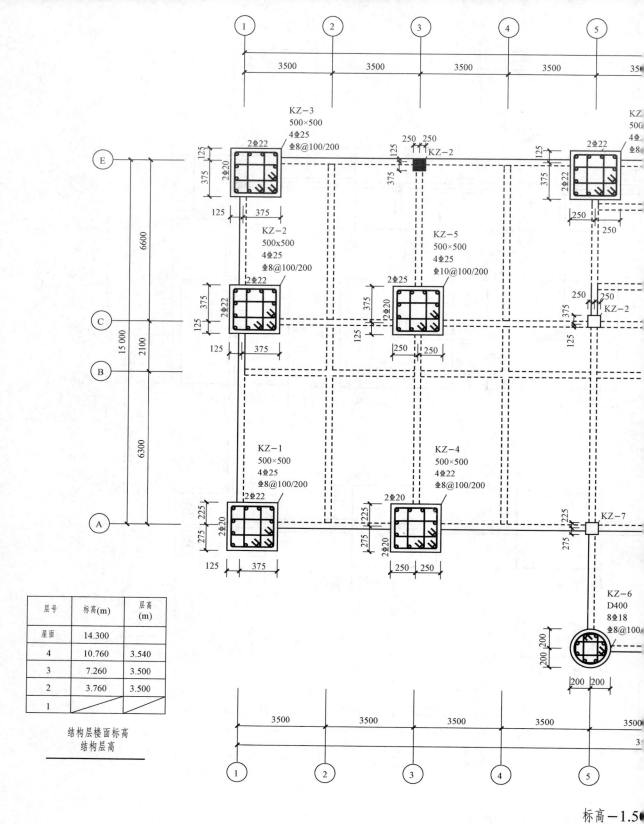

层号	标高(m)	层高(m)
屋面	14.300	
4	10.760	3.540
3	7.260	3.500
2	3.760	3.500
1		

结构层楼面标高
结构层高

标高-1.5

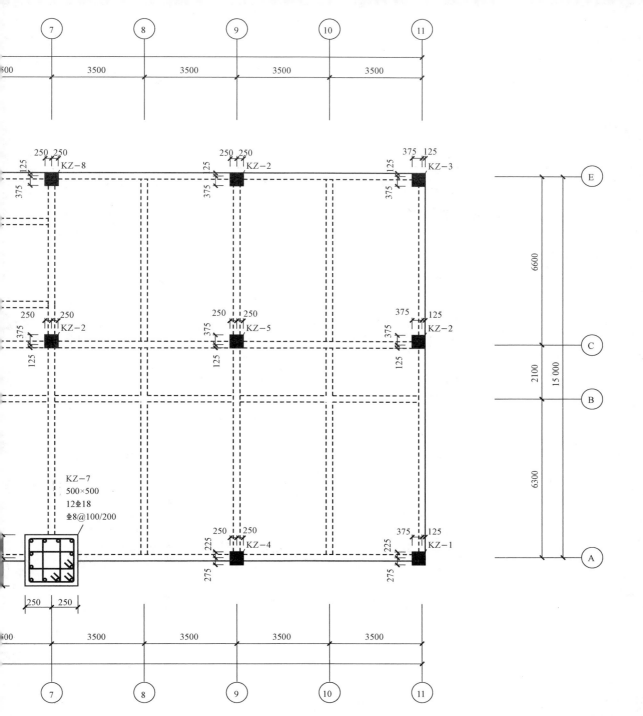

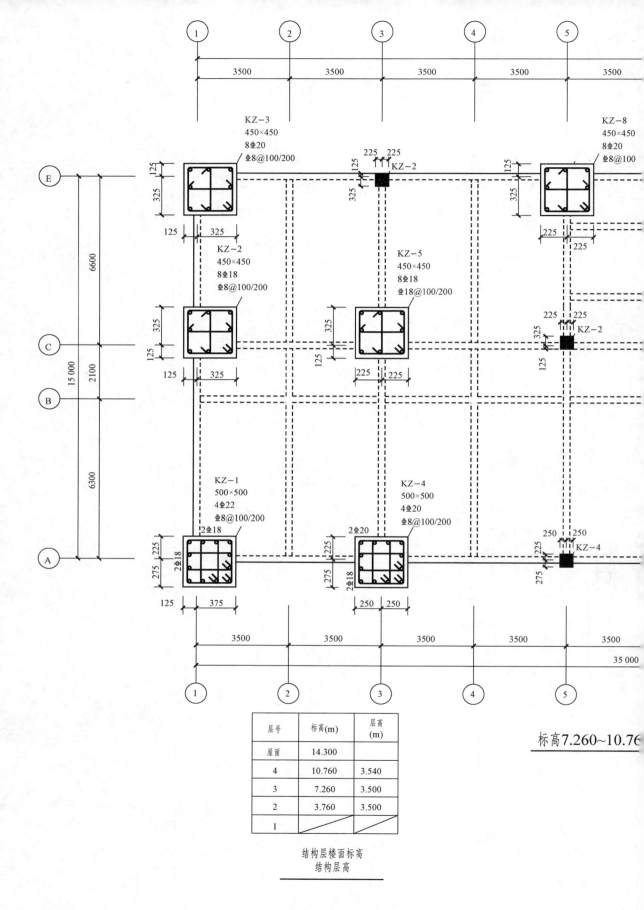

层号	标高(m)	层高 (m)
屋面	14.300	
4	10.760	3.540
3	7.260	3.500
2	3.760	3.500
1		

结构层楼面标高
结构层高

标高7.260~10.76

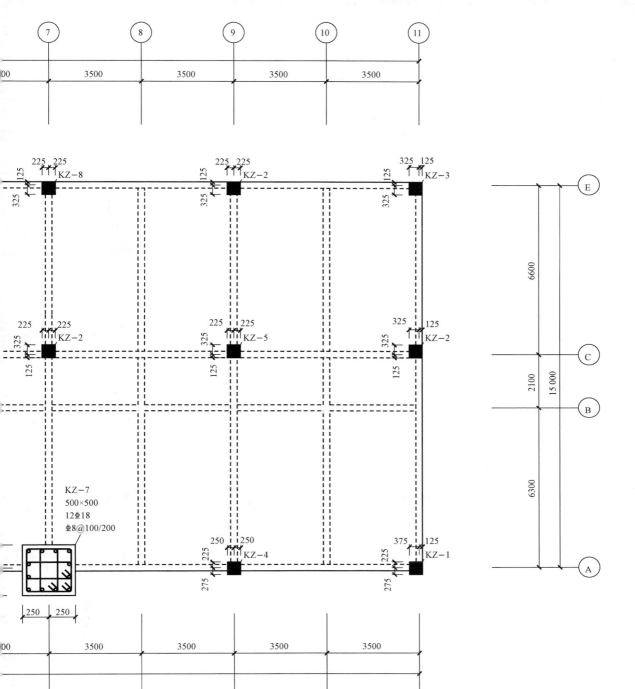

筋图

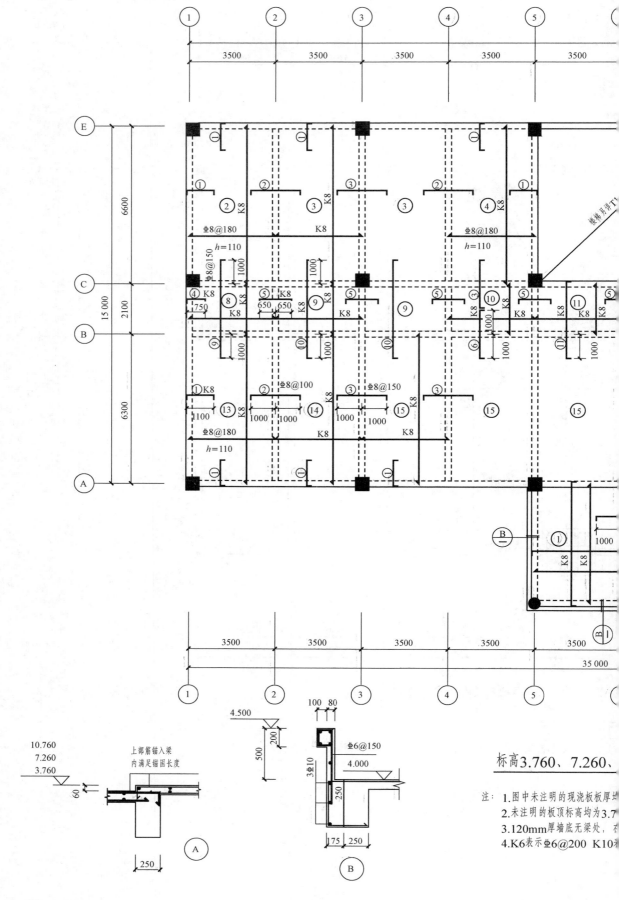

标高3.760、7.260、

注：1.图中未注明的现浇板板厚均
2.未注明的板顶标高均为3.7
3.120mm厚墙底无梁处，石
4.K6表示Φ6@200 K10和

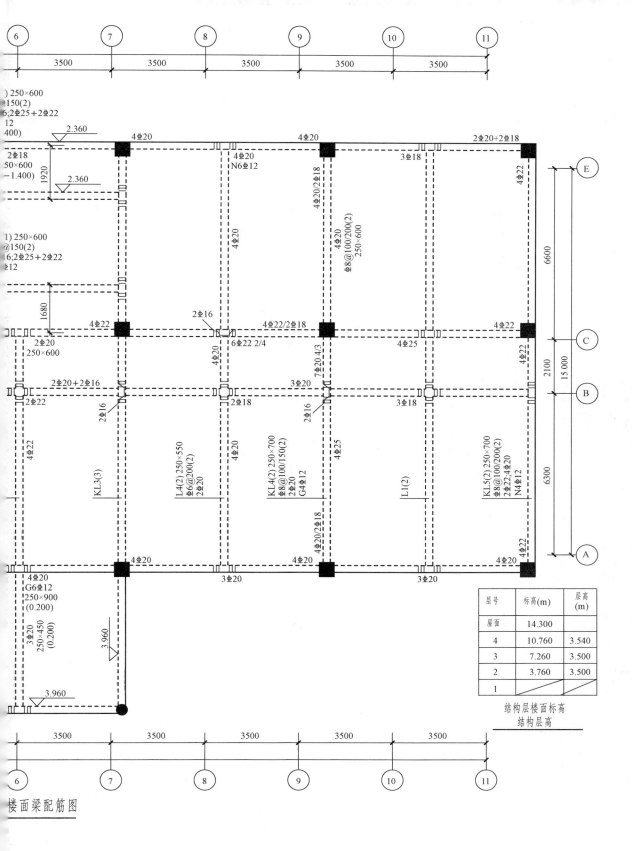

楼面梁配筋图

层号	标高(m)	层高(m)
屋面	14.300	
4	10.760	3.540
3	7.260	3.500
2	3.760	3.500
1		

结构层楼面标高
结构层高

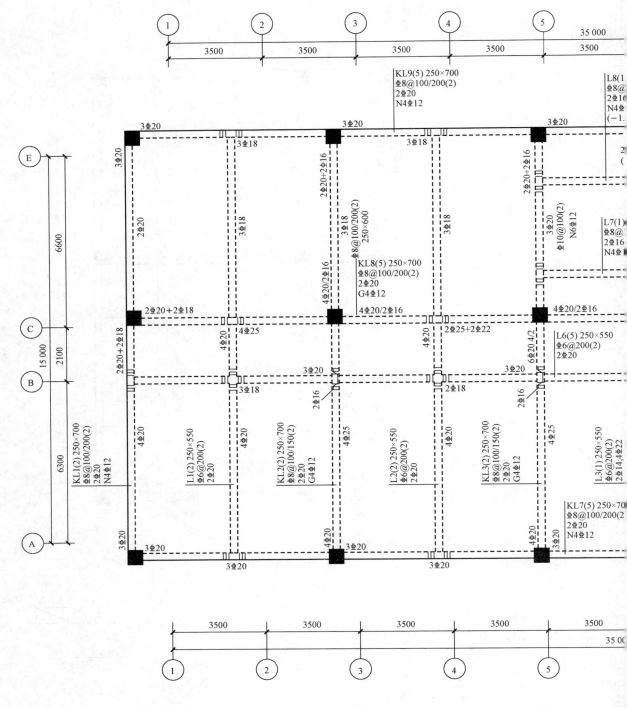

标高7.260楼面梁

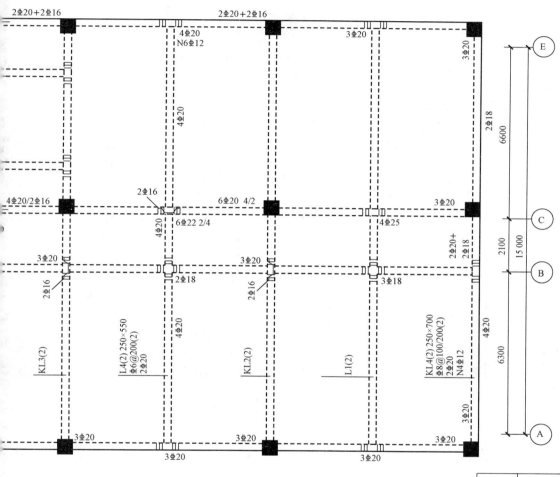

层号	标高(m)	层高(m)
屋面	14.300	
4	10.760	3.540
3	7.260	3.500
2	3.760	3.500
1		

结构层楼面标高
结构层高

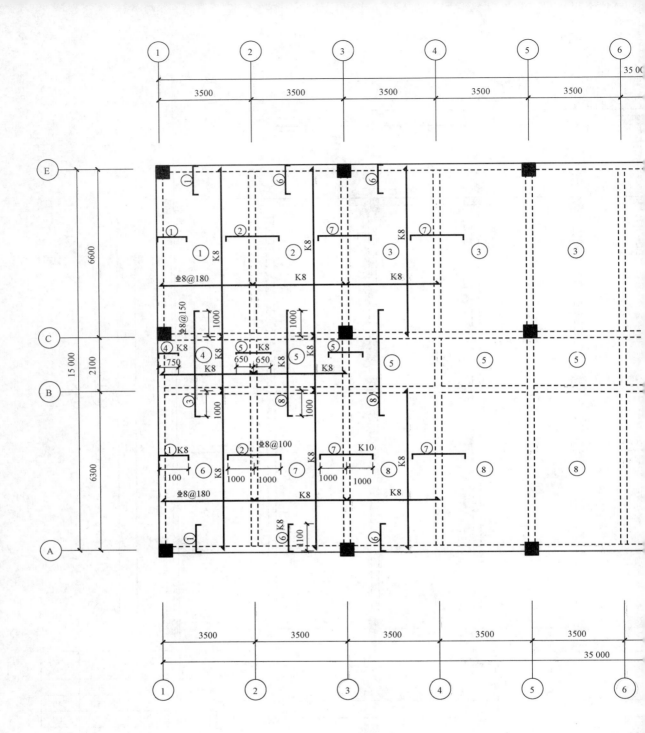

标高14.300 屋面板配筋图

注:
1.图中未注明的现浇板板厚均为110mm;
2.未注明的板顶标高均为14.300m;
3.K6表示Φ6@200, K10表示Φ10@20
   K8表示Φ8@200, K12表示Φ12@20

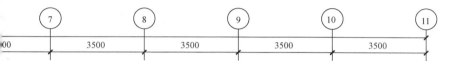

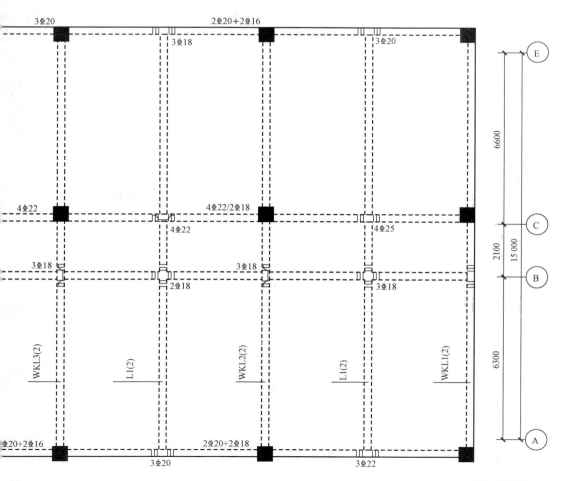

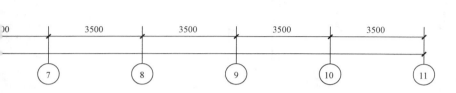

层号	标高(m)	层高(m)
屋面	14.300	
4	10.760	3.540
3	7.260	3.500
2	3.760	3.500
1		

结构层楼面标高
结构层高

结施 12

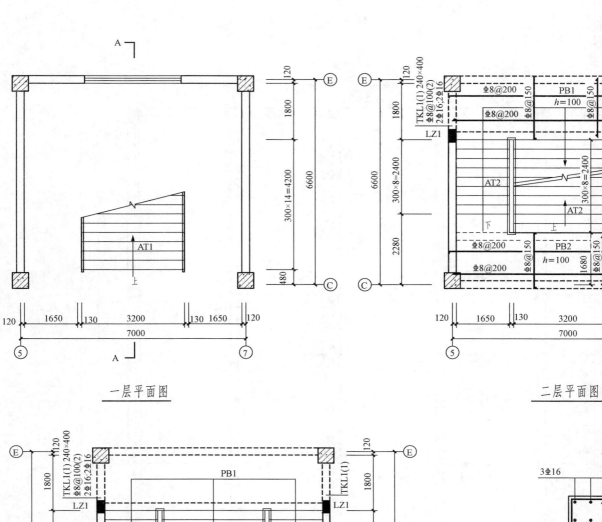

一层平面图

二层平面图

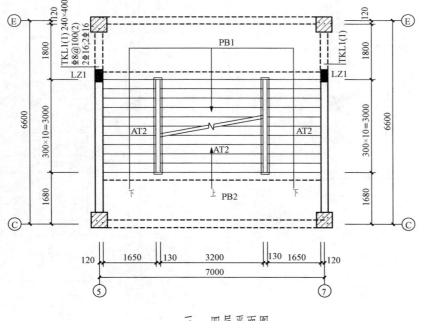

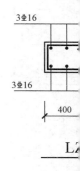

L Z

三、四层平面图

注:
1.楼梯梁配筋详见梁配筋图。
2.LZ1为各层楼层梁(基础梁)上起柱
3.楼层梁支撑梯梁部位及梁上起柱部
4.楼梯踏步板分布筋Φ8@200,休息
5.图中标高为建筑标高,结构标高

26

（框架结构）施工图

说　明

: 采用85型PVC塑料门窗，玻璃均为中空玻璃。

: 分户外门采用防盗、保温、隔声等性能的金属门板，内衬15mm玻璃棉或18mm厚岩棉板，阳台门下部门芯板采用18mm厚聚苯板外饰板材。

间隔墙（含前室、走道）：（L02SJ111 $\frac{2}{32}$ ）。

层采用30mm厚ZL胶粉聚苯颗粒外保温系统。

暖地下室顶板：（L02SJ111 $\frac{1}{32}$ ）。

层采用60mm厚ZL胶粉聚苯颗粒保温系统。

障碍设计

城市道路和建筑物无障碍设计规范JGJ 50-2001要求，本工程要入口设残疾人坡道，坡道宽度及坡度均符合规范要求。

住宅均设电梯。

区小高层住户共329户，应设计符合乘轮椅者居住的无障碍住户13户于9号楼，共22户。

宅内装饰装修

室内装修设计应符合建设部《住宅室内装饰装修管理办法》的要求。

室内装饰装修活动，禁止下列行为：

原设计单位或者具有相应资质等级的设计单位提出设计方案，变动建筑和承重结构。

有防水要求的房间或者阳台改为卫生间厨房间。

承重墙上原有的门窗尺寸，拆除连接阳台的砖、混凝土墙体。

房屋原有节能设施，降低节能效果。

影响建筑结构和使用安全的行为。

施工要求及其他

中除满足本施工图及说明要求外，尚应严格按照国家颁发的建筑工程现工验收规范及建设地区有关主管部门的规定。

中应与结构及水电专业的有关图纸密切配合施工，各种预埋件及留洞位量必须准确不得遗漏。

面管道留洞尺寸详见结构专业图纸。

避雷带详电气专业图纸。

每层预留搭接钢筋，在管道安装完毕后，用同层楼板相同强度等级的混和钢筋封堵。

本工程应执行以下规范

建筑设计通则：GB 50352-2005。

设计防火规范：GB 50016-2014。

玻璃应用技术规程：JGJ 113-2009。

十三、本工程采用标准图集

采用标准图集目录

序号	名　称	图集号	备注
1	建筑做法说明	L96J002	山东标
2	屋面	L01J202	山东标
3	室外配件	L03J004	山东标
4	楼梯配件	L96J401	山东标
5	外墙外保温构造详图（四）	L02SJ111	山东标
6	加气混凝土砌块墙体构造	L96J125	山东标
7	防火门无障碍设计	L92J606	山东标
8	铝合金门窗	L89J602	山东标
9	PVC塑钢门窗	L99J605	山东标
10	地下室防水	L96J301	山东标
11	室内装修	L96J901	山东标

十四、本工程采用的墙体材料

墙体名称	厚度（mm）	耐火极限（h）	用途	图例
钢筋混凝墙	240(250)	5.5	承重墙	
钢筋混凝墙	200	3.5	承重墙	
现浇钢筋混凝土楼板	100	2.0	楼板及屋面板	
加气混凝土砌块墙	240	>8.0	填充墙	
加气混凝土砌块墙	200	8.0	填充墙	
加气混凝土砌块墙	100	6.0	填充墙	
玻璃纤维增强水泥珍珠岩（陶粒 疏质隔墙条板（GRC板）	100	1.5~2.5	厨房、卫生间分隔墙	

十五、本图纸经消防局审查后方可施工。

建施1

装 修 做 法 表

楼层	序号	装修部位	楼、地面	
			编号	名称
地下层	1	储藏室 走道 楼梯间 设备间 配电间		细石混凝土地面： 1.素土夯实；2.100厚C10混凝土垫层；3.20厚1:2.5水泥砂浆找平层；4.基层处理 卷材防水；6.40厚C20细石混凝土保护层；7.钢筋混凝土底板；8.20厚1:2.5水泥
一层 （仅6号楼）	2	商场		铺地暖地面 地面做法依次为： 1.素土夯实；　　　　　　　2.80厚C15混凝土；　　　　　3.刷素水泥 4.30厚复合保温层；　　　　5.50厚C20细石混凝土填充层；　6.刷素水泥 7.20厚1:2水泥砂浆压实抹光
楼层、跃层	3	卫生间、厨房		铺地砖防水楼面，做法依次为： 1.现浇钢筋混凝土楼板；　　2.刷素水泥浆一道；　　3.20厚1:3水泥砂 4.1.5厚聚氨酯防水涂料（刷三遍）撒砂一层粘牢，四周上翻300； 5.最薄处35厚C20细石混凝土随捣随抹并向地漏方向找坡1%； 6.刷素水泥浆一道；　　7.15厚1:2干硬性水泥砂浆结合层； 8.撒素水泥面（洒适量清水）；9.5厚1:1水泥细砂浆贴全瓷防滑地砖，稀水泥浆
	4	阳台		水泥砂浆防水楼面，做法依次为： 1. 2. 3. 4. 5. 6. 同上； 7.20厚1:2.5水泥砂浆抹面压实赶光
	5	其他房间		铺地暖楼面，做法依次为： 1.现浇钢筋混凝土楼板；2.刷素水泥浆一道；3.20厚复合保温层；4.50厚豆石混凝 5.刷素水泥浆一道；6.20厚1:2水泥砂浆压实抹光
	6	楼梯间、储藏室	楼1	水泥楼面
屋面	7	上人屋面	屋46	铺地缸砖保护层上人屋面
	8	非上人屋面	屋27	卷材防水膨胀珍珠岩保温屋面
	9	主入口雨篷	屋2	坡屋面
	10	其他雨篷		1.现浇钢筋混凝土板；　　2.1:2.5水泥砂浆防水层
外装修	11	外墙面	外墙25	涂料墙面（加气混凝土砖墙）
			外墙24	涂料墙面（混凝土墙）
	12	室外台阶		铺地砖台阶： 1.8~10厚地砖面层；2.20厚1:3干硬性水泥砂浆粘结层；3.60厚C15混凝土，台阶 4.300厚3:7灰土夯实；5.素土夯实
	13	室外坡道	坡4	水泥金刚砂防滑条坡道
	14	散水	散3	细石混凝土散水

注：素水泥浆均加 5% 建筑胶。

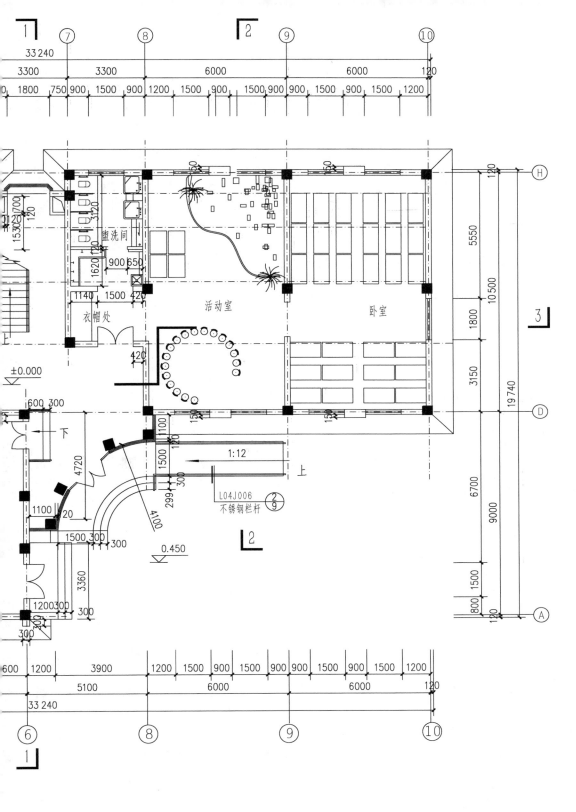

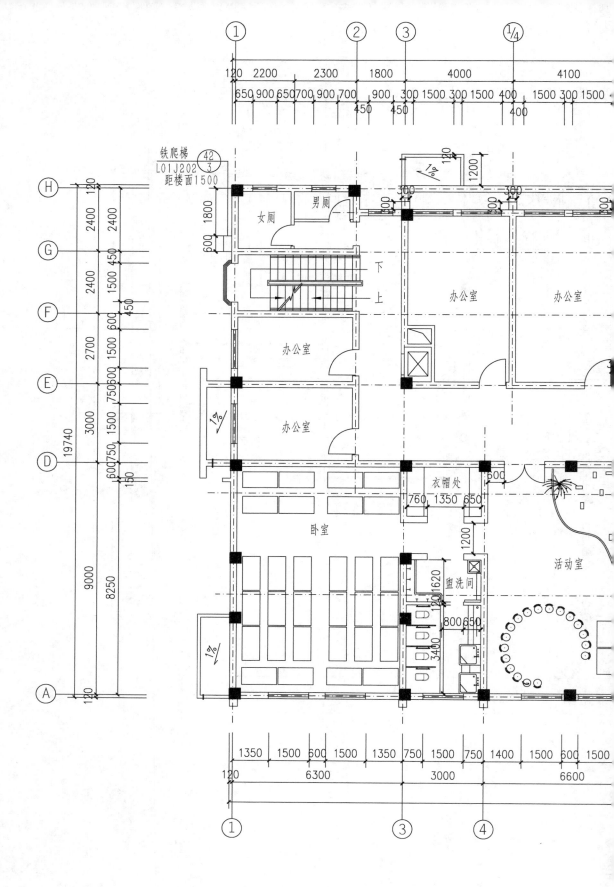

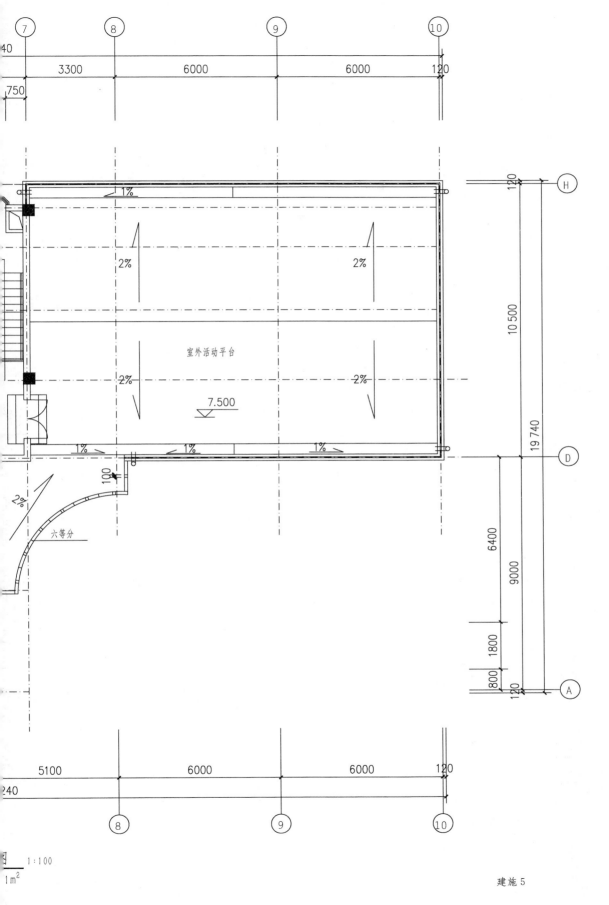

室外活动平台

7.500

六等分

1:100

1 m²

建施 5

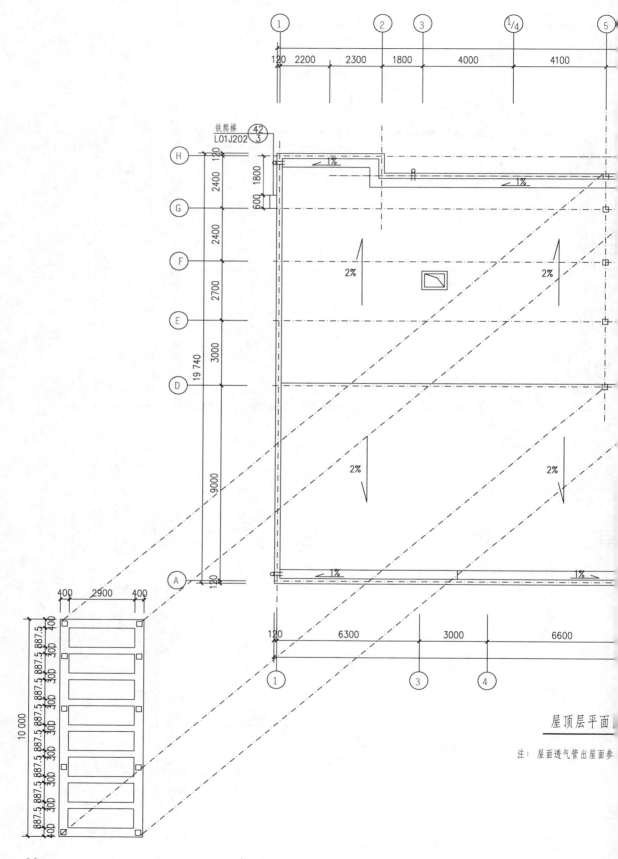

铁爬梯
L01J202

屋顶层平面

注：屋面透气管出屋面参

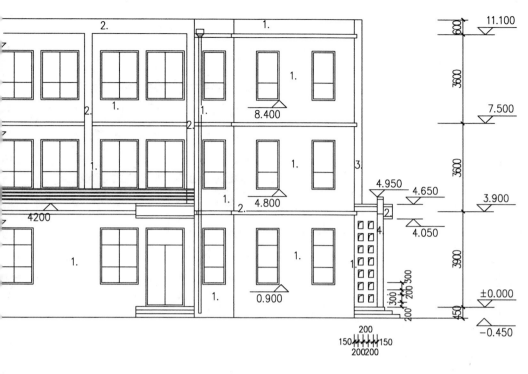

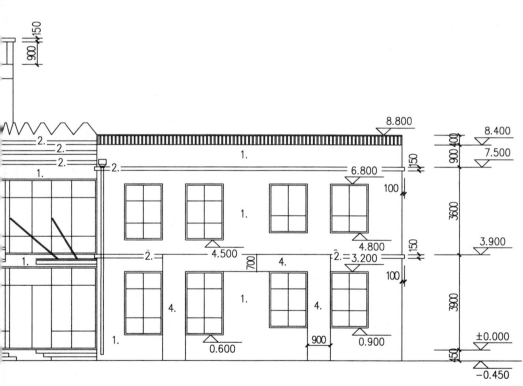

建施 7

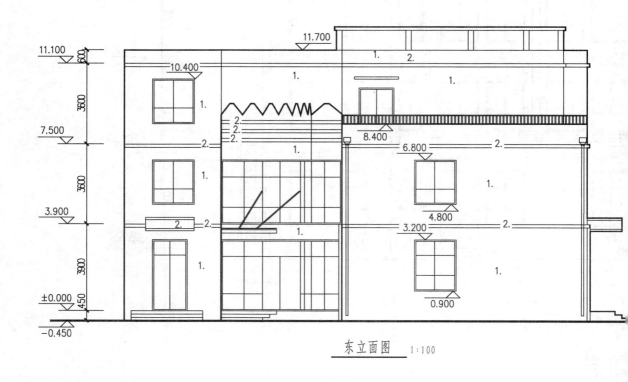

东立面图　1:100

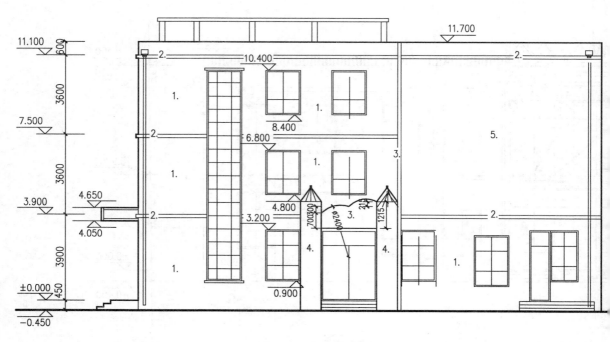

西立面图　1:100

34

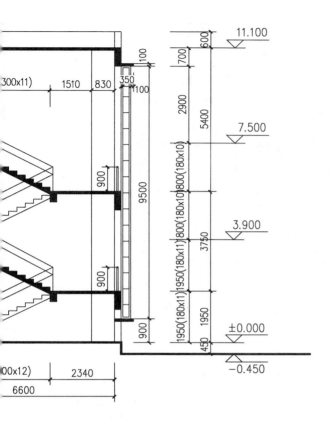

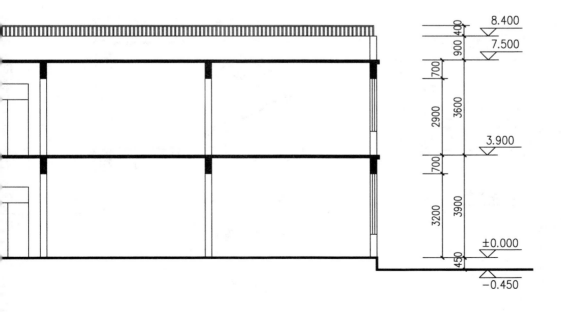

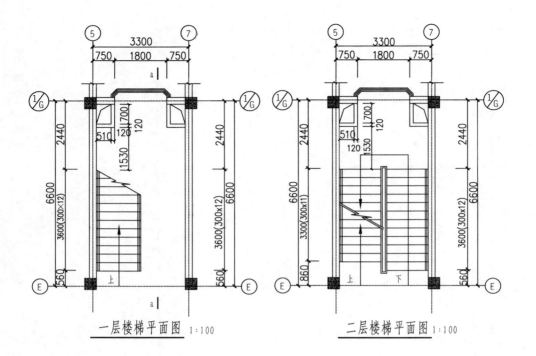

一层楼梯平面图 1:100

二层楼梯平面图 1:100

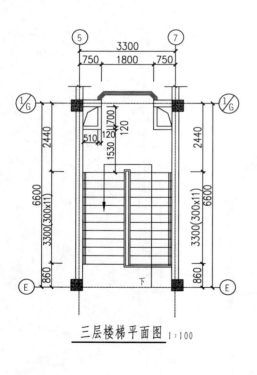

三层楼梯平面图 1:100

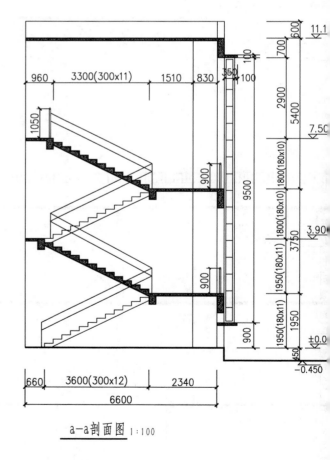

a—a剖面图 1:100

预留，避免后凿。一般结构图中只标出洞口尺寸大
m 的孔洞。施工时必须根据各专业图配合土建预留全
孔洞尺寸≤300mm时洞边不再另加钢筋，板内钢
过不再截断。当洞口尺寸>300mm时，应在洞边
按结构平面图中的要求施工，当平面图未画出时，
要求施工：洞口每侧各附加两根钢筋，其面积不得
截断的钢筋面积，且不小于 2Φ12，长度为单向板
及双向板的两个方向沿跨度通长，并锚入梁内，单向
方向洞边加筋长度为洞宽加两侧各30d。

4级。

可采用电渣压力焊。

的复合箍，除拉结钢筋外均采用封闭形式。

端、外围护墙连接时，应按建筑施工图中位置，沿柱高
0mm于墙宽范围留出 2Φ8拉结钢筋，拉结钢筋锚入
0mm，伸出柱外皮200mm，两端加弯钩。

现浇过梁相连时，均应按建筑图中墙位置以及相
过梁配筋说明或图纸，由柱子留出相应的钢筋，钢
柱内外各35d。

筋锚固按11G101-1施工。

次梁

抗震等级为4级。

的接头应焊接：

择受力较小部位，梁的上部通长纵筋可选择跨中1/3
内焊接，相临两跨的下部钢筋，当钢筋直径位置相同
通长，此时通长钢筋可选择在支座或支座两侧1/3净
焊接。上述范围内（支座除外）的接头，按50%错开。
余单肢箍外，其余均采用封闭形式，末端做成135°弯
段长度10d。梁内第一根箍筋距柱边或主梁边50mm

筋在端节点内的水平锚固长度因受柱截面限制而不能
aE 时，可采用在纵向钢筋的弯弧内侧中点处，设置
不小于该纵向钢筋且不小于 25mm 的横向钢筋，其
截面宽度并与纵向钢筋绑扎的措施，此时水平锚固段
改为不小于 0.38 l_{aE}。

配筋为平面画法，其标注方法详见国标
—1图集。

交处，主梁上次梁两侧各附加 3根箍筋，间距 50mm，
同主梁箍筋。

5m 时，按施工规范起拱。

.600m以下墙体采用 M5水泥砂浆砌 MU10黄河泥砂烧结砖。

.600m以上填充墙：06级加气混凝土砌块，M5混合砂浆砌筑。

（五）构造要求

1.填充墙上洞口过梁除注明者外，采用山东省标准图集L03G303，
荷载等级2。洞口在柱边时过梁现浇。

2.填充墙相互交接时，角部设构造柱(GZ-A)，沿柱高每隔500mm
设2Φ6钢筋置于灰缝内。大样见结施 14。

3.填充墙长超过5m 时，由梁底留设钢筋与墙体拉接，墙长超过
层高2倍时，设置构造柱GZ-A。

4.填充墙高度超过4m 时，在墙中部设置一道与柱连接的钢筋混凝
土水平圈梁 QL1，详结施 14，钢筋锚入柱内200mm。

5.填充墙与柱连接时应设置 2Φ6@500拉结筋，与框架柱留出
之拉结钢筋搭接，拉结伸入填充墙内长度不小于墙长的1/5且
不小于700mm。具体详结施14。

6.填充墙内未注明构造柱均按 GZ-A设置。

7.梁、钢筋砼墙预理套管，预留洞钢筋补强大样见结施 14详图。

8.屋面女儿墙增设构造柱，间距应≤2500mm，主筋锚入压顶圈梁400mm。

七、其他

（一）本工程图示尺寸以mm为单位，标高以米m单位。

（二）埋件：建筑吊顶、门窗安装、楼梯栏杆、电缆桥架、管道支架以及电梯
导轨等与结构构件相连时，各专业应密切配合，将本专业需要的
埋件留全，不得遗漏。如采用膨胀螺栓连接时，应执行下条规定。

（三）主体结构某些部位钢筋密集，不得削弱，某些部位钢筋较少。因
此规定可设置及禁止设置膨胀螺栓部位。

1.可设置膨胀螺栓部位：

(1)除梁宽范围外的现浇楼板。

(2)梁高(h)中部1/3h的梁侧面。

2.禁止设置膨胀螺栓部位：

(1)框架柱；

(2)梁底部、顶部、梁高(h)的上、下1/3h范围。

上述禁止设置膨胀螺栓部位如需连接时，必须围预埋埋件。

（四）回填土要求

基础部位的挖方应待基础施工完成后及时回填，地下室外墙外侧采
用三七灰土(>500mm宽)，其余用素土。回填土应分层夯实，每层
虚铺厚度不超过300mm，回填夯实后干用容重应不小于 16kN/m。

（五）结构计算及绘图软件

中国建筑科学研究院PKPMCAD
SATWE，JCCAD，LTCAD

（六）采用标准图集

L03G303 11G101-1 L03G313
L03G323 95J331

八、未尽事宜应遵守国家现行有关规范、规程、规定。

结施 1

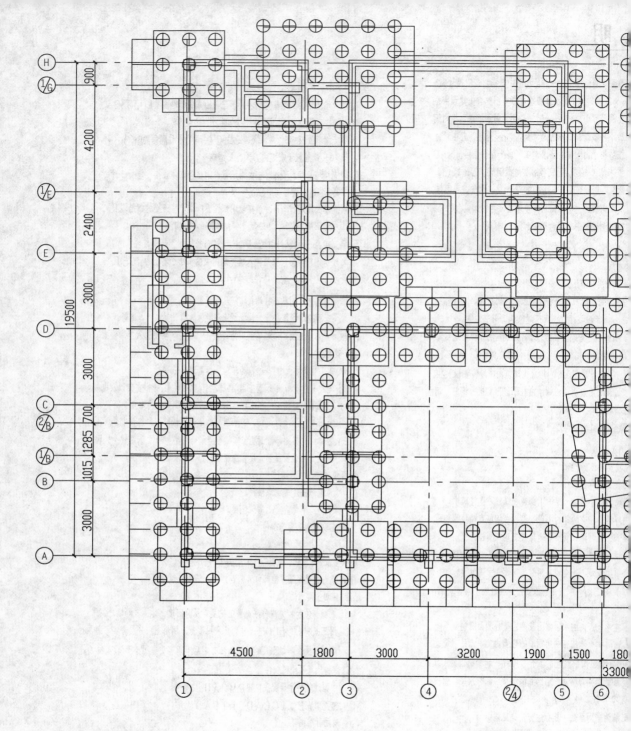

地基加固平面图 1:100

注：1.本工程采用深层搅拌桩进行地基加固；

2.桩径500mm；

3.水泥掺入量：50kg/m²；

4.桩端复喷1500mm；

5.复合地基承载力特征值暂按160kPa设计。

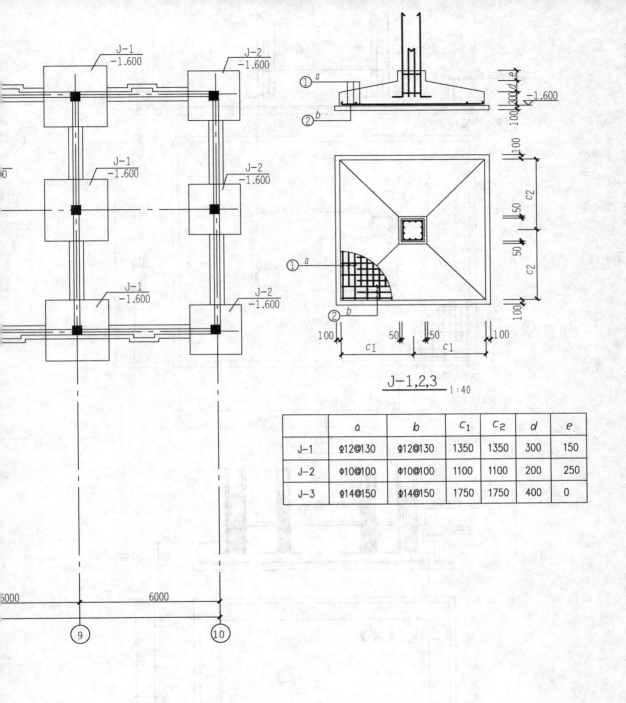

$$\underline{J\text{-}1,2,3}_{\ 1:40}$$

	a	b	c_1	c_2	d	e
J-1	Φ12@130	Φ12@130	1350	1350	300	150
J-2	Φ10@100	Φ10@100	1100	1100	200	250
J-3	Φ14@150	Φ14@150	1750	1750	400	0

结施 3

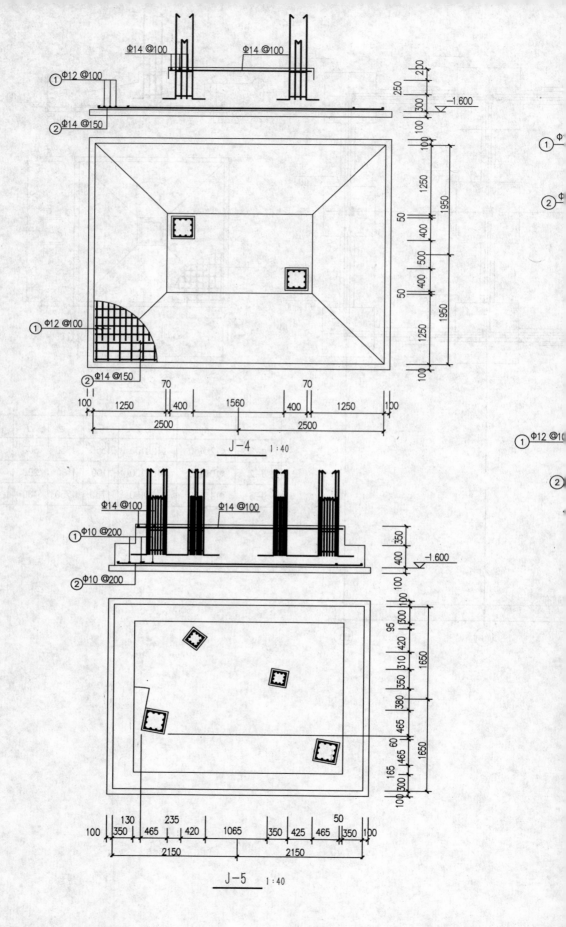

Φ14 @100   Φ14 @100

① Φ12 @100

250   2⑳0
300   −1.600
100

② Φ14 @150

① Φ

② Φ

① Φ12 @100

② Φ

1250   1950
50
400   1950
500
400
50
1950
1250
100

① Φ12 @100

② Φ14 @150

100   100

70   70
100   1250   400   1560   400   1250   100
2500   2500

<u>J−4</u> 1:40

Φ14 @100   Φ14 @100

① Φ10 @200

350
400   −1.600
100

② Φ10 @200

100   ⑳00
95   500
420   1650
310
350
380
465   1650
60
465
165   ⑳00
100   300

130   235   50
100   350   465   420   1065   350   425   465   350   100
2150   2150

<u>J−5</u> 1:40

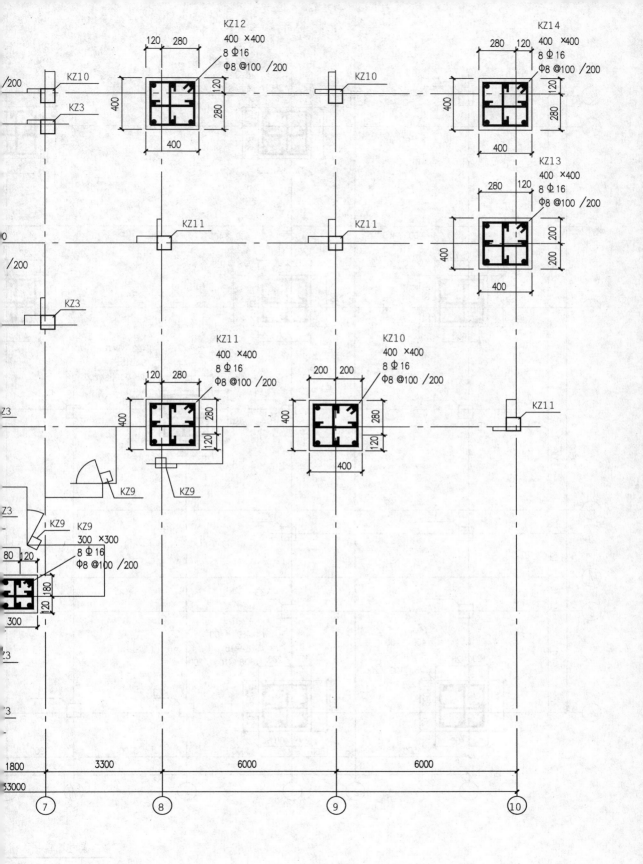

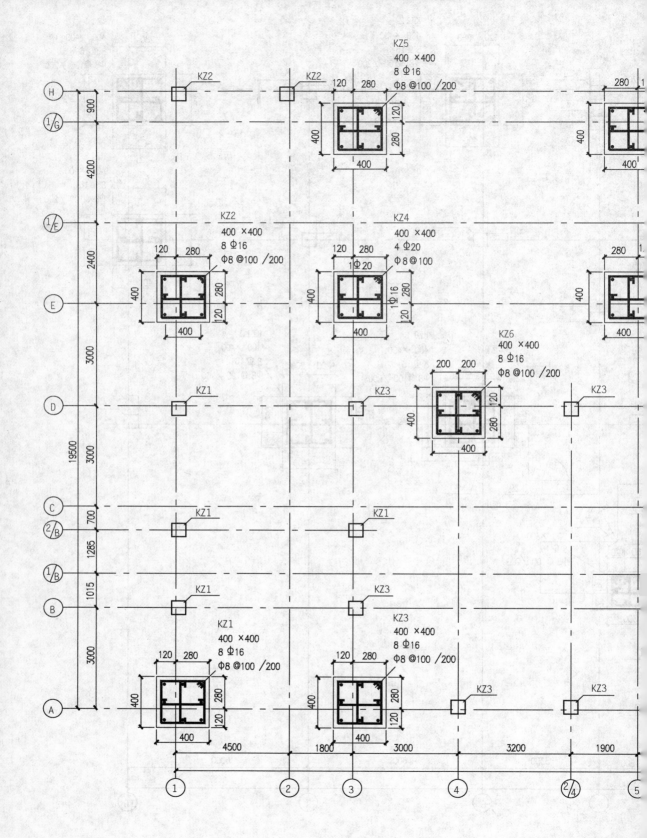

二层柱配筋平面图

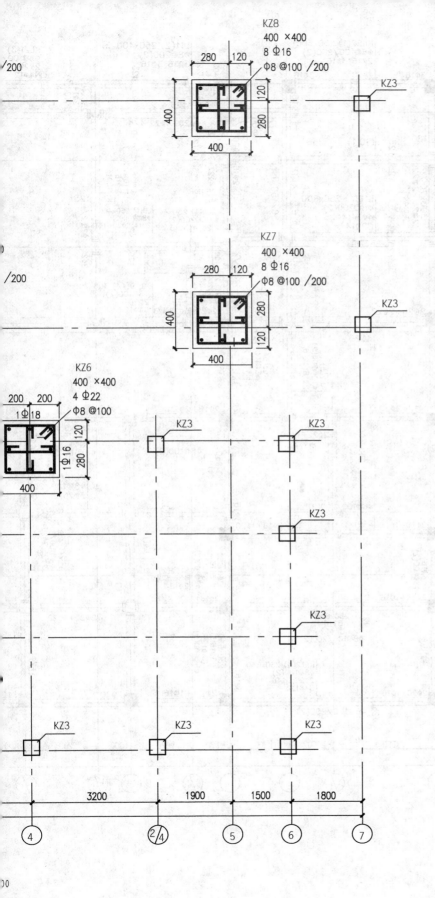

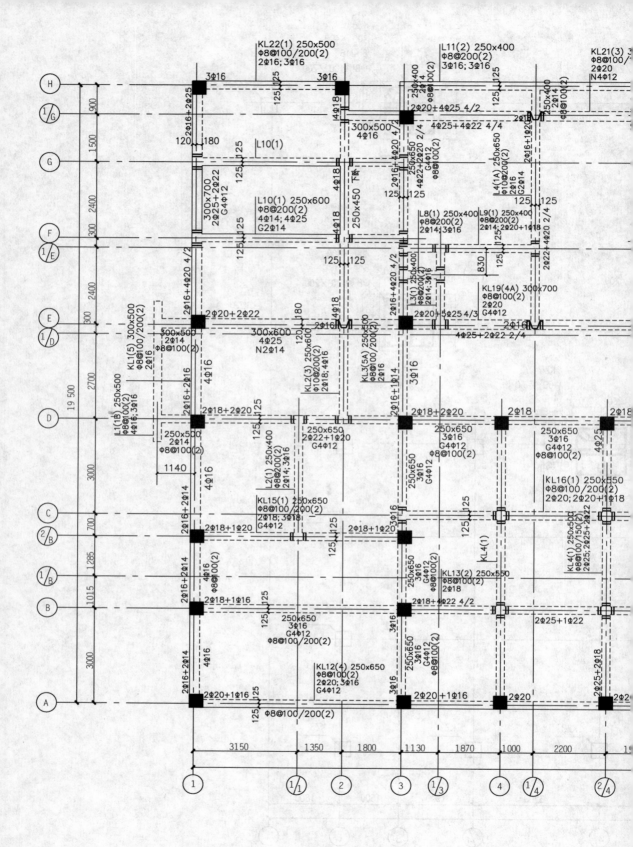

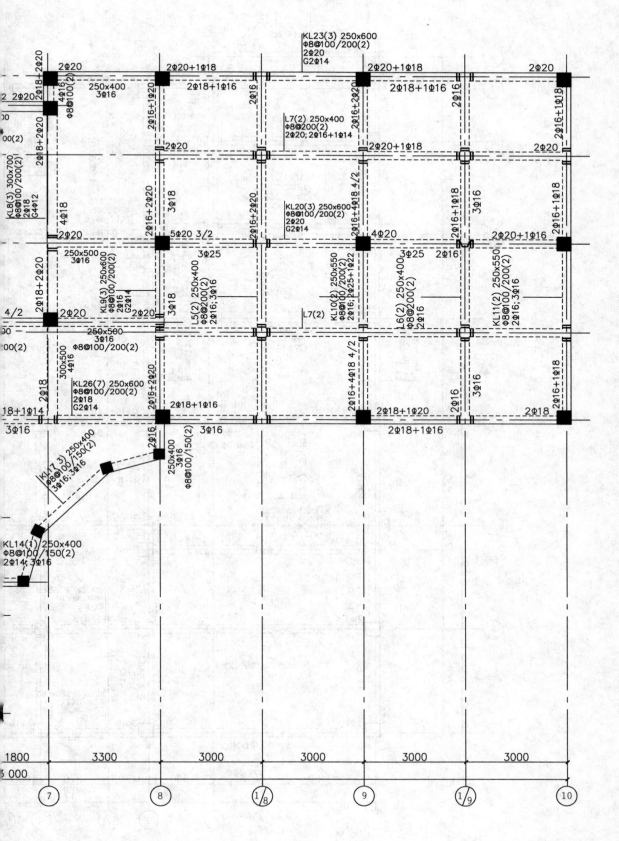

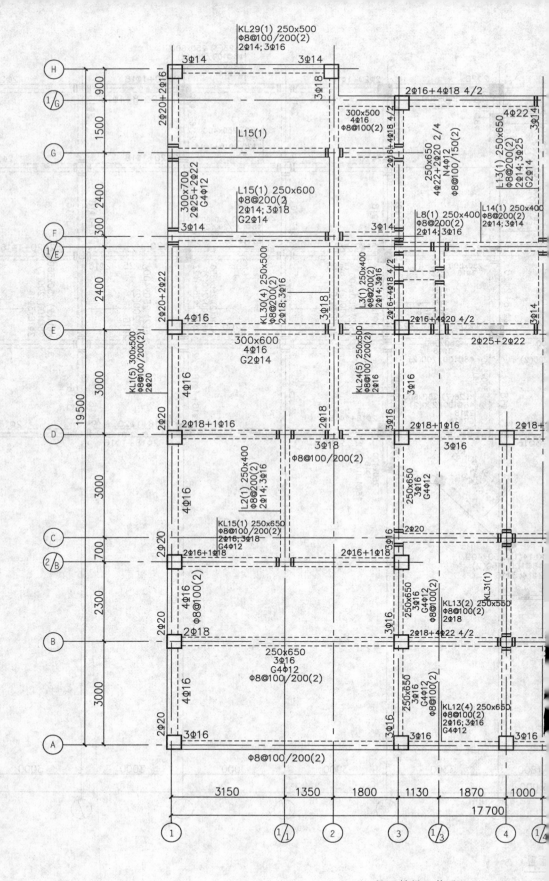

屋面层梁配筋平面图 1:75

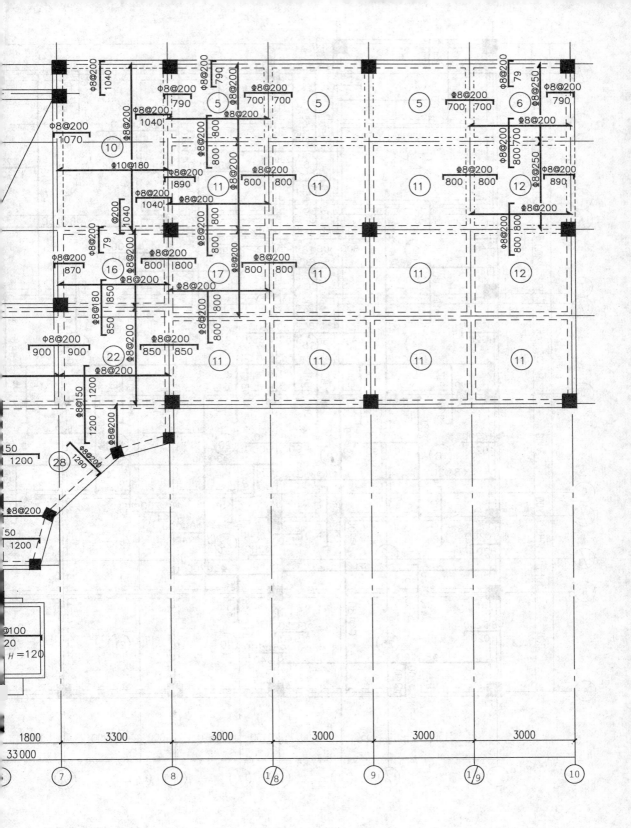

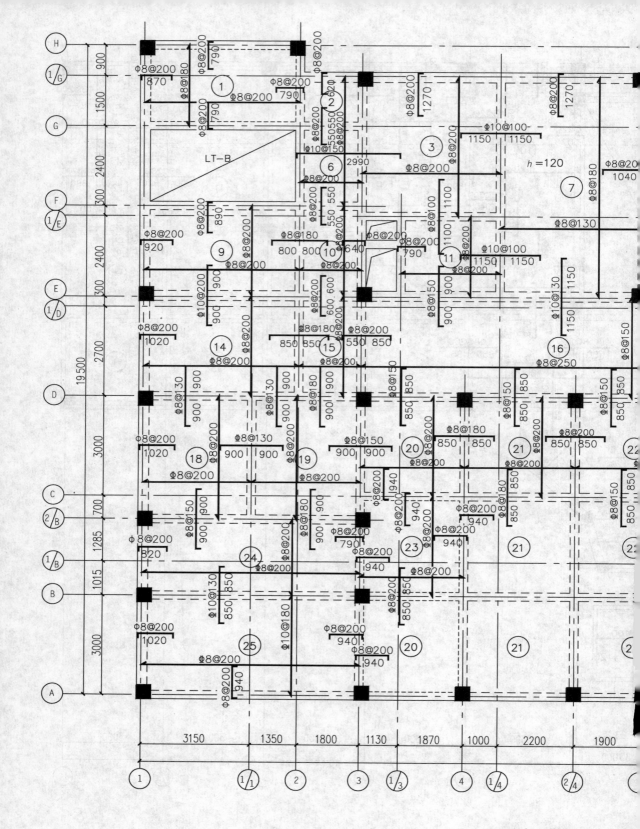

三层板配筋平面图 1:75

除注明外,现浇板厚为100mm,
未注明分布筋为 8@200。

48

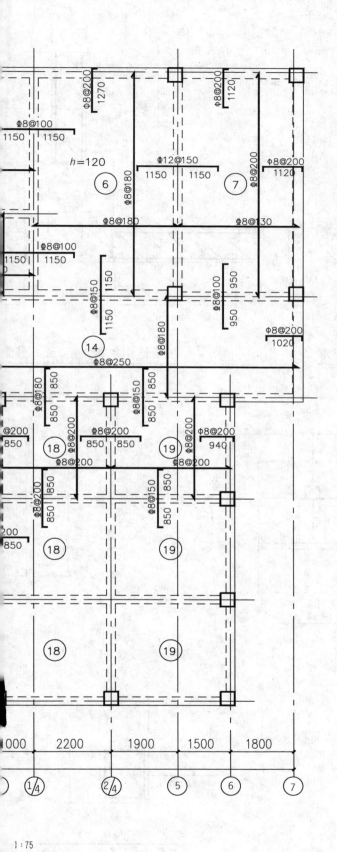

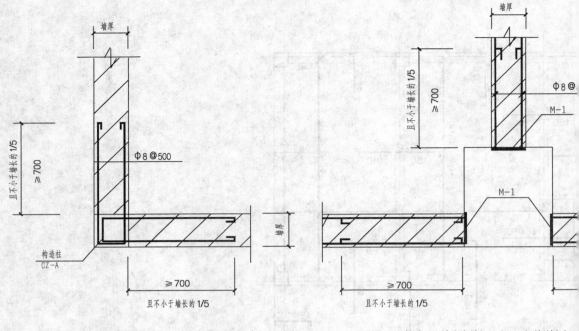

隔墙(砖墙，空心砌块墙)相交处　　　　　　柱与隔墙(砖墙，空心砌块墙)相交

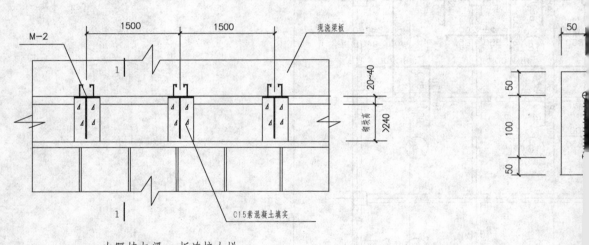

内隔墙与梁，板连接大样

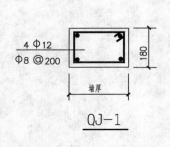

QJ-1

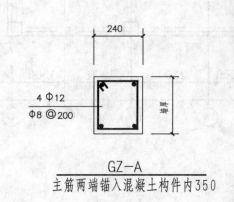

GZ-A
主筋两端锚入混凝土构件内350

梯板配筋表

梯板 名称	梯板 型式	梯板尺寸								梯板配筋			
		l_0	$n \times a_1$	l_1	l_2	l_3	$m \times h$	H	h_1	①	②	③	④
TB1	C	3600	12X300	3600			13X150	1950	120	Φ12@150	Φ12@150	Φ12@150	
TB2	A	4080	12X300	3600	480		13X150	1950	130	Φ12@150	Φ12@150	Φ12@150	Φ12@150
TB3	B	4080	11X300	3300	780		12X150	1800	130	Φ12@150	Φ12@150	Φ12@150	Φ12@150
TB4	A	4080	11X300	3300	780		12X150	1800	130	Φ12@150	Φ12@150	Φ12@150	Φ12@150
TB5	C	3120	12X260	3120			13X150	1950	120	Φ12@150	Φ12@150	Φ12@150	
TB6	A	3060	11X260	2860	200		12X150	1800	110	Φ12@150	Φ12@150	Φ12@150	Φ12@150
TB7	A	3060	11X260	2860	200		12X150	1800	110	Φ12@150	Φ12@150	Φ12@150	Φ12@150

注：未注明楼梯板分布筋为 Φ8@200。

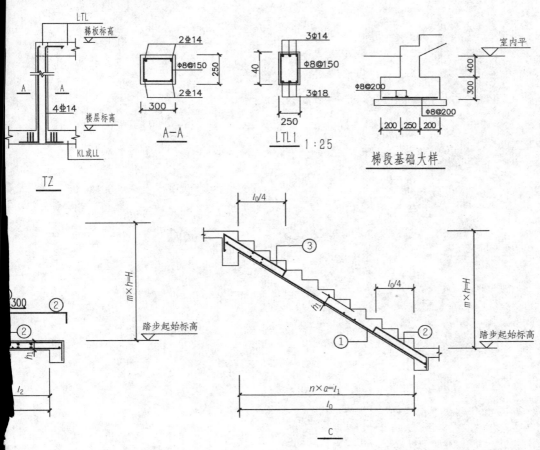

结施 15

51